不要成为自卑的俘虏

防止嫉妒害人害己

别让情绪毁了你

最有效的情绪掌控法

庞丽娟◎编著

四川人民出版社

图书在版编目（CIP）数据

别让情绪毁了你：最有效的情绪掌控法 / 庞丽娟编著 . -- 成都：四川人民出版社，2019.5

ISBN 978-7-220-11055-9

Ⅰ . ①别… Ⅱ . ①庞… Ⅲ . ①情绪－自我控制－通俗读物 Ⅳ . ① B842.6-49

中国版本图书馆 CIP 数据核字 (2018) 第 242351 号

BIE RANG QINGXU HUI LE NI ：ZUI YOUXIAO DE QINGXU ZHANGKONGFA

别让情绪毁了你：最有效的情绪掌控法

庞丽娟　编著

出版人	黄立新
策划组稿	张明辉
编辑统筹	罗晓春
责任编辑	薛玉茹
营销策划	张明辉
插画绘制	金版文化
封面设计	黄健民
责任校对	袁晓红
责任印刷	许　茜
出版发行	四川人民出版社（成都槐树街2号）
网址	http://www.scpph.com
E-mail	sarmcbs@sina.com
新浪微博	@四川人民出版社
微信公众号	四川人民出版社
发行部业务电话	（028）86259624　86259453
防盗版举报电话	（028）86259624
印刷	深圳市雅佳图印刷有限公司
成品尺寸	135mm × 180mm
印张	14
字数	300千
版次	2019年5月第1版
印次	2019年5月第1次印刷
书号	ISBN 978-7-220-11055-9
定价	42.80元

前言

preface

一位哲学家说过："你的心态就是你真正的主人。"一位伟人说："要么你去驾驭生命，要么生命驾驭你，你的心态决定谁是坐骑，谁是骑师。"常言道："心态决定命运。"现代心理学已经证实，心态决定一个人的情绪，而情绪又决定一个人的人生。情绪源于心理，它左右着人的思维与判断，进而决定人的行为，影响人的生活。正面情绪使人身心健康，使人上进，能给我们的人生带来积极的动力；负面情绪不仅给人的影响是消极的，身体也会有不适感，进而影响工作和生活。情绪问题如果不予理会、不妥善处理就会越积越多，最后把你的一切都搅得面目全非。成功者掌控情绪，失败者被情绪掌控。处理情绪问题的关键在于学会对各种情绪进行调适，将其控制在适当的范围内。事实上，喜、怒、忧、思、悲、恐、惊等情绪表现，恰恰是成功与失败的关键，这些情绪的组合有着非凡的意义，掌控得当可助你成功，掌控不当就会导致失败，而成功与失败完全由你自己决定。

我们每天都在经历各种各样的事情，以及这些事情给我们带来的诸多感受：时而冷静，时而冲动；时而精神焕发，时而萎靡不振。有时可以理智地去思考，有时又会失去控制地暴跳如雷；有时觉得生活充满了甜蜜和幸福，而有时又感觉生活是那么的无味和沉闷。这就是心态和情绪在作怪，它存在于每个人的心中，而且在不同的时期、不同的场合产生奇妙的效果。你是否也有过这样的体验：心情好的时候，看什么东西都顺眼，就连原来不喜欢的人也有了几分好感，对原来看不惯的事也觉得有了几分道理；而心情不好的时候，面对再美味的佳肴也难以下咽，再美丽的风景也视若无睹。心态和情绪的影响力可见一斑，而成功和快乐总是属于那些善于控制自己的心态和情绪的人。卓越的成功者活得充实、自信、快乐，平庸的失败者过得空虚、窘迫、颓废。究其原因，仅仅是因为这两类人控制心态和情绪的能力不同。善于控制自己的心态和情绪的人，能在绝望的时候看到希望，能在黑暗的时候看到光明，所以他们心中永远燃烧着激情和乐观的火焰，永远拥有积极向上、不断奋斗的动力；而失败者并不是真的像他们所抱怨的那样缺少机会，或者是资历浅薄，甚至是上天不公。其实，大多数失败者失意时总是一味地抱怨而不思东山再起，落后时不想着奋起直追，消沉时只会借酒消愁，得意时却又忘乎所以。他们之所以失败，就是因为他们没有很好地掌控自己的情绪。

善于调整心态、控制情绪，才能走向成功，才能拥有快乐的人生！人生最可怕的就是失控，而导致人生失控的罪魁祸首莫过于心态和情绪失控。坏心态、坏情绪是一座监狱，阴暗、潮湿；好心态、好情绪就像人间天堂，充满阳光和希望。让生活失去笑声的不是挫折，而是内心的困惑；让脸上失去笑容的不是磨难，而是紧闭的心灵。没有谁的心情永远是轻松愉快的，战胜自我，控制情绪，就要从“心”开始。我们无法改变天气，却可以改变心情；我们无法控制别人，但可以掌控自己。心态决定命运，情绪左右生活。早晨起来，先给自己一个笑脸，你一天都会有好心情。

本书是一本系统讲解心态和情绪的掌控原理、方法和现实运用的心灵读本，全面、深入、系统地讲解怎样杜绝消极心态和不良情绪，怎样激发正面心态和积极情绪，最终达到掌控心态和情绪的目的，为那些正处于负面心态和情绪中的人们提供一个走出困境的途径，帮助他们重新回到积极、乐观的生活中来。

目录
CONTENTS

第一篇　心态的惊人力量，情绪的巨大作用

第二篇　战胜人性弱点，跨越心态藩篱

第三篇　排除负面情绪，释放生命正能量

第四篇 培养黄金心态，修炼成功素质

第七篇　发挥情绪的作用，改变命运

第一篇

心态的惊人力量，情绪的巨大作用

PART

01

心态决定命运

心态的惊人力量

生活给你怎样的回馈，取决于你以怎样的态度对待生活。

做出口贸易生意的张女士讲过她亲身经历的事情：“上学时期，我很喜欢做数学的解答题，觉得一条一条地列出‘因为、所以’，然后得出最终答案是一件很有意思的事情，就像小时候和小伙伴们捉迷藏一样，最终把他们找出来的那种欣喜，可以让自己感到无比自豪。因为可以从数学中找到自己的乐趣，所以，我的数学成绩很好。”“似乎很多东西都有对立面，就像喜欢和不喜欢。我很不喜欢英语，那些长长短短的字母密密麻麻地摆在一起，感觉头大，无论老师怎样苦口婆心地讲解，我还是无法打心眼里喜欢上英语，自然而然，我的英语成绩很差。忘了是什么时候，我收到了一张明信片，是哪里的景色我已经不记得了，但是写在上面的那一行行漂亮得不得了的英文字母，却深深地刻在了我的脑海里。原来，那些曾经讨人厌的字母竟然可以美得如同一幅画。从那之后，我渴望接近英语的心变得欢喜而迫切，等到期末考试的时候，我的英语成绩竟然破天荒地得了90分。”

听了张女士的故事，你是否也在惊讶心态所起到的巨大作用？

我们常说：念由心生。往往你认为自己是什么样的人，就将成为什么样的人。烦恼与欢喜，成功与失败，良善与邪恶，仅系于一念之间，而这“一念”即是心态。我们生活在这个大千世界里，受影响的因素有很多，因此，心态也取决于很多方面。

同样的生活环境，同样的教育背景，为什么有人可以很成功，工作出色，生活美满，而有的人却忙忙碌碌无所作为，经济拮据，只能维持生计？人与人为什么有这么大差距？到底是什么因素在影响着我们，并决定了我们每个人不同的命运？

面对这些问题，许多人往往把主要原因都归结于外界条件，认为自己之所以没有这么优秀，是因为没有好的家世背景、没上名牌大学、没有好的工作机遇，等等。他们只会用消极悲观的心态来抱怨生活和命运的不公平，却从来没有审视过自己是用怎样的态度来对待生活的，更不用说激发心态的巨大潜能去创造奇迹了。

其实，我们选择什么样的心态，就会有什么样的人生。要知道，决定你一生成败的关键因素就是心态。试想一下，如果你连自己事业不顺心、生活不如意的根本症结都不清楚，你还能奢望得到成功的事业和美满的生活吗？这个问题的答案，清清楚楚地写在我们每个人的心中。

世界上最重要的人就是你自己，所以，请不要轻易放弃你自己，一定要相信自己。

每一个人成功的能量源自于对梦想、价值观和痛苦的凝聚。我们要学着对自己有信心，鼓励自己穿过重重阻碍，实现自身的价值，这一过程中的种种经历，会刺激我们心态的张力，而这种张力往往能够爆发巨大的能量。

怎样使自己有一个好心态，并获取好心态潜在的惊人力量呢？

这就需要我们不断地去追求内心的充实，并且获得较高的文化素养，正如辩证法所说，内因和外因相互转化。内因和外因又是什么呢？内因是人的内功，概括为知识广、品德正、能力强、发挥佳。外因是通过内因来表达情感，是激情外在的一种流露。往大的方面说就是一个人的德行修为，与佛家修行中表现出的“以静为动，以退为进，以无为有，以空为乐”的心态同出一脉。人的一生，在和世间万事万物打交道的过程中，充满了太多的变化和不可预知，如何改变，让自己变得更好更强大，这就要从自身所具备的条件出发，而自身条件的形成，是进步发展的基础，只有奠定好这个基础，才能真正成为具有个性的、快乐并强大的人。

寻找良好的心态，把这种心态投入到我们对人生、对梦想的追求中，会让我们感受到内心的坦然。孔子有言：“知其不可为而为之，知其难为而勉力为之。”而我们需要的就是这种坚忍与执着的心态，有了这种坚忍和执着进取的人生态度，我们就有了向成功人生冲刺的惊人力量。

“贵族心态”：圆满人生的保证

心态的好坏，会直接影响到个人能力的发挥和行动的效果，并进一步决定一个人一生的命运。时下很流行的一个词叫作“贵族心态”，还引发了不少人的讨论。其中有褒有贬，看法不一。其实，贵不贵族不重要，重要的是我们可以不是贵族出身，但要有一种积极的、阳光的“贵族心态”。

一个落魄的印度人流浪到了英国，他想在这里谋取一份工作，但每次应聘都因为其貌不扬、没有文凭而被拒之门外。就这样，三个月过去了，他依然奔波在求职的路上。

有一天，他来到一家饭店，恳求经理收留他。但是饭店由于经营惨淡，正面临裁员的问题。这个时候，怎么可能留下他呢？印度人并不气馁，他苦苦地哀求经理，并承诺任何工作都可以做。经理见他很真诚，于是收留了他，派给他一份别人都不情愿干的活——负责二楼洗手间的卫生。能够接到这份特别的工作，印度人感到很开心。他并不觉得这份工作有多么卑微，相反，他还对这份工作产生了一种特别的爱。

工作第一天，印度人发现洗手间由于长时间没人打理，灯已经坏掉了，里面黑乎乎的，而且气味很难闻。他马上从仓库找来新的灯泡换上，于是洗手间亮了起来。印度人的心一下子明亮起来，他对自己说："伙计，开始你的新生活吧，这份工作是多么惬意啊！"然后，他开始跪在地面上用抹布一遍一遍地去擦洗地板；用刷子去刷马桶，墙壁也被他擦拭得干干净净，连细小的缝隙也不放过。接着，他找来了镜子安装在洗手

间的墙壁上，又搬来了一盆夜来香，点燃了熏香，他甚至还搬来了破旧的音响安装在洗手间的角落里。洗手间在这个印度人的美化下，完全变了样。

有一天，饭店来了几位客人，其中一个人中途去洗手间，当他推开洗手间的门时简直不敢相信自己的眼睛。原来，他看到的是朦朦胧胧的灯光，闻到的是沁人心脾的花香，听到的是浪漫悠扬的萨克斯乐曲。由于多喝了点酒，不知不觉中他竟然坐在马桶上睡着了。

后来，这位客人迫不及待地把他的奇遇告诉了他最要好的朋友，让他也来享受一下这个特别的洗手间。就这样，一传十，十传百，渐渐地，在这个小镇上，人们都知道这条街上有一家饭店，那里的洗手间最值得一去。于是这家饭店的人气也越来越旺，生意越来越好。

过了几个月后，饭店董事长来视察，当他了解情况后，马上把这个印度人叫到办公室。董事长百感交集：“你对工作如此付出和用心，你是我公司最优秀的员工。”

其实，任何一件有意义的事情，都值得我们用心去做。生活中，我们可能无法选择贵族所拥有的荣耀人生，但我们可以选择以“贵族心态”去面对所有。这个世界上，没有卑微的人，只要你自己不看轻自己，就不会有任何人影响到你的“贵族”生活。

“王侯将相，宁有种乎？”有谁，生来就注定是达官贵人呢？又有谁，从一开始就大富大贵呢？出身光荣，那是你的幸运；出身贫苦，那是公正的命运。

哥白尼是一位面包师的儿子，开普勒是德国一家小旅馆老板的儿子，拉普拉斯的父亲是一位贫穷的农民，美国第17任总统约翰逊则当过裁缝。据说，约翰逊在华盛顿的就职仪式上发表演讲时，人群中有个声音突然喊出：“这是个裁缝出身的人。”约翰逊回答说：“某些先生们说我过去曾是个裁缝匠，这根本没有使我感到难堪。因为当我是个裁缝匠的时候，我享有一个优秀裁缝匠的良好声誉。”是的，也许我们无法选择自己的出身，但是我们可以选择活得有尊严。

每一个人都有他与众不同的优点，如果我们不想让自身的这些优点被埋没，如果我们想变得更加非凡卓越，就要相信自己，只要我们肯付出努力，我们就一定可以做到。其实，每个人都怀揣着自己尚未知晓、尚未辨认的天赋，如何挖掘这些天赋，关键在于你持有怎样的心态。世界上没有卑微的出身，只有卑微的心态，如果你相信你能成为上层社会的贵族，那就从现在开始，拿出一个贵族应有的心态，积极地为自己的梦想努力，为自己的成功进取，相信你自己，即使两手空空，你也能打造出属于自己的成功人生。

好心态让你更优秀

社会在进步，知识也在以飞快的速度更新换代，我们所生存的环境，就像一个庞大的竞技场，输赢全在我们自己。特别是在竞争激烈的现代职场中，作为个体，你要么是卓越的狮子，要么是平庸的羚羊，而成为狮子还是成为羚羊完全取决于你的心态。

有一家成衣销售公司接到一个大订单。由于这笔订单对皮毛货品的需求量很大，老板担心皮毛供货商那里货品不足，就打算派人过去了解一下。正好公司新来了三个员工，老板想不如趁这个机会，考察一下他们，于是他吩咐三个员工去做同一件事：去供货商那里调查一下商品的数量、价格和品质。

第一个员工10分钟后就回来了，他并没有亲自去调查，而是向别人打听了一下供货商的情况就回来汇报。30分钟后，第二个员工回来汇报。他亲自到供货商那里了解皮毛的数量、价格和品质。第三个员工90分钟后才回来汇报，原来他不但亲自到供货商那里了解了皮毛的数量、价格和品质，而且根据公司的采购需求，将供货商那里最有价值的商品做了详细记录，并且和供货商的销售经理取得了联系。在返回途中，他还去了另外两家供货商那里了解皮毛的商业信息，将三家供货商的情况做了详细的比较，制定出了最佳购买方案。

面对同样的一件事情，三个人所持有的心态却截然不同。第一个员工只是敷衍了事，草率应付；第二个充其量只能算是被动听命；真正尽职尽责行事的只有第三个人。想一想，如果你是老板，你会赏识哪一个？如果要加薪、提拔，作为老板，你愿意把机会给谁呢？答案是显而易见的。

根据故事中三个人的表现，我们不妨做一下分析：机会永远都是公平的，它曾到过我们每个人身边，但是否能抓住，就取决于个人的心态。老板给三个人的机会是相同的，只是能意识到的，却是少数。所以，第一个员工注定要成为失败者，第二个员工只能成为一个平庸的人，而第三个员工则会超越平凡，成为卓越的成功者。

在这个世界上，成功的卓越者少，失败的平庸者多。成功的卓越者活得充实、自在，失败的平庸者过得空虚、艰难。造成这种现状的原因是什么呢？仔细观察、比较一下成功者与失败者，我们就会发现，是“心态”导致了他们的不同人生。这是我们最值得深思的地方。然而，在工作中许多人并不理解这一点：他们对自己的老板牢骚满腹，对待自己的工作懒散拖沓，对公司的前景悲观失望；而老板则时刻担心员工消极怠工，对公司产生不满情绪，担心员工跳槽。兢兢业业立足于自己的本职工作，心无旁骛地发挥自己潜力的员工少之又少；能专心致志于公司的发展前景，不为担心员工跳槽而费神的老板更是难得一见。

我们常常看到这样一番情形：员工们工作起来十二分不情愿，而做老板的则整天为这类事情心烦意乱；员工想尽办法逃避责任，得过且过，对自己的工作敷衍了事，老板则要为改变这种糟糕的状况而绞尽脑汁。这样发展下去的结果是，员工和老板都把大部分原本应该花在工作上的时间和精力消耗在如何打赢这场内部战争上。这样只会导致两败俱伤，这样的企业还谈何发展，这样的员工怎么会有前途？

林欣在一家中型企业做文秘，她的口头禅是：“那么拼命干什么？大家不是都能拿到薪水吗？”所以，林欣从来都是按时上下班，按部就班，职责之外的事情一概不理，不求有功，但求无过。

就算遇到挫折，林欣也很少在意，她最擅长的就是自我安慰："反正晋升是少数人的事，大多数人还不是像我一样原地踏步，这样有什么不好？"

马宁是林欣的同事，只是普通的销售员。他的职业技能不是一流的，然而在公司里，人们经常可以看到马宁忙碌的身影。他总是热情地和同事们打招呼，一天到晚都是神采奕奕的，对于工作，他也很积极乐观，只要是领导安排的，他一定会竭尽全力。即使是在项目受到挫折的情况下，他也总是积极地寻求解决问题的办法，而不是打退堂鼓。

同事们都喜欢和他接触。

一年后，林欣仍然做着她的文秘工作，上司对她的评价始终不好不坏。一年一度的大学生应聘热潮又开始了，上司开始关注起相关的简历来，也许，新鲜的血液很快就会补充进来，林欣这时深感自己的处境有些不妙。而马宁却已经从销售员的办公区搬走，这一年，他被提拔为销售经理，新的挑战才刚刚开始。

由此可见，无论你正在从事什么样的工作，要想获得成功，就要改变自己的心态。如果你也像林欣那样，总甘于庸庸碌碌地工作，从不为改进工作做任何努力，那么，即使你正从事最不平凡的工作，你也不会有所成就。

纽约中央铁路公司前总裁弗里德利·威尔森被问及如何对待工作和事业时说："一个人，不论是挖土，还是经营大公司，他都认为自己的工作是一项神圣的使命。不论工作条件有多么困难，或需要多么艰苦的训练，始终用积极负责的态度去进行。只要抱着这种态度，任何人都会成功，也一定能达到目的，实现目标。"

那么，你想要什么样的人生呢？是卓越的品质生活，还是一事无成呢？虽然结果并不一定能尽如人意，但如果你能选择以积极的心态来对待工作、生活，你就一定能够为自己创造出更多的机会。否则，遗憾的不只是你的老板，还有你自己，你会时常懊恼为何当初没有全力以赴。

危机中爆发的超人能量

在危机面前，人们的心态不外乎有两种：乐观和悲观。乐观者临危不乱、运筹帷幄，这种人是智者也是英雄；悲观者则惊慌失措、主动放弃，从此走向失败。这两种心态造成了截然不同的两种结局：成功与失败。当我们认定已是败局，狼狈退出的时候，却在转身的瞬间看见成功嘲笑的眼睛。所以，不要轻易放弃，再坚持一下，就一下，成功就会被你握在手中了。

我们常说，有危机就有转机，人在面对危机之时，往往能发挥超乎想象的能量。

麦克卢尔是《麦克卢尔》杂志的创始人，他出身贫寒，没读过几天书，从童年开始，他就做各种各样的工作。靠自学，他读完了中学的课程，又经历了很多困难，才找到一份编辑的工作。他努力工作，得到了上司的赏识和提拔，一步步高升，他渐渐把眼光投向了杂志，希望自己能在这个行业有所作为。创建一份成功刊物的想法占据了他的头脑。又经历了重重困难，他的想法终于有了实现的机会——他的上司德拉蒙德先生信任他，把这项工作完全交给了他，当他满怀信心和力量，正要大干一番时，却遇到了意想不到的困难。1893年爆发的美国经济大萧条使36岁的麦克卢尔陷入事业的最低谷。麦克卢尔强打精神，来到了德拉蒙德先生面前。他垂头丧气，倾诉自己的苦楚，认为自己犯了一个严重的错误——他现在做的工作，完全超过了自己的能力。

德拉蒙德先生一直沉默地听着麦克卢尔的讲述，也一直从容、镇静地看着麦克卢尔，脸上没有一丝一毫的焦虑。等麦克卢尔情绪平静之后，他对麦克卢尔说："假如一个人不是超过他的能力而工作，那说明他还没有最大限度发挥自己的潜力。每个人都是如此。如果你总能在最困难时找到最好的解决方案，那么你也一定会因此进入一个全新的领域。之后你会发现，再没有什么困难可以难倒你，也不再有什么力量可以阻止

你向前。”

听完这番话后，麦克卢尔又挺直了腰板，脸上的阴霾也一扫而光。他将上司说的那句话写下来，贴在自己办公室最显眼的地方，作为时时鼓励自己的座右铭。

麦克卢尔每天上班时都会在心里重复这句话，而每当他看到这句话时，总会感觉浑身上下立即充满了力量，有使不完的劲儿。以前他总是担心自己会遇到无法解决的问题，而现在他开始欢迎难题和阻力。他发现，好像是在一种神奇力量的指引下，总是能出人意料地找到解决方案。他发现了从来没有发掘的一个领域——想象的领域。他的想象带领他离开常规与习惯，赋予他创造的能力。他总能创造性地解决问题，为他的工作迎来了更大的发展空间！

从优秀到卓越是个人能力的升华。很多时候，危机预示着转机。只要我们肯突破自我，越是危机就越能引爆我们潜藏的能量。也就是说，一个人应当时时超越自己的能力，做超过自己能力的工作，他才能得到最丰厚的回报。

每个上班族都希望被老板赏识，体现出自身的价值。老板欣赏怎样的员工呢？老板欣赏那些能够做好自己工作的员工，更欣赏那些在工作中不断进步、不断超越自我的员工。

作为普通的企业员工，我们一样能实现自己的卓越，许多和我们一样普通的人已经以他们的实际行动和取得的成就给我们做出了示范。对这一点，我们一定要有信心。同时，我们还要清醒地认识到，追求卓越不是一件轻松容易的事。在追求卓越的道路上，我们会遇到许多坎坷、挫折甚至是打击。好的员工会在遇到危机时总结自己的不足，不断让自己进步，更进步，更优秀，从优秀到卓越，永远保持积极的进取心。追求卓越，我们要做的，就是努力使自己进入“卓越”的状态，不断督促自己调整心态，提高素质与技能，把工作中的小事做得不平凡，使我们在平凡的岗位上发出耀眼的光芒。

李兰研究生毕业后进入一家规模较大的贸易公司做项目部助理。公司的很多业务对于刚跨出校园的她来讲，都是前所未有的挑战，她常常被元老们“考验”着。可李兰并没有因此而放弃，相反，她越挫越勇，越是危急时刻，她越显得稳重大气，解决了不少的难题。

积极的工作态度和良好的工作业绩，让她赢得了领导的信任，不久，李兰便被提升为总经理助理。工作内容也从项目管理拓展到了协助总经理管理财务、人力资源、市场等方面的事宜。没过多久，公司一位人事主管突然离职，李兰顺利地补上了这个“缺”。

在工作中，李兰非常注意积累经验，并且把每次遭遇到的困境都当作历练自己的机遇，因为她明白，更高的职位必然对自己提出更高的要求，只有不断提高综合素质，锻炼自己独挡一面的能力，才有可能获得晋升。三年之后，她顺利成长为人力资源总监。

自我超越是一项修炼，善于自我超越的人会警觉自己的无知、力量的不足以及成长的极限，从而努力去突破这种极限，开启自身的超人能量，不断地发展完善自己，向成功的目标迈进。不断学习、具备自我超越能力的人，会认清及运用那些变革的力量，在不断的超越中让自己得到发展。

职场上心想事成的秘密

北京易普斯企业咨询服务中心曾对中国1576名白领进行了工作压力状态调查，结果显示：45%的人觉得压力较大，21%的人觉得很大，3%的人觉得极大。而你是哪一种呢？的确，当今社会，没有工作的羡慕有工作的，忙碌的羡慕清闲的，年轻的开始想退休，做领导的说下属太浮躁，做下属的说领导要求太高……于是心态问题与心理危机已成为一个严重的社会问题。社会不缺具备专业技能的人，缺的是在不同的工作和生活情景中能坦然自若、淡定自如的人。我们应该在追逐工业文明的“高速度原则”下停息下来，给自己一个慢的理由，然后好好审视自己的心态是否真的出了问题！

有一位经理讲述了他的亲身经历：

从十几岁开始一直到大学，我做过各种工作——从修理自行车到挨家挨户推销词典，有一年我甚至为一场选美比赛工作了整整一个夏天，任务是回收那些已经预订却未付款的票。此外，我还做数学家教，担任商店的收银员、出纳。为了完成大学学业，我替人打扫、整理房间。

这些工作挣不了几个钱，但这些钱是我当时需要的，说心里话，我当时是看不起这些工作的。但是，最终我知道，我没有白白经历。这些工作以一种潜移默化的方式教会我很多珍贵的东西，就以我在商店做收银员的工作为例。当时，在很长一段时间，我认为自己是一个好雇员，做了自己分内的事——收款。但是后来发生的一件事改变了我的这种看法，也让我的心态发生了巨大的变化。

有一天，我觉得分内的工作完成了，便和同事闲聊起来，经理走了进来，四处看了看，然后示意我跟他走。他一言不发地走到柜台前，动手整理商品，又走到食物区，将购物车清空。看着经理的一举一动，我很羞愧，以往没有人告诉我要这样做，但如果我自觉的话，应该能看到工作中的不足。

这件小事令我受益匪浅，它不仅使我成为一名更优秀的雇员，而且教会了我如何从每一项细小的工作中获得更多的东西。不仅要对自己分内的工作尽职尽责，还要好上加好，精益求精。

有了这次教训，我改变了对工作的态度，我越专注于自己的工作，学会的东西就越多，受益就越大。

这个阶段的经历对我的人生、事业影响颇为深远。后来我上了大学，从一个事不关己、高高挂起的旁观者变成了一个有责任感的人。它使我的大学生活变得丰富起来，兼职和实习成为探索未来发展的机会。

毕业后，当我成为管理者时，我依然在努力发现那些需要做的事情，不断超越他人——不仅为自己的雇主努力工作，也使自己能出人头地。

没有不重要的工作，只有不重视工作的人。我们只有调整好自己的心态，才能有端正的态度对待工作。我们每个人都可能有这样或那样的"毛病"，工作态度也许没有那么完美，但首先我们要认识到自己的缺陷与不足，然后再努力改正，这才"善莫大焉"。因为，我们自己就是卓越工作态度的真正受益者。

每一个老板自然而然地觉得，勤勤恳恳、全神贯注、充满热情的员工更有价值，而提拔则是老板对员工莫大的鼓励。这些员工的积极心态也常常会感染到老板，老板也知道，这样的员工是在尽力帮助自己。因此，领导者会自觉地与有良好心态的员工在一起，关心他们的生活，对那些不专心工作、推脱责任、不注重实绩的员工有一种本能的排斥心理。

迈克曾是美国西里克肥料厂的一名速记员。尽管他的上司和同事均养成了偷懒的恶习，迈克仍保持着认真做事的良好习惯，重视每一项工作。

一天，上司让迈克替自己编一本西里克先生前往欧洲用的密码电报书。迈克不像同事那样，随意地编几张纸完事，而是编成一本小巧的书，用打字机很清楚地打出来，然后又仔细装订好。做好之后，上司便把这本书交给了西里克先生。

“这大概不是你做的吧？”西里克先生问。

“呃——不……是迈克做的……”迈克的上司战栗地回答，西里克先生沉默了许久。

过了几天，迈克代替了以前上司的职位。

迈克的好心态成就了他认真负责的工作态度，也因此打动了老板，最终为自己赢得了升职的机会。

心态平和，最大的受益人是自己。心态浮躁，最大的受害者也是自己。

我们常常发现，同时进公司工作的人，同样的起点，但是，几年之后他们之间却产生了巨大的差距。有的人成为公司里的核心员工，受到老板的器重；有的人却一直碌碌无为，工作总是不见起色。

众所周知，除了少数天才，大多数人的禀赋都相差无几。那么，是什么造成了这种差距？是态度！它可以让一个普普通通毫无背景的人脱颖而出，创造出一番不凡的业绩，也可以让一个才华横溢、能力过人的人碌碌无为，成为下一个被社会淘汰的对象。

那些成就非凡的人一定都是积极态度的秉持者和践行者，一个态度消极的人是不可能在事业上取得巨大成就的。

我们要做的是时刻警惕消极的工作态度的侵袭，永远追求最卓越，不断进步、成长。

内心充满热量，才能释放热量

爱是人生存的根本，也是人的本能。无论是施爱还是被爱的人，他们都是幸福而快乐的，他们的情操也会是高尚的。

一个人内心的热量，便是由爱产生的。一个内心充满爱的人，会懂得去播洒爱，因为他知道，只有播下种子，才会得到果实。爱是相互的，这个世界正因为有了爱，才会变得温暖美好。

一个在边远山村支教的女教师接受记者采访，当记者问到让她在贫穷的山村坚持下去的动力是什么时，女教师平静地回答道："是我的父亲。"她觉得，正是因为受到父亲身体力行的影响，她才会义无反顾地走上支教这条路。这位女教师饱含深情地讲述了她父亲的故事。

我出生在一个山村，父亲在家乡是一名颇有名望的乡村医生，虽谈不上妙手回春，可在那穷乡僻壤的地方来说，算是很不错了。在我很小的时候，母亲就去世了，所以我会经常跟着父亲走街串巷地看望患病的乡邻。

那时候，我很崇拜我的父亲，我崇拜的不是父亲精湛的医术，而是他高尚的医德。父亲每每看病，无论对方贫与富、尊与卑，他都会一视同仁，尤其是对那些穷苦人家，父亲每次看完病，绝不提钱的事，而是等对方主动送上门来，有时一等就

是好几年，父亲也从没讨要过。如果遇到孤寡老人生病，父亲通常都是免费为他们治疗，而且他还会觉得这是一件很快乐的事情。

我起初并不很理解父亲的做法，觉得他真的很傻，因为我们的家庭本身也不富裕。但慢慢地，我理解了父亲，其实父亲在帮助乡里乡亲的同时，也收获了用金钱无法衡量的东西：尊敬与爱戴。逢年过节，我们家会来好多客人；田里的活会有乡邻帮着做；我童年可以吃“百家饭”……我知道，这一切都是因为父亲的缘故。

现在，我的父亲已经不在了，但我能时常感觉到父亲在看着我，看着我做的一切，我相信，我现在的选择是令他骄傲的。

女教师讲的这个故事，令许多人为之动容。

爱，可以让一个人的内心无比富足。

某晚报曾登过一则关于“大学生洪战辉带着捡来的妹妹求学12年”的感人报道，这则报道一经刊出，立即引来社会各界的关注。

洪战辉不是富有的人，相反，他的家境贫寒，他要自己挣学费，要孝敬父母，还要刻苦读书。他贫穷到没有多余的能力来帮助别人，但是他12年如一日地照顾年幼的妹妹，而这个妹妹竟是他捡来的。

洪战辉的事迹激励着大多数人。我们不禁要问：是什么让洪战辉变得这样强大，强大到足以为他人撑起一片天空？答案就是他内心有爱，他内心充满了力量。一个人只有内心充满力量，他才能够释放力量。可有太多的人却止步在“心有余而力不足”的消极心态中。

今天，在一片追求明星梦、财富梦的声浪中，每个人都希望自己活得出色快乐。可快乐从哪里来呢？首先我们要保持一种快乐的心态，其次才是快乐地生活。

现代社会提倡和谐，我们讲和谐，不仅要力求人与人和谐、人与社会和谐、人与自然和谐，还要注重人的内心和谐。人的内心和谐是和谐社会的一种高的境界。热量来源于光，要想让我们的内心充满热量，我们就要有和谐的内心和阳光的心态，也就是营造知足、感恩、达观的心理，树立喜悦、乐观、向上的人生态度，通过个人内心和谐来促进家庭和谐、生活和谐及社会和谐。

你的内心如果是一团火，就能释放出光和热；你的内心如果是一块冰，就是融化了也还是零度。要想温暖别人，你内心要有热；要想照亮别人，请先照亮自己；要想照亮自己，首先要照亮自己的内心。送人温暖，在让他人的心暖起来的同时，自己内心也会更加温暖。

一个被温暖充盈着的人，内心也会变得充实。这种充实，往往伴随着一种对人生价值和意义的追求，一种精神境界的自觉提升，最终变为一种快乐、幸福的感觉。因而，内心温暖的人，不会排斥物质财富的追求，收入多一点，日子过得好一点，皆是人之常情。但追求并不会到此停步，而是致力于为心灵搭建一座温暖的“大房子”，获得精神上的富足。有的人“穷得只剩下钱”，就在于只追求了身外的“大房子”，心灵却无处归依。“善人通过行善获得幸福”，正在于善人通过奉献爱心感觉到，为他人送去温暖，自己会更幸福，内心更富足。

PART 02

情绪左右成败

情绪是一种力量

情绪是一种十分强大的力量，它能够激励你实现自己的理想、抚平最严重的创伤，也会让你因为小挫败而一蹶不振。

听说过“一只苍蝇引起的憾事”吗？如果不能控制你的坏情绪，最后失败的可能就是你。

有一场举世瞩目的赛事，台球世界冠军已走到卫冕的门口。他只要把最后那个8号黑球打进球门，凯歌就奏响了。

就在这时，不知从什么地方飞来一只苍蝇。苍蝇第一次落在握杆的手臂上，冠军有些痒，便停下来轰走了苍蝇。冠军准备击球，可苍蝇又飞了回来，这回竟落在了冠军锁着的眉头上。冠军只好不情愿地停下来，烦躁地去打那只苍蝇。苍蝇又轻捷地脱逃了。冠军做了一番深呼吸再次准备击球。天啊！他发现那只苍蝇又回来了，像个幽灵似的落在了8号黑球上。冠军怒不可遏，拿起球杆对着苍蝇捅去。苍蝇受到惊吓飞走了，可球杆触动了黑球，黑球当然没有进袋。按照比赛规则，该轮到对手击球了。对手抓住机会死里逃生，一口气把自己该打的球全打进了袋。

卫冕失败，冠军恨死了那只苍蝇。可惜的是他后来患了不治之症，再也没有机会走上赛场。临终时他对那只苍蝇还耿耿于怀。

一只苍蝇和一个冠军的命运纠缠在一起，也许是偶然的。倘若冠军能控制怒气并静待那只苍蝇飞走，故事也许就是另一种结局了。

是什么毁了他的冠军梦？是那只苍蝇吗？当然不是，是他的坏情绪毁了他自己。

生活中，我们常常会发脾气，可回想起来，又有多少真正值得生气的事。也许时间可以让你的怒气平息，但因你的坏情绪而造成的伤害却成为难以愈合的伤口。而因坏情绪累积的憾事，又有谁能够数得清呢？

人的一生都会有被枷锁困住的时候，而这些束缚你手脚的枷锁通常又不易被察觉，于是人就深陷其中难以自拔，言行举止完全被牵绊住了。这一股拉扯的力量，总是让人有心无力，人生的航程也因此而严重受阻。更为可怕的是，这些心灵的桎梏往往隐藏着一种极大的杀伤力，并且会逐渐腐蚀人的心灵，磨损人的志气，直到生活变得一团糟了，我们还找不到原因在哪里。

我们要明白，在生活中，难免会遭遇各种各样的事情，我们的情绪自然就会跟随着起伏。但如果我们任由自己陷在消极情绪中，这些不良的情绪就会变成阻碍我们人生航程的桎梏。

举例来说，如果你身陷激烈争吵中，而不是正在悠闲地

品一杯茶，难道你的行为不会有所不同吗？如果你买的彩票中奖了，而且数目不小，你会有怎样的反应呢？假设一个陌生人毫无理由地向你大吼，前提是你并没有做出任何不妥的事情，你会做何反应？或者你和你的爱人争吵了一个晚上，第二天去公司上班，你的心情又是如何？答案可以有很多种可能，抱怨或是惬意，惊喜或是愤怒，这都因人而异，因事而异，因为每个人有自己独特的行事风格，因为情绪就是我们行动的基础。当强烈的情绪占据你的时候，你是不可能完全控制自己的情绪的，了解这一点很重要。我们都有不顺遂的时候，每个人都会经历创伤或者失败，这是人生的一环。人有生离死别，生活有酸甜苦辣，有高兴的事情存在，自然也会有沮丧的事情发生。

通常情况下，我们倾向于将各种层次和不同程度的感受，分成两大类别，而这两大类别往往是以对立的形式出现的，如：黑或白、好或坏、善或恶、是或非，否则我们会觉得它们含糊其词，难以确定。分完类别之后，接下来我们的情绪会依据我们对周遭世界的诠释来指导行为。然而这些情绪的出现并不是有意识的，它们的反应是受过去经验所塑造的模式的影响所给出的一种潜意识行为。

我们经常说人的情绪多变，其实我们往往不是自己情绪的主人。情绪的发展和变化是我们因人因时因地因事而产生的。不同的情绪有不同的作用，它所具有的力量也会不同，有的给人带来鼓励，有的给人带来力量，有的给人带来知识，有的给人带来进步，有的助人成才，有的助人成功，有的助人成长，有的助人成熟，有的使人懂得珍惜，有的使人懂得爱护，有的使人懂得勤奋，有的使人懂得拼搏，有的让人勇敢，有的让人激情，有的让人理智。总之，我们的感受和需要是在多方面、多角度、多条件中转换、选择的，有很多事是在影响感染中发生的，我们的情绪也随之出现。要知道，什么样的人和事联系起来，就会有什么样的情况和结果。

要知道情绪的力量可以制约人，也可以成就人，更可以损害人，因此，把握情绪有利的一面，获取最大化的情绪力量，对我们尤为重要。

好情绪造就好人生

牛顿说：“愉快的生活是由愉快的思想造成的，愉快的思想又是由乐观的个性产生的。”的确，生活是你自己的，选择快乐还是痛苦都由你决定。要想赢得人生，就不能总把目光停留在那些消极的东西上，那只会令你沮丧、自卑，徒增烦恼。

苏珊娜是由一位心态非常积极而且又非常善于解决问题的母亲抚养成人的。母亲给人鼓舞的教育为苏珊娜的成长带来了莫大的帮助。

苏珊娜刚刚4岁的时候，父亲就因心脏病去世了。当时，她的母亲只有27岁，带着两个孩子，又没有钱。突如其来的厄运给她的打击几乎是致命的，使她一度陷于绝望。但她终于重新振作起来，鼓足勇气活下去。

在苏珊娜的父亲去世后的好几年里，她们家非常穷，怎样勉强填饱肚子是母亲最担心的事。可是，她的母亲没有为家境贫穷而烦恼，而是想办法去挣钱，在家里为一个当律师而雇不起全职秘书的邻居做打字工作。苏珊娜也找到一个贴补家用的门路，她8岁的时候，就教邻居一些还没上学的孩子识字。那些孩子的父母亲很感激，便供给她食宿费用。

苏珊娜最敬佩的，就是母亲那种乐观的情绪。

她记得，如果遇到五个难题，母亲就会说："没遇到六个难题，这不是走运吗？"当时买不起汽车，母亲就说："咱们住得离公共汽车站这么近，难道还不满意吗？"过节的时候没钱给她买新衣服，母亲就用家里的旧衣服拼拼凑凑地做一件，然后就表扬自己的手艺好。她高高兴兴地处理这些问题。苏珊娜在学校上学的时候，有一次没被选上班干部。母亲说："好呀，现在有时间来筹划一次比较成功的竞选运动了，下次选举你一定能够当选。"

多年耳闻目睹母亲这样乐观积极地处理问题，苏珊娜也有了积极的生活态度。凡是遇到困难的时候，她就以学来的乐观情绪去对待，战胜困难。母亲微笑的脸和充满鼓励的话，总是给她力量，给她勇气。每当她情绪消沉、抱怨不满或者在学校里碰到难办的事情时，母亲的精神就会帮她坚持下去，然后得到一个很好的结果。不管是对待工作的问题、人际交往的问题，还是对待她自己的问题，都是这样。

研究发现，乐观或是悲观的态度关系到一个人的生活质量和身体健康。研究对象先是在20世纪60年代做了性格测试。30年之后，他们又参与了一次后续健康状况评估。研究人员发现，30年后，研究对象中，乐观主义者不但身心健康状况要好于悲观主义者，而且乐观主义者的平均寿命要比后者长。

人处在逆境中，要学会保持心理平衡，切记不要被坏情绪控制。要认识到，事情已经发生，任何忧愁哀伤都不能改变事实，没有任何实际意义。我们应该学着从多种角度来看待问题，逆境未必就一定是坏事，重要的是自己仍然有希望。

生活中，有许多人在遇到不愉快的事或心情不佳时，常常默不作声，不肯把自己的不快乐告诉别人，即便是最亲近的人。这种方式很不好。情绪就像洪水，只有疏导才能真正解决问题，压抑或阻止都是糟糕的做法，其结果往往是于他人无益，于自己有害。主动向亲近的人倾诉自己的心里话，常是宣泄情绪的好办法，情绪好转了，许多事也就解决了。

消极情绪就像污染源，它会把你的人生弄得乌烟瘴气。既然我们认识到了消极情绪的危害，就应当有意识地避开消极情绪。当它出现时，可以多想一些高兴的事，自觉地用乐观情绪来代替悲观情绪。乐观情绪调动起来就会使大脑皮层处于兴奋状态，可以逐渐淡化悲观情绪。

乐观是无形的，但它是有力量的，而且乐观的力量又是超乎想象的。乐观的人就是这样变通地看待生活和问题的，他们总能在困难和不幸中发现美好的事物。他们相信自己，相信自己能主宰一切，正如哈佛教授亨利•霍夫曼所说："你是否快乐或痛苦，不完全取决于你得到什么，更多地在于你用心去感受到了什么。"

❀ 无论是好是坏，情绪都有传染性

假如在一天的开始，寝室里某一个成员情绪很好，或者情绪很坏，其他成员就会受到感染，产生相应的情绪反应，于是就形成了愉快、轻松或者沉闷、压抑的寝室氛围。

情绪好坏对一个人的影响是很大的。因为每一种情绪都很强大，很容易传染他人或者自己。笑脸对人，回收的是笑脸；恶语对人，回收的是恶语；认真地对待生活，生活也会给你以真诚的回报。

有一只流浪狗，无意间闯进一间四壁都镶着玻璃镜的屋子。

突然看到很多的狗同时出现，它大吃一惊，便龇牙咧嘴，发出阵阵低沉的吼声。

而镜子里所有的狗看起来也十分生气，每只狗的脸上也出现怒吼的表情。这只狗一看，简直吓坏了，不知所措，开始绕着屋子跑起来，一直跑到体力透支，倒地而亡。

其实，真正危害到这只狗的是它自己的情绪，要是这只狗肯对镜子摇几下尾巴，情形就会完全改观，镜子里的狗儿必然会回报它以同样友善的举动。我们对待生活也是一样，镜子就如同他人一样，我们呈现怎样的情绪，就会被怎样的情绪击中。如果我们是喜悦的，相同地，我们传染给他人的也是喜悦，大家一起心情舒畅；如果我们是悲伤的，我们传染给他人的也是悲伤，当悲伤聚集到一起的时候，我们的内心会因为承受不住巨大的压抑而濒临崩溃的边缘。

试着对你所处的恶劣环境积极主动地表达心中的善意，情形必会有所改善。在与他人交往中，我们常常会将一些不良情绪带给对方，使对方不是时不时地抱怨就是坐立不安。这时候我们与他人的交往就变得十分困难。

许多人都知道一些交际的心理知识和一些交际技巧，每当他们自信地和他人打交道时，结果却因为自己不能保持良好的情绪，让人际交往的结果大打折扣。原因很简单，他们注意到了很多技巧性的东西，却忽略了自己的情绪，让这些紧张、烦躁、失落的情绪直接反映到一些细节上。例如，双眼黯然无神，不时地看手表，表情僵硬等。这些小细节都会给对方无聊、紧张、冷漠的心理暗示，在这种暗示的影响下，他们的情绪就会不自觉地事物都有两面性，糟糕的情绪表现会破坏你和他人的交往，乐观积极的情绪又会感染对方。正确利用情绪效应，让它为你所用，就能帮你给别人留下很好的印象。

掌握自我情绪，对社交会有很大帮助。现代心理学研究发现，人的情绪有两个关键时刻，一是早起时，一是晚上就寝前。如果能把握好这两个关键时刻的情绪，在这两个时刻保持良好的情绪，就很容易获得一整天的好情绪。

情绪可以改变命运

不要忽视自己的情绪，因为每一种情绪背后都蕴藏着一种强大的力量。情绪可以改变命运，这绝不是危言耸听。好情绪可以激发一个人的斗志，坏情绪则会打压一个人的进取心，选择哪种情绪，就预示着我们将成为怎样的人。

真正极富天资、得天独厚的人是极为少见的，许多的成功人士都是很普通的人，他们的成就往往要归功于他们良好的情绪。

罗丹出身在一个贫苦的家庭，他酷爱画画，但他目不识丁的父亲却一心想让他成为一个能干活养家的男人，并不指望他成为什么画家。当他得知罗丹背着他偷偷学画后，竟高举着皮鞭逼着罗丹把他画的画和姨妈送的画笔扔进火炉里。

进了校园的罗丹因为把时间都用在了画画上，学习成绩很不好，于是，老师只好禁止他画画。一次，罗丹画了一幅罗马帝国的地图，被教师用戒尺狠狠揍了一顿，手被打得通红，以致一个星期不能拿笔。

后来，在大姐的帮助下，罗丹终于进了一所免费的美术学校学画。其中的一名教师勒考克是巴黎最杰出的教师，他厌恶美术学院死板僵化的教学方式，他的这种行为引起很多绘画大家的不满，也对罗丹以后的艺术道路受到了影响。当然，这是后话。

由于没有钱买颜料，罗丹不得不放弃自己钟爱的绘画。勒考克觉得罗丹是一个很有前途的学生，觉得他因为买不起颜料而终止学习非常可惜，于是就动员罗丹到雕塑室进行训练。灰心丧气的罗丹被勒考克严厉地数落一通后，跟随老师进了雕塑室。面对雕塑室满地湿乎乎的黏泥、橡皮胶泥、赤褐色的陶土和一块块的大理石，以及好些梯子、支架和刀具，罗丹一下子被这些新鲜的事物吸引了。

有了梦想的罗丹暗自告诫自己：这次不管怎么样，都不能半途而废。他每天从巴黎的这一头赶到另一头，对这座城市的街道、广场、花园、大桥和古代建筑，还有著名的塞纳河两岸的大道都满怀深情、了如指掌。他随身携带的小本子上画了成千上万幅画。他没有休息日，星期六晚上泡在家里根据记忆画想要雕塑的人物草图，星期天则整天待在家里用黏土进行创作。

一晃三年过去了，罗丹请求勒考克推荐他考美术学院。在得到老师的同意并得到另一位雕塑家的推荐后，罗丹信心十足地去参加美术学院的考试。考试要求每天用两个小时、总共在六天内完成整个人像，罗丹觉得这是做不到的事情，但还是抓紧时间干了起来，两天过去了，他才在纸上画好了草图，而多数考生已塑完了一半，但他们的作品都显得光滑而没有生气。在最后一天，罗丹的作品虽然没有完全塑成，但他感到已是所有考生中最好的。但是，罗丹的报考表上写着“落选”。第二年、第三年，罗丹的报考表上依然写着“落选”这两个字。

罗丹泪眼模糊。当他踉踉跄跄地走出考场时，一位学画的朋友告诉他：“你是个天才的雕塑家，但因为你是勒考克的得意门生，所以他们永远也不会录取你，否则就等于他们赞成勒考克的艺术主张了。”

尽管罗丹此时痛不欲生，但是他及时调整自己的不良情绪，继续投入到自己的工作中。直到一年后，勒考克把自己视若生命的工作室交给了罗丹。

罗丹终于用他的智慧和刀具，在世界雕塑史上留下了光辉的一页。

可以想象，如果面对父亲的责骂、经济的拮据、生活的艰苦以及美术学院的排斥，罗丹退缩了、消沉了、甚至是放弃了，那么世界将会永远失去一位伟大的雕塑家。

歌德曾说过：“只有两条路可以通往远大的目标，得以完成伟大的事业，力量与坚忍。”力量只属于少数得天独厚的人，但是苦修的坚忍，却艰涩而持久，能为最微小的我们所用。正因为我们有了良好的情绪控制力才得以坚持自我、永不放弃，才能与糟糕的际遇不懈而顽强地斗争。因为它那沉默的力量，是随时间而日益增长的不可抗拒的强大力量。最终，我们总会取得胜利。

重新认识自己的情绪，找到情绪中对我们有利的一面，发掘出它所暗藏的能量，然后运用这份强大的能量来改变我们的命运。

坏情绪**会阻碍你成功**

约翰•弥尔顿曾经说过这样一句话：“一个人如果能够控制自己的激情、欲望和恐惧，那他就胜过国王。”

愤怒、憎恨、恐惧、悲哀是最常见的不良情绪。情绪波动的因素很多，可能因为自己目前的状况，可能因为周围的环境，内心的理想在现实中达不到，心理的顺境要求不能在现实工作中得到满足，理想和现实的差距是脾气不好的根源。当面对别人的无端指责而自己却无能为力时，当工作、生活、学习压力太大无法排解时，当事业恋爱不顺时，当亲人无端受害时，当自己的利益受到严重侵犯时，当受到某种打击和刺激时，当受到伤害无处说时，当和人吵架时，当被人冤枉时，甚至输钱、喝醉酒时，甚至当别人说一句不顺耳的话或开一句无意的玩笑时，我们会极端生气、伤心、激动，这些都可能引发我们的坏情绪。

情绪变坏不仅仅会影响我们的生活、我们的工作，如果调节不好，更严重时可能爆发更大的脾气。每个人性格和脾气不同，表现的形式不同，性格比较温和的人会选择沉默或吵几句，脾气比较暴躁的人会发疯地打人、骂人，有些人甚至会丧失理智，呈现出歇斯底里的疯狂状况。一旦情绪失控，就意味着行为失控，一切失控。所以，我们应该尽量避免坏情绪影响我们，生活中有些事情不是我们所能控制的，但我们却可以调节我们的情绪，避免事情向坏的方向发展。

一位在镇上失业了好几个月的年轻人到一个海上油田钻井队求职，他很想得到份工作。领班要求他在限定的时间内登上几十米高的钻井架，把一个包装好的漂亮盒子送到最顶层的主管手里。他拿着盒子快步登上高高的狭窄的舷梯，气喘吁吁、

满头是汗地上到顶层，把盒子交给主管。主管只在上面签下自己的名字，就让他送回去。他又跑下舷梯，把盒子交给领班，领班也同样在上面签下自己的名字，让他再送给主管。

当他第三次把盒子递给主管的时候，主管看着他，傲慢地说："把盒子打开。"他撕开外面的包装纸，打开盒子，里面是两个玻璃罐，一罐咖啡，一罐开水。他十分生气地抬起头，双眼喷着怒火，射向主管。

主管又对他说："把咖啡冲上。"年轻人再也忍不住了，"啪"地一下把盒子扔在地上："我不干了！"说完他看看摔在地上的盒子，感到心里痛快了许多，刚才的闷气全释放了出来。这时，主管站起身来，直视着他说："刚才让你做的这些，叫作承受极限训练，因为我们在海上作业，随时会遇到危险，就要求队员身上一定要有极强的承受力。可惜，前面三次你都通过了，只差最后一点点，你没有喝到自己冲的咖啡。现在，你可以走了。"

一位哲学家说："气，便是别人吐出而你却接到口里的那种东西，你吞下便会反胃；你不看它时，它便会消散。"生气时如果不小心控制，不仅伤害身心，还可能导致其他后果，比如机会的丧失。约翰•肯尼迪曾这样说："一个连自己都控制不了的人，我们的民众会放心把我们的国家交给他吗？"

情绪就像人的影子一样每天与我们相随，我们在日常的工作、学习和生活中时时刻刻都体验到它的存在给我们的心理和生理上带来的变化。对于情绪，我们可以有很多具体的词语来描绘，愉快的和不愉快的，高兴的和不高兴的，满意的和不满意的，温和的和强烈的，短暂的和持久的等。人的情绪，是一种巨大的、神奇的能量。它既可以激发人的无穷动力，又可以把人推向万劫不复的深渊。

有人说，生活就是一面镜子，你笑她就笑，你哭她就哭。千万不要让坏情绪影响了你的人生，阻碍了你的成功。

恐惧来自情绪的幻觉

我们恐惧什么？其实，很多时候，我们的恐惧来源于自我意象的提示。就像我们做了一个不好的梦，心里就会想一定是有什么不好的事情将要发生，有了这种心理暗示，我们的紧张情绪就会被调动起来，进而让我们产生恐惧心理。

其实，我们最害怕的事物往往并不存在，那只是想象中的影子罢了。

卫斯里为了领略山间的野趣，一个人来到一片陌生的山林，左转右转，迷失了方向。正当他一筹莫展的时候，迎面走来了一个挑山货的美丽少女。少女嫣然一笑，问道："先生是从景点那边迷失的吧？请跟我来吧，我带你抄小路往山下赶，那里有旅游公司的汽车在等着你。"

卫斯里跟着少女穿越丛林，阳光在林间映出千万道漂亮的光柱，晶莹的水汽在光柱里飘飘忽忽。正当他陶醉于这美妙的景致时，少女开口说话了："先生，前面就是我们这儿的鬼谷，是这片山林中最危险的路段，一不小心就会摔进万丈深渊。我们这儿的规矩是路过此地，一定要挑点或者扛点什么东西。"

卫斯里惊问：“这么危险的地方，再负重前行，那不是更危险吗？”

少女笑了，解释道：“只有你意识到危险了，才会更加集中精力，那样反而会更安全。这儿发生过好几起坠谷事件，都是迷路的游客在毫无压力的情况下一不小心摔下去的。我们每天都挑东西来来去去，却从来没人出事。”

卫斯里冒出一身冷汗，对少女的解释十分怀疑。他让少女先走，自己去寻找别的路，企图绕过鬼谷。

少女无奈，只好一个人走了。卫斯里在山间来回绕了两圈，也没有找到下山的路。眼看天色将晚，卫斯里还在犹豫不决。夜里的山间极不安全，在山里过夜，他恐惧；过鬼谷下山，他也恐惧。况且，此时只有他一个人。

后来，山间又走来一个挑山货的少女。极度恐惧的卫斯里拦住少女，让她帮自己拿主意。少女沉默着将两根沉沉的木条递到卫斯里的手上。卫斯里胆战心惊地跟在少女身后，小心翼翼地走过了这段“鬼谷”。

过了一段时间，卫斯里故意挑着东西又走了一次“鬼谷”。这时，他才发现“鬼谷”没有想象中那么“深”，最“深”的是自己的恐惧。

有些人对一些本来并不可怕的事情却产生了紧张恐惧的情绪。他们自己也能意识到这种恐惧是完全不必要的，甚至能意识到这是不正常的表现，但却不能控制自己，即使尽了很大努力也依然无法摆脱和消除，因而感到极为不安。

许多人几乎对一切都怀着恐惧之心：他们怕风，怕受寒；

他们吃东西时怕有毒；经商时怕赔钱；他们怕人言，怕舆论；他们怕困苦；怕贫穷；怕失败；怕收获不佳；怕雷电，怕暴风……他们的生命中充满了恐惧。

从前，有一个国王，他提供了一笔非常优厚的奖金，希望有人能画出最平静的画，以便自己在心情烦躁时能拿来缓解情绪。许多画家都来尝试，国王看完所有的画，只有两幅他最喜欢。

一幅画是一个平静的湖，湖面如镜，倒映出周围的群山，上面点缀着如絮的白云。大凡看到此画的人都同意这是描绘平静的最佳图画。

另一幅画也有山，但都是崎岖和光秃的山，上面是愤怒的天空，下着大雨，雷电交加。山边翻腾着一道涌起泡沫的瀑布，看来一点都不平静。但当皇帝靠近一看时，他看见瀑布后面有一个小树丛，其中有一雌鸟筑成的巢。在那里，在奔流的水流中间，雌鸟卧在它的巢里——平静安详。

国王选择了后者，奖金给了画这幅画的画家。

平静并不等于完全没有困难和辛劳，而是在那一切的纷乱中间，心中仍然宁静。

一幅画就能带给一个人内心的安宁，这样说来多多少少都有些不可思议。我们总是把情绪和幻觉重叠，无法辨认哪些是真实存在的，哪些是虚幻的。因为情绪本身就有不确定性，它很容易被外界因素所影响。

对自我进行深刻地剖析，认清自己真实的情绪，才是主宰自我的根本所在。

第二篇

战胜人性弱点，跨越心态藩篱

PART

01

超越自卑：你是最好的自己

❀ 用自强战胜自卑

生活中大多数人都习惯自怨自艾、自我批判，他们最常说的是“我身材难看”“我能力太差”“我总是做错事”等等，他们总是把目光放在自己所谓的缺点上，并且自暴自弃。其实，每个人身上都会有一些令自己不如意的地方，当你产生这些想法的时候，不妨换个角度欣赏自己，相信你那定会看到自己的那份美丽。

加拿大一位名叫让•克雷蒂安的少年，他曾因疾病导致左脸局部麻痹，嘴角畸形，说话口吃，讲话时嘴巴总是向一边歪，而且还有一只耳朵失聪。

听一位医学专家说，嘴里含着小石子讲话可以矫正口吃，克雷蒂安就整日含着一块小石子练习讲话，以致嘴巴和舌头都被石子磨烂了。母亲看后心疼得直流眼泪，她抱着儿子说：“孩子，不要练了，妈妈会一辈子陪着你。”克雷蒂安一边替妈妈擦着眼泪，一边坚强地说：“妈妈，听说每一只漂亮的蝴蝶，都是自己冲破束缚它的茧之后才变成的。我一定要讲好话，做一只漂亮的蝴蝶。”

功夫不负有心人，终于，克雷蒂安能够流利地讲话了。他勤奋且善良，中学毕业时不仅取得了优异的成绩，还获得了极好的人缘。

1993年10月，克雷蒂安参加全国总理大选时，他的对手大力攻击、嘲笑他的脸部缺陷。对手曾极不道德地说：“你们要这样的人来当你们的总理吗？”然而，对手的这种恶意攻击却招致大部分选民的愤怒和谴责。当人们知道克雷蒂安的成长经历后，都给予他极大的同情和尊敬。在竞选演说中，克雷蒂安诚恳地对选民说：“我要带领国家和人民成为一只美丽的蝴蝶。”结果，他以极大的优势当选为加拿大总理，并在1997年

成功地获得连任，被国人亲切地称为“蝴蝶总理”。

生活是不圆满的，它总会给人生留下很多空隙，这其中最大的空隙就是理想与现实的距离。也许你想成为太阳，可你却只是一颗星辰；也许你想成为大树，可你却只是一株小草；也许你想成为大河，可你却只是一条山溪……于是，你很自卑。

自卑的你总以为命运在捉弄自己。其实，你也可以这样想：和别人一样，我也是一道风景，也有阳光，也有空气，也有寒来暑往，甚至有别人未曾见过的一株春草，有别人未曾听过的一阵虫鸣……做不了太阳，就做星辰，让自己的星座，发热发光；做不了大树，就做小草，以自己的绿色装点希望；做不了伟人，就做实在的小人物，平凡并不可悲，可悲的是你不能安心地接受自己的平凡。

其实，自卑就是一种过多的自我否定产生的自我贬低的情绪体验，是一种认为自己在某些方面不如他人的自我意识和自己瞧不起自己的消极心理，它是由主观和客观原因造成的。长期被自卑情绪笼罩的人，一方面感到自己处处不如别人，另一方面又害怕别人瞧不起自己，逐渐形成了敏感多疑、胆小孤僻等不良的性格特征。自卑使他们不敢主动与人交往，不敢在公共场合发言，消极应付工作和学习，自暴自弃，不思进取。

古人说，“有长必有短，有明必有暗”。其实每个人都是一样的，人人都有自卑的一面。而在通往成功的路上，我们只有勇于向自卑宣战，有破茧化蝶的精神，才能成为一个自信的成功者。

❀人生没有“假如”

人有一个通病，就是喜欢把发生的或者未发生的事情，用假设的想法模拟实施。其实，这本身就是一种自卑心理表现。

很多时候人会这样问自己：“假如……我可以吗？”这是一种不自信的表现。其实自卑和自信往往就在一念之间，去除自卑，自信就会从心底应运而生。

请检视一下自己，你是否在不知不觉中给自己贴上自卑的标签了。

世上大部分不能走出生存困境的人都是因为对自己信心不足，他们就像一颗脆弱的小树苗一样，毫无信心去经历风雨，这就是一种可怕的自卑心理。所谓自卑，就是轻视自己，自己看不起自己。自卑心理严重的人，并不一定是其本身具有某些缺陷或短处，而是不能敞开心胸接纳自己。他们总是自惭形秽，常把自己放在一个低人一等、不被自我喜欢，进而演绎成别人也看不起自己的位置，并由此陷入不能自拔的痛苦境地，心灵笼罩着永不消散的愁云。

有一位哲人，在风烛残年之际，他知道自己时日不多了，就想考验和点化一下他的助手。因为他的助手平时对工作尽心尽力，而且也有相当的能力。这一天，他把助手叫到床前说：“我需要一位最优秀的承传者，这个人不但要有相当的智慧，还必须有充分的信心和非凡的勇气……这样的人选我找了好久，直到目前我还未见到，你能帮我寻找和发掘一位吗？”

助手听了哲人的请求，温顺、诚恳地说道：“当然可以，请您放心，我一定竭尽全力地去寻找，绝不辜负您的栽培和信任。”

之后，那位忠诚而勤奋的助手不辞辛劳地通过各种渠道开始四处寻找。可他领来一位又一位，都被哲人一一婉言谢绝了。助手觉得自己很没用，连哲人最后的请求都不能完成，他感到很难过。有一天，病入膏肓的哲人硬撑着坐起来，抚着那位助手的肩膀说：“真是辛苦你了，不过，你找来的那些人，其实还不如你……”

听到这样的话，助手更加惭愧了，可他并不认为自己是能够担当此任的人，他看着哲人信任的目光，不禁在心里问自己：“我能行吗？我可以做好吗？”最后，他只是摇摇头，别过脸去，不再看哲人的神情。

之后，他又竭尽全力地寻找了半年，眼看哲人就要告别人世了，最优秀的人选还是没有眉目。助手泪流满面地坐在病床边，语气沉重地对哲人说：“我真对不起您，令您失望了！”

“唉！”哲人看着助手叹了口气，继续说道，“失望的是我，对不起的却是你自己啊！”哲人说到这里，很失望地闭上眼睛，停顿了许久，才沉重地说：“本来，最优秀的人就是你自己，只是你不敢相信自己，觉得自己没有足够的能力，才把自己给忽略、给丢失了……其实，每个人都是最优秀的，差别就在于如何认识自己，如何发掘和重用自己……”

话没说完，哲人就永远离开了这个世界，那位助手非常后悔。

假如那位助手不那么自卑，那么情况可能就是另一种样子，可是人生没有假如。当大好的人生机遇出现在眼前时，自卑者常常怀疑自己是否有能力做好，于是，他们踌躇着，不敢伸手一抓，不敢奋力一搏，最后，只得看着机遇从眼前消失。

未战心先怯的心态，只会白白贻误良机。在面对一件事情的时候，有很多人明明可以抓住机会，可是由于内心的自卑，他们只会看着机会从身边悄悄溜走，等到事情过后，又陷入不断的自责之中，于是更加自卑。更重要的是，自卑情绪会造成人格和心理的卑怯，不敢面对挑战，不敢以火热的激情拥抱生活，而是卑怯地自怨自艾。久而久之，积卑成“病”，就会失去应有的雄心和志气。

所以，我们一定要根据自身的条件，横扫身上的自卑，避免自卑心态的形成。当怀疑自己能力的时候，要学会不断地暗示自己可以出色地完成任务；当觉得自己不如别人的时候，要告诉自己他们只是早成功了一步而已，如果自己积极进取，通过奋斗就一定可以比他们更成功。我们每个人都应如此，相信自己的力量，相信自己是最优秀的人，只有这样，才能让“假如”变成“一定”。

不要成为自卑的俘虏

从性格方面讲，具有自卑心理的人性格懦弱、内向，意志比较薄弱。这种人对于别人的误解与无端责难总是习惯妥协、沉默忍受。自卑者在交往活动中缺乏自信，失败的体验多。自卑是影响交往的严重心理障碍，它直接阻碍一个人走向群体，去与其他人交往。要战胜自卑心态，不要做自卑的俘虏，战胜自卑的过程，其实也是磨炼心态、战胜自我的过程。

一位大学生毕业后被分配到一个偏远的小镇任教，和他一同毕业的同学大多数都留在了大城市。他们有的在事业单位，有的在大企业，有的投身商海，他觉得哪个都比自己有出息，他的现实在他眼里好似从天堂掉进了地狱。

他越是觉得不公平，心态就越不平和，内心的自卑感也油然而生。从此，他不愿与同学或朋友见面，不参加公开的社交活动，为了改变自己的现实处境，他寄希望于报考研究生，并将此看作唯一的出路。

强烈的自卑与自尊交织的心理让他无法平静，每次拿起书本，常因极度的厌倦而毫无成效。他感觉一翻开书就头疼，一个英语单词记不住两分钟；读完一篇文章，头脑仍是一片空白。最后连一些学过的常识也记不住了。他开始憎恶自己，憎恶让他无法安心读书的环境。

几次失败以后他停止努力，荒废了学业，当年的同学再遇到他，他已因过度酗酒而让人认不出来了。他彻底崩溃了，面对内心的自卑，他已经无力反击，大好的青春也就这样白白葬送了。

故事中的青年就是因为陷入自卑的泥潭之中不能自拔，才造成了自己可悲的人生。我们怎样做，才能战胜自卑，成为自己人生的主宰者呢？我们可以从以下三个方面做起。

第一，正确评价自我。

充分认识自己的能力、素质和心理特点，要有实事求是的态度，不夸大自己的缺点，也不抹杀自己的长处，这样才能确立恰当的追求目标。特别要注意对缺陷的弥补和优点的发扬，将自卑的压力变为发挥优势的动力，从自卑中超越。

第二，提高自信、勇气。

要相信自己的能力，学会在各种活动中自我提示：我并非弱者，我并不比别人差，别人能做到的我经过努力也能做到。认准了的事就要坚持干下去，争取成功；不断的成功又能使你看到自己的力量，变自卑为自信。

第三，积极与人交往。

不要总认为别人看不起你而离群索居。你自己瞧得起自己，别人也不会轻易小看你。能不能从良好的人际关系中得到激励，关键还在自己。要有意识地在与周围人交往中学习别人的长处，发挥自己的优点，多从群体活动中培养自己的能力，这样可预防因孤陋寡闻而产生的畏缩躲闪的自卑感。

自卑实际上是一种徒然的自我折磨，因为它既不会给你以激励，也不会给你以力量，反而只会摧残你的身心，盗走你的骨气，并最终毁了你的事业前景。

自卑是人生最危险的杀手，它可以轻而易举地毁掉一个颇具才华的人。一个怀有自卑情结的人，往往会坐失良机。当好机会出现在眼前时，不敢伸手去抓，不敢奋力一拼，就会让机会从身边溜走。

自卑是人自尊、自爱、自励、自信、自强的对立面，自卑是人冲出逆境的绊脚石，自卑是自己为自己设置的障碍，只有跨越这道门槛，自卑者才能集中精力和斗志去从事自己的事业，开始一种新的生活。强者不是天生的，他也有软弱的时候，强者之所以成为强者，是因为强者善于战胜自己的软弱。伟人之所以伟大，在于他们始终保持着一种积极乐观的心态，比普通人更自信。

因此，做人应有自知之明。客观准确地评价自己是我们应该具备的一种人生智慧。但有些人却做不到这一点，过分的自卑让他们失去了正确评估自己的能力。其实，任何人身上都有别人无法具备的优点，将这些优点充分利用，你就完全可以成就自己。

不要对自己说“我不能”

人的一生中所有的事情，只有在亲自经历过之后才能下结论。既然如此，面对任何事情，我们都要拿出“非做做看不可，否则不能说不行”的态度。换句话说，除了“做”之外，没有其他方法，如果做都没做，就得出“不能”的结论，这就是一个人自卑的表现。要知道，我们的能量来自自然的赐予，

而自然对于我们来说，仍是一个未知数。无法认识自然，也就无法知道我们自己到底存在多大力量，所以，请不要轻易对自己说“我不能”。

现实中，有很多人都习惯拿自己的经验来做论证：“这件事我做不了。”“这是我能力达不到的。”却很少有人能够意识到，其实经验本身是微不足道的，有时还具有欺骗性。人必须经历未知的体验，才能激发出自己的潜能，所以生存的真正喜悦在于经常能够发现自己未知的新力量，并且惊讶地说出“原来我竟具有这样强大的力量”，这才是人生最大的惊喜。

那些总是夸夸其谈的人，总是炫耀自己做过别人所未做的事情，反过来看，他其实是在说自己“只能做……事”，这本身就是忽视自己的潜能的表现。

一位撑竿跳选手，一直苦于无法超越一个高度。他失望地对教练说：“这应该是我的极限了。我实在是跳不过去。”

教练问：“在起跑之后，你心里在想什么？”

他说：“我一冲到起跳线时，看到那个高度，就觉得我肯定是跳不过去的。”

教练听了，拍拍他的肩告诉他：“你一定可以跳过去。你现在要做的就是挺起你的身子来，把你的手放在心的位置。”

这位选手按照教练说的做了。然后教练又说道：“大声地告诉自己‘我一定能够跳过去！’”

选手又按照教练说的做了，然后他满怀着信心大喝一声，奇迹出现了，他果然一跃而过。

当这位选手疑惑地看向教练时，教练说话了：“要记住，只要把你的心从竿上撑过去，你的身子就一定会跟着过去。”

在人生的赛场上，我们每个人都是一个撑竿跳选手，不同的是，我们一次次跳过的不是标尺的高度，而是“我不能”的精神障碍。

只要你肯相信自己的能力，就一定能摘下“我不能”的面具。相信自己有能力做好身边的每一件事，只有给自己这样的信心，才可以跨出自卑心理的圈子，走上成功之路。

很多人的“我不能”并非客观上的原因，而是因为自卑贬低了自己的能力，才使得自己变得无精打采、毫无斗志。

不要无限地夸大自身的缺点。如果你认为自己满身是缺点，如果你自认为是一个笨拙的人，如果你承认自己绝不能取得其他人所能取得的成就，那么，你只会失败。

我们每个人都会在心中为自己复制一幅理想图景，为自己描绘画像。没有哪一个人会比自己心中描绘的做得更好。如果一个天才相信他只是一个笨蛋，并且一直那么想，那么他就会真的成为一个“笨蛋”。

卓越者从不会说“我不能”，他们总是用自信去激发自己的潜能。这就是为什么一个对自己信心十足但看似平凡的人所取得的成就，往往比一个具有非凡才能但自信心不足的人所取得的成就大得多的原因。

被称为“世界最伟大的推销员”的乔•吉拉德就是经过了克服自卑、战胜自我的挑战过程，才有了今天的成就。

乔•吉拉德于1929年出生在美国一个贫民窟，他从懂事起就开始为生计而忙碌。他做过鞋匠、报童、洗碗工、送货员、电炉装配工和住宅建筑承包商，等等。可以说在35岁以前，他在事业上一路坎坷，是一个全盘的失败者，不仅朋友离他而去，还有一身的债务困扰着他，就连妻子、孩子的吃喝都成了让他头疼的问题。

不仅如此，乔•吉拉德从小就有严重的口吃毛病，这令他相当自卑。他换过四十多个工作仍然一事无成。最后，他卖掉汽车，开始了他的推销生涯。

乔•吉拉德来到一个全新的工作岗位，处处碰壁。但他反复告诉自己：“你认为自己行就一定能行。”这已经成了他多年的口头禅。正是这种“相信自己一定能做得到”的勇气使他走出了第一步。每拜访一个顾客，他都恭敬地把名片递过去，不管是在街上还是在商店里，他抓住一切可以推销的机会，推销他的产品。正是因为他不懈的努力，那种一定能够胜任本项工作的卓越精神推动着他。三年以后，他成为全世界最伟大的推销员。正是这种去掉“我不能”的卓越心态，使他在短短的三年内被《吉尼斯世界纪录》评为“世界上最伟大的推销员”。至今这个一直被世人称为“能向任何人推销出任何商品的神奇人物”还保持着平均每天卖6辆汽车的销售纪录。

低劣、平庸的自卑所产生的有效力量远没有伟大、崇高的自信所产生的有效力量强大。面对问题，不要说“我不能”，取而代之的应是“相信自己一定能做到”，如果你拥有了伟大、崇高的自信心，你就不会总说“我不能”，你身上的所有力量就会紧密团结起来，帮助你实现理想，因为精力总是跟随你确定的理想在走。

一定要对自己有一种卓越的自信，一定要相信“天生我材必有用”。要迈向卓越、挑战自我，第一步就是克服自卑，摘掉“我不能”的帽子，自信地去迎接未来的挑战。

成功，源于你接纳自己

自卑，会让我们的眼睛看不到真正的自己，一个自卑的人，对自身总是充满了怀疑，认为自己一无是处，将来也不会有幸福的人生，他很容易就给自己贴上失败的标签，并且甘愿碌碌无为地生活。

其实，世界上没有任何人是一无是处的，就像世界上没有十全十美的人一样。关键是看我们自己选择如何自处。

1957年，泰国一家寺院迁址，其中一部分僧人负责搬运寺院里一尊巨大的黏土佛像。在搬运过程中，一名僧人注意到，佛像表面的黏土上出现了一丝裂缝。为了避免佛像受损，僧人们决定暂时中止佛像的搬运工作。

当天夜里，一名僧人打着手电筒来检查佛像的时候，忽然发现裂缝处在手电光下发出了奇异的反光。这让僧人非常好奇，于是他找来了锤子和凿子，开始凿宽佛像上的裂缝。黏土一块块落下，佛像逐渐现出了黄澄澄的颜色。最后，当辛苦了几个小时的僧人抬起头来，惊奇地发现灰扑扑的土佛已经变成了一尊华贵的金佛。

许多历史学家相信，这尊金佛是在几百年前被当时的泰国僧人们用黏土覆盖起来的，因为当时缅甸的军队正在入侵泰国，他们要保护佛像不被敌军掠走。由于参与保护佛像的所有僧人都死于战火，所以直到1957年寺院搬迁的时候，佛像的秘密才重新被人发现。

如果不是佛像上的那条裂缝，也许永远不会有人发现这尊古老的佛像竟然是金子铸成的。其实，我们的内心世界，就像那尊被黏土覆盖起来的金佛一样，以为自己满是尘埃的外表很不堪，便害怕面对外面的世界，固守在自己的一方小天地里，自卑叹息，渐渐地，就会忽略自己原本会发光发热的优点，总觉得自己不会被他人接受，却不曾想到最不能接受自己的人竟然就是自己。如果你真的想成功，就要鼓起勇气，敢于敲掉表面的黏土，只有这样，你才能重新焕发出金子的光芒。正如心理学家所认为的那样，积极的心态是一种力量。心态的力量是很容易培养的，所需的唯一要求是要相信自己，肯定自己。

自卑的人，总哀叹事事不如意，老拿自己的弱点对比别人的长处，越比越气馁，甚至把自己比到无立足之地。有的人在旁人面前就脸红耳赤，说不出话；有的人遇上重要的会面就口吃结巴；有的人认为大家都欺负自己，因而厌恶他人。因此，若对自卑感处置不妥，无法解脱，将会使人消沉，甚至走上邪路，坠入黑暗的深渊，最终走上自毁的道路。

事实上，每一个事物，每一个人都有自身的优势，都有其存在的价值。关键是看我们怎样去看。自卑的人总是意识不到自己的自卑，如果一个人承认自己的自卑，并敢于接纳这样的自己，也不失为一种成功。

一个被公认为是全班最胆小、最怯懦者，大学毕业时大家挥手告别，许多人预言十年后的相聚他将是最失败的人之一。十年后的相聚如期举行，当年许多意气风发、指点江山的同学如今被生活改变成了一言不发的旁观者，许多才华横溢、认为

一出校门即可拥有一切的同学因苦苦挣扎却终无意料之中的成功而垂头丧气，只有他——那个被公认为将是最失败者——还是和当年一样平凡得如一粒尘土，不出众，不显眼，也不高谈阔论。

聚会到了高潮，每人依次上台讲述自己的现状和理想，还有对目前生活的满意程度。大多数人的现状不如当年跨出校门时的理想，对目前生活满意者几乎没有。

他上台了："我目前拥有数家公司，总资产上亿元，远远超过当年走出校门时的理想。如果说还有什么遗憾的话，就是我认为离那些我所欣赏的成功者还很遥远。是的，无论是在学校还是走向社会，我一直很自卑，感觉每一个人都有特长，都比我强。所以我要努力学习每一个人的特长，并且丢掉自己的缺点。但我发现无论我如何努力都无法赶上所有的人，所以我就一直自卑下去。因为自卑，我把远大理想放在心底，努力做好手头的每一件小事；因为自卑，我将所有的伟大目标转化成向别人学习的一点点的进步。每进步一点，战胜一个自卑的理由，同时又会发现另一个自卑的理由。这样，永远让自己处在自卑之中，我就会获得源源不断的前进动力。"

一个能意识到自己有自卑感的人，要比自己感觉不出来的人好很多，这意味着他已经走上了克服自卑的道路。其实，要想克服自卑心理，就要学会与自信为友，因为自信是消除自卑心理最根本的动力。

当知道自己在某方面有缺陷、不如人的时候，热爱生活、想成为生活强者的人，会懂得"以勤补拙""笨鸟先飞"的道理。而要做到这一点，自信心很重要。因为只有自己相信自己、乐观向上、对前途充满信心，并积极进取，才是消除自卑、促进成功的最有效方法。面对失败，更不能贬低自己，可以告诉自己：别人未必会做得比我好。要明白，人并不惧怕失败，怕的是没有面对失败的勇气。

从现在开始，重新审视自身的价值，如果你能正确地评价自己，接纳自己，成功就不会离你而去。

微笑面对生活的不完美

我们生活在这个世界上，每天都会遇到很多不同的事情，在面对这些事情的时候，我们应该像苏格拉底那样能看到它好的一面，因为人生毕竟有限，何必总是注意事物不好的一面，使自己闷闷不乐呢？

人生有许多面，有积极也有消极，有活力也有颓废，你怎么搭配组合，你的生活面貌便会怎么呈现。如果你希望你的人生是彩色的，那就别再过着灰暗的生活。

从不同的角度看人生，这是一种智者的态度，一种对生活充满希望的智慧。如此，你便会发现生命如此美好。

一个圆环被切掉了一块，圆环想使自己重新完整起来，于是就到处去寻找丢失的那块。可是由于它不完整，因此滚得很慢。它就这样慢悠悠地滚在山间的小路上，它悠闲地欣赏路边的花儿，开心地和虫儿聊天，惬意地享受着温暖的阳光。在这一路上，圆环发现了许多不同的小块儿，可没有一块适合它。

于是它继续寻找着。

终于有一天，圆环找到了丢失的那一块，它高兴极了，欣喜地将那块装上，然后又滚了起来，它终于成为完美的圆环了。完美的圆环比以前滚得快多了，以致它无暇欣赏美丽的花儿，不能和虫儿聊天，更不能惬意地晒太阳了。当圆环发现飞快地滚动使得它的世界再也不像以前那样时，它停住了，它觉得这样的自己很不快乐。于是，圆环把找回的那一小块又放回到路边，缓慢地向前滚去。这个故事告诉我们，生命有时候是很奇妙的，也许正是失去，才令我们完整，也许正是缺陷，才体现我们的真实。

世界上，没有任何人是十全十美的，再优秀的人也有缺点，再愚笨的人也有优点。我们要学着对自身多做正面评价，不要用放大镜去看自己的缺点。对自己是这样，对他人也应如此，要避免用完美主义的眼光去要求每一个人，要以宽容之心包容其缺点。少一些责备，多一些宽容。

在我们身边，有很多人在为自己的缺陷和不足自怨自艾，从而丧失了自信，变得自卑。其实，只要我们勇于把写着“缺陷、不足”的这块堵在心口上的石头放下来，不要过分地去关注它，它就不会成为我们前进的障碍。

正是因为有了缺陷，才使我们整个生命有了前进的动力，如果你肯珍惜缺陷，说不定它就会成为下一个完美。

人生就是充满缺陷的旅程。从哲学的意义上讲，人类永远不满足自己的思维、自己的生存环境、自己的生活水准。这就决定了人类会不断创造、追求，从简单的发明到生产高科技产品，从少量的词汇到庞大的思想体系。没有缺陷，产品便不会一代代更新。没有缺陷就意味着圆满，而绝对的圆满是不存在的。

一些社会学家曾对许多身体有缺陷的成大事者进行分析，最后得出结论：这些人成功的原因大部分是因为某种缺陷激发了他们的潜能。威廉•詹姆士曾说："我们最大的弱点，也许会给我们提供一种出乎意料的助力。"

弥尔顿如果不是失去视力，可能写不出精彩的诗篇；贝多芬则可能是因为失去听觉才得以完成更动人的音乐作品；而海伦•凯勒的创作事业也与她失明失聪不无关系……

达尔文曾经说过："如果我不是这么无能，我就不可能完成所有这些我辛勤努力完成的工作。"很显然，他坦然接受了自己的缺点。

生活也是如此，每个人都不可能完美无缺，面对这不完美世界中的不完美人生，只有从内心接受自己，喜欢自己，欣赏自己，坦然地展示真实的自己，才能拥有成功的快乐。因为，当我们为梦想和希望而付出努力时，我们就已经拥有了一个完整的自我。而这，就是残缺所赋予我们的价值。勇敢地向生活的不完美微笑吧，你会发现，在一次不经意的抬头时，它已经绽放出了完美的花朵。

❀ **克服**自卑心态的方法

自卑心态会抹杀掉一个人的自信心，本来有足够的能力去完成学业或工作任务，却因怀疑自己而失败，显得处处不行，处处不如别人。由于自卑心态影响到了我们的生活和工作，所以给我们的心理、生活带来的危害也很大。

怎样克服自卑心态，让我们的生活更加轻松、更加明朗呢？我们接下来就谈一谈克服自卑的方式方法，希望这些方法能够为我们带来一些益处。

第一步：突出自己，挑前面的位子坐。

坐在前面能建立信心。因为敢为人先，敢上人前，敢于将自己置于众目睽睽之下，就必须有足够的勇气和胆量。久而久之，这种行为就成了习惯，自卑也就在不知不觉中变为自信。

另外，坐在显眼的位置，就会放大自己在领导及老师视野中的比例，增强反复出现的频率，起到强化自己的作用。把这当作一个规则试试看，从现在开始就尽量往前坐。虽然坐前面会比较显眼，但要记住，有关成功的一切都是显眼的。

第二步：睁大眼睛，正视别人。眼睛是心灵的窗口，一个人的眼神可以折射出性格，透露出情感，传递出微妙的信息。正视别人等于告诉对方："我是诚实的，光明正大的；我非常尊重你，喜欢你。"因此，正视别人，是积极心态的反映，是自信的象征，更是个人魅力的展示。

第三步：昂首挺胸，快步行走。倘若仔细观察就会发现，身体的动作是心灵活动的结果。那些遭受打击、被排斥的人，走路都拖拖拉拉，缺乏自信。反过来，通过改变行走的姿势与速度，有助于心境的调整。要表现出超凡的信心，走起路来应比一般人快。步伐轻快敏捷，身姿昂首挺胸，会给人带来明朗的心境，会使自卑逃遁、自信滋生。

第四步：练习当众发言。面对大庭广众讲话，需要巨大的勇气和胆量，这种办法可以说是克服自卑最为有效的方法。想一想，你的自卑心理是否多次发生在这种情况下？其实当众讲话，谁都会害怕，只是程度不同而已。所以，你不要放过每一次当众发言的机会。

第五步：学会微笑。真正的笑不但能治愈自己的不良情绪，还能马上化解别人的敌对情绪。如果你真诚地向一个人展颜微笑，他就会对你产生好感，这种好感足以使你充满自信。正如一首诗所说："微笑是疲倦者的休息，沮丧者的白天，悲伤者的阳光，大自然的最佳营养。”

学着一步步走出自卑的牢笼，不要惧怕别人异样的眼光。要想得到他人的重视，你自己先要瞧得起自己，这样别人才不会轻易小看你。当你习惯在人群中大胆地与人交流时，自卑心态自然就会消失，而你的好心态也会逐步建立。

❀ 相信自己是独一无二的

歌德有句名言：“只要你足够自信，别人也就会相信你。”

一个人的信心与能力通常是齐头并进的。每一个追求卓越的人都必须全力以赴面对人生的难题，只有这样，他才能成为一个真正卓越的人。当然，前提是这个人必须有足够的自信，相信自己是独特的，相信自己一定可以成为一个成功的人。

一名士兵奉命将一封信送往自己景仰的统帅——拿破仑的手中，这名士兵接到这个任务之后，十分地兴奋。由于过于兴奋，再加上他想早些见到自己敬仰的统帅，他就拼命地策马前行，结果导致坐骑一到目的地就累死了。拿破仑读了信后，当即就做出了回复，并命人牵来自己的战马，吩咐那名士兵立刻骑马回营。

“不，尊敬的将军，”那名士兵看到统帅那匹心爱的骏马，连退数步，之后恳切地说，“我只是一个普通的士兵，没有资格骑这匹高贵的马。”

“你要做的就是服从命令！”拿破仑不假思索地答道，“世上没有一样东西是法兰西战士不配享有的！”

士兵听了拿破仑的话，一下子想明白了，他昂起头来，骄傲地向拿破仑行完军礼，立即上马，绝尘而去。

这世界上，没有哪个人一出生就注定了是高贵或者卑微的。只不过有些人把自己想得太卑微。他们常用的借口是“唉，我能力太差”、“我不配……”，等等。这使得他们根本无法实现自己的目标。就像拿破仑眼中的士兵一样，他们每个人都有自己独特的价值，有什么理由好自卑呢？

兰兰觉得自己长得不够漂亮，很自卑，走路都是低着头的。有一天，她到饰品店去买了个蓝色蝴蝶结，店主不断赞美她戴上蝴蝶结很漂亮。兰兰虽不信，但是挺高兴，不由得昂起了头，急于让大家看看，连出门与人撞了一下都没在意。

兰兰走进教室，迎面碰上了她的老师。“兰兰，你抬起头来真美！”老师爱抚地拍拍她的肩说。

那一天，兰兰得到了许多人的赞美。她把这一切的赞美都归功于蝴蝶结，可就在她往镜前一站的时候，才发现头上根本就没有蝴蝶结。兰兰想了好久，认为一定是出饰品店时和人撞了一下给碰丢了。但是，兰兰并不觉得丢了蝴蝶结是一件难过的事，因为她知道，以后她再也不需要蝴蝶结了。因为她相信，这个世界上的每一个人都是独一无二的，她自己也不例外。

兰兰之所以不需要蝴蝶结，是因为她发现美丽源自克服羞怯后的那份自信与从容。只要抬起自信的头，即使没有蝴蝶结又有什么关系呢？因为，美丽已经在你的眉间及眼底悄然呈现了。

我们每个人都应该学着做自己，没有必要生活在他人的评论中，更无须将宝贵的青春挥洒给他人看。不会欣赏我们的人我们可以不予理会，但是假若连你自己都不懂得欣赏自己，那就十分悲哀了。一个人要想获得他人的肯定，首先就要对自己充满信心，你只有拥有足够的自信，别人才会为你添一抹尊敬的色彩。这个世界上，每个人都是独一无二、不可复制的，不要怀疑自己，因为真实的自己是最美丽的。

从现在起发现自己、认识自己、相信自己，主宰自己的命运从发现自己开始。任何希望改变自己，跟随他人脚步的人都是愚蠢的，坚持走自己的路才能走出一段光辉的旅程。

PART 02

转化嫉妒：为自己喝彩，为他人鼓掌

嫉妒是痛苦的制造者

在社会中，嫉妒常常是当自己的才能、名誉、地位或境遇被他人超越，或彼此距离缩短时所产生的一种由羞愧、愤怒、怨恨等组成的多种情绪体验，它带有明显的敌意，甚至会产生攻击、诋毁他人的行为，不但危害他人，给人际关系造成极大的障碍，最终还会摧毁自身，所带来的后果是严重的。它阻断了人与人之间的正常交流，连沟通都成问题，更不用提合作共赢了。

弗朗西斯•培根说过：“犹如毁掉麦子一样，嫉妒这恶魔总是在暗地里，悄悄地毁掉人间美好的东西！”

对于嫉妒心，星云大师形象地比喻道：“人的嫉妒心像一把双刃的刀，你举起它时，虽满足了伤害别人的目的，但也使得自己鲜血淋漓。”确实，嫉妒是损人不利己的双输行为，它是痛苦的制造者，在各种心理问题中是对人伤害最严重的，可以称得上是心灵上的恶性肿瘤。如果一个人缺乏正确的竞争心理，只关心别人的成绩，同时内心产生严重的怨恨，嫉妒他人，时间一久，心中的压抑聚集，就会形成心理问题，对健康也会造成极大的伤害。因为嫉妒，造成了很多无法挽回的惨剧。

有这样一件真实的故事：

对信阳山三五八高级中学三年级（1）班409寝室的女生而言，2003年1月21日那个凌晨，无疑是一场噩梦。一声惨叫打破了黑夜的宁静，女生张静被人泼硫酸毁容。惨案的原因是因为同班的马娟嫉妒同学晶晶比较聪明，学习成绩又比她好。马上又有一轮考试，为了耽搁晶晶的时间，影响她的学习，她选择了泼硫酸的方式，但没想到泼错了人。由于造成张静的严重残疾和晶晶的轻微受伤，法院判处马娟死刑，并剥夺政治权利终身。

可见，嫉妒心如果过重，它比一切毒瘤都可怕，产生的后果也不堪设想。

据研究者说，嫉妒是许多动物的本性，作为高级动物的人类，嫉妒心理几乎人人都有，只是多与少的不同。这是人性中残存的动物性的一面。当我们还是孩子时，就会对父母表现出的对其他兄弟姐妹的偏心而心生不快，我们会因他们比自己多吃了一口蛋糕或穿了一件新衣服而生气甚至哭闹。虽然嫉妒是人普遍存在的也可以说是人天生的缺点，但我们绝不可因此而忽视它的危害性，特别是当嫉妒已经发展到很严重的地步时，内心产生的怨恨越积越多，时间久了就会形成心理问题，也会对健康造成极大的伤害。

首先，嫉妒会对心理健康造成危害。泛化了的嫉妒是一种病态，表现为人格的偏离。这种病态的人格表现为极度的过敏，思想、行动固执死板，坚持毫无根据的怀疑。对别人特别嫉妒，又非常羡慕；对自己过分关心，又无端夸张自己的重要性；把自己的错误或不慎产生的后果归咎于他人；不停地责备和加罪于他人，却原谅自己；总是过多过高地要求他人，但从来不信任别人的动机和意愿，认为别人心存不良，甚至认为别人对自己耍阴谋。很显然，这种人格是偏离常态的。这种具有病态的嫉妒的人格偏离往往会出现妄想症状，最后发展为偏执型精神病或精神分裂症。

其次，嫉妒会对个人发展造成明显的危害。由于人格偏离，常常不信任别人，好嫉妒，好归罪于他人。这必然会影响个体的人际关系和社会职能。从另一角度看，如果一个人对他人不信任，将失败全归罪于他人，对他人存有嫉妒心，他怎么能与这个人友好相处及合作呢？从个体角度看，不信任别人、嫉妒他人，则不能与团队愉快合作。所以，面对自己的嫉妒心，我们要将它早早地隔绝在自己的心灵之外，以积极的心态去面对别人的优点。

嫉妒有三个心理活动阶段：嫉羡—嫉优—嫉恨。这三个阶段都有嫉妒的成分，而且是从少到多。嫉羡中羡慕为主，嫉妒为辅；嫉优中嫉妒的成分增多，已经到了怕别人威胁自己的地步了；嫉恨这把嫉妒之火已熊熊燃烧到了难以消除的地步。这把嫉恨之火，没有燃向别人，而是炙烤着自己的心，使自己没有片刻宁静，于是便绞尽脑汁去想方设法诋毁别人，这就使自己形神两亏了。嫉妒实质上是用别人的成绩进行自我折磨，别人并不因此有何逊色，自己却因此痛苦不堪，有的甚至采用极端行为走向犯罪深渊。据某公安部门调查，每年因嫉妒造成的犯罪案件占整个刑事案件的10%。

一些人之所以嫉妒别人，一个重要的原因是自己不求上进，又怕别人超过自己，似乎别人成功了就意味着自己失败，最好大家都成矮子才显出自己高大。于是，“事修而谤兴，德高而毁来”；“怠者不能修，而忌者畏人修”；我学不好，你也别学好，我当穷光蛋，你也得喝凉水。这是一种十分有害的腐蚀剂，这些人的骨子里充满了“怠”与“忌”，无论对己、对社会、对国家的发展都是十分有害的，正如荀子所说：“士有妒友，则贤交不亲；君有妒臣，则贤人不至。”

嫉妒是腐蚀剂，是剧毒品，是痛苦的缔造者。所谓魔道由心而生，天堂和地狱只在一念之间，定期梳理和反省自己的心灵，才能确保不被心魔所控制，避免无穷的祸害，不至于害人害己。

不要被嫉妒蒙住了眼睛

如果我们肯摘下挡住眼睛的黑色布条，勇敢地看清自己，欣赏别人，消除嫉妒的心态，那么，我们的人生就会更容易获得成功。而事实也确实如此。迈克尔•乔丹是驰名世界的篮球明星，他在篮球场上的高超技艺举世公认，而他待人处世方面的品格更为人称道。皮蓬是公牛队最有希望超越乔丹的新秀，但乔丹没有把队友当作自己最危险的对手而嫉妒，反而处处加以赞扬、鼓励。

为了使芝加哥公牛队连续夺取冠军，乔丹意识到必须推倒“乔丹偶像”，以证明公牛队不等于“乔丹队”，一人绝对胜不了五个人。一次，乔丹问皮蓬：“咱俩三分球谁投得好？”

“你！”

“不，是你！”乔丹十分肯定地说道。

乔丹投三分球的成功率是28.6%，而皮蓬是26.4%，但乔丹对别人解释说：“皮蓬投三分球动作规范。自然，在这方面他很有天赋，以后还会更好，而我投三分球还有许多弱点！”乔丹还告诉皮蓬，自己扣篮时多用右手，或习惯用左手帮一下，而皮蓬双手都行，用左手更好一些，这一细节连皮蓬自己都没有注意到。乔丹把比他小三岁的皮蓬视为亲兄弟，“每回看他打得好，我就特别高兴，反之则很难受”。乔丹的话语中流露出他们之间的情谊。

正是乔丹这种慷慨，树立起了全体队员的信心并增强了团队凝聚力，公牛队取得了一场又一场胜利。1991年6月，美国职业篮球联赛的决战中，皮蓬独得33分，超越乔丹3分，成为公牛队这个时期的17场比赛得分首次超过乔丹的球员。这是皮蓬的胜利，也是乔丹的胜利，更是公牛队的胜利。

嫉妒往往是个人才能与意志缺乏的体现，伏尔泰说：“凡缺乏才能和意志的人，最易产生嫉妒。”因为自己技不如人，就只能用嫉妒的心理去排解心中的不平。一旦任由嫉妒心理自由发展，你就会疏远那些各方面比自己强的人，到头来不仅孤立了自己，而且也会阻碍自己的前进。

倘若你已经努力了却仍无法完成你的人生目标，当然也只有放弃这件事，再寻找其他可以让你快乐的事，放弃那些难舍弃的欲望，或许可以让你成长。

无论如何，嫉妒别人不如努力去实现自己生命的价值，毕竟人不能靠嫉妒来推动生命，更不能因嫉妒而停止前行，但嫉妒却可以使我们无法肯定自己的尊贵，同时也丧失了欣赏别人的能力。

有嫉妒心的人前途不会美妙。如果想调适自我，把嫉妒变成竞争的动力，首先要把注意力调节到自身的优势和对方的劣势上。当你嫉妒别人时，总是因为他在某些方面的优势深深地刺激了你，而你自己在这方面又恰恰处于劣势。这一差异正是产生嫉妒的刺激源。与此同时，你却忽略了自己在另一方面的优势。如果你能有意识地调节自己的注意中心，便会使原先失衡的心理获得一种新的平衡，这种平衡无疑会稳定你的情绪和情感。

防止嫉妒害人害己

嫉妒，是弱者的名字，是心肠歹毒的兄弟，是暗箭伤人的姐妹，是心灵扭曲发展的温床。嫉妒心往往会蒙蔽我们的双眼，使我们无法肯定自己的尊贵，同样地也丧失了欣赏别人的能力。嫉妒也会使我们失去内在的双腿，在人间路上没有支柱，寸步难行。要明白，嫉妒是一把双刃刀，它在伤害别人的同时，也容易误伤自己；嫉妒是他人的敌人，也是自己的敌人。

有一个人养了一只山羊和一头驴子。因为驴子每天要干很多活，所以每到喂饲料的时候，主人就会给驴子多准备出一些食物来。山羊发现驴子的食物每次都比自己的丰富，便心生嫉妒。为了一解心中的不平，山羊就想能有什么办法既可以让驴子吃到苦头，又可以报复主人的偏心，山羊想了许久，终于想出了一个自以为很好的办法。一天主人不在家，山羊觉得时机到了，便对驴子说："你看主人待你多么刻薄啊！一会儿要你在磨坊磨麦子，一会儿又叫你运载重物，一刻都不让你闲着。"驴子听了觉得也是，不过他自己也没什么办法，便摇着头连连叹气。山羊看到驴子有些动摇了，又对驴子说："我看你太可怜，好心教你一个办法。这样，你不妨假装突然生病，故意跌到沟里，那么你就有机会可以休息了。"驴子听了山羊的话，载运货物的时候就故意跌到沟里，不想却受了重伤。主人请来兽医为驴子医治。兽医了解了驴子的病情之后，摇头说道："想要治好驴子，必须用山羊的肺敷在驴子的伤处，不然，这驴子就废了。"主人虽然十分不忍心，可一想到还有很多活需要驴子干，权衡之下，为了医好驴子，主人只好杀了山羊。由此我们可以看出，嫉妒就是一个刽子手，它不仅会伤害他人，到最后自己也会被其害，它所带来的危害甚至是毁灭性的。

嫉妒犹如毒素，其毒让人走火入魔。培根说："嫉妒会使人得到短暂的快感，也能使不幸更辛酸。"哲学家亚里士多德

常与学生们一道探讨人生的真谛。有一次，一位学生问："先生，请告诉我，为什么心怀嫉妒的人总是心情沮丧呢？"亚里士多德听完后，沉思了一会儿回答道："因为折磨他的不仅有他自身的挫折，还有别人的成功。"作家艾青也曾说过："嫉妒是心灵上的肿瘤！一切嫉妒的火焰，总是从燃烧自己开始的。"的确，嫉妒别人是对自己的折磨，在打击别人的同时，也焚烧了自己。

据研究者说，许多动物都有嫉妒的本性，例如一个杂技团的驯兽员曾说，一只叫玛吉的小狗看到驯兽员与一只叫奥拉的小狗接触较多时，玛吉竟然嫉妒地把奥拉咬死了。

虽然嫉妒之心是人普遍存在的，但我们不能因为这种普遍性而忽视它的危害，特别是当这种天生的缺点已经发展到很严重的地步时，人们内心所产生的怨恨会越积越多，等到时间久了会形成一种心理问题，这会对健康造成极大的伤害。而且，一个有着强烈嫉妒心的人常常会不信任别人，在嫉妒别人的同时往往喜欢归罪于他人。这种心理必然会影响自己的人际关系和社会职能。所以，面对嫉妒，我们要将它早早地搬出自己的心灵，要从积极的方面看待别人的优点，而不是恶意地去伤害别人，这样的话自己也会得到相应的惩罚。

那么，到底是哪些人容易产生嫉妒心理呢？古人说："无德者必会嫉妒有德之人。"当一个人自身缺乏某种美德的时候，他就一定会设法贬低别人的这种美德，以求实现两者的心理平衡。

还有那些虚荣心强的人，假如看到别人在某种事业中总是强过自己，他也会因此容易产生嫉妒心。比如：在职场上，部门同事之间当有人被提升的时候，容易引起嫉妒，因为如果别人由于某种优秀表现而得到提升，就等于映衬出了其他人在这方面的无能，从而就会刺伤他们的心，这时候这类人可以允许陌生人的发迹，却往往不能容忍身边的人上升。

所以，人应学会控制住自己的嫉妒心理，合理转移嫉妒情绪，学会包容，在对自己宽容的同时学会善待别人，学会与别人一起分享喜悦，这样人与人之间的相处才会越来越和谐，生活才会越来越美满。

别拿别人的优点折磨自己

每个人都有长处与短处，要想事事超过别人是不可能的，关键是要善于自我评估与分析，发现自己的长处与短处，扬长避短。同时保持一颗平常心、包容心，变嫉妒为虚心地向他人学习，变消极为积极地博采众长，使自己不断发展，走向成功。

有一天，一位女教师来到一位整容医师的诊所。这位女教师非常沮丧地对医师说："学校有很多漂亮的老师，在她们面前我根本抬不起头来。为什么我长得这样平凡呢？医师，你一定要帮我，让我变得和她们一样光彩照人。"这位医生好奇地问道："您对自己的容貌真的感到很不满意吗？"女教师听了，喋喋不休地说了一堆的不满。她对自己的五官都很不满意，认为她的鼻子太长、眼睛不够有神、下巴太短、耳朵又像招风耳，这一切都是她所不喜欢的。

医师仔细地望着她，认为她长得并不难看。她的问题就在于她低估自己。但医师还是动手术稍微改善了她的五官，但只是动了一些小手术，比她所要求的要少了很多。

医师对她说：“身为一名整容医师，我只能替你动这些手术了。”她似乎很不高兴，但她一面打量着镜中的自己，一面以极度控制的声音说道：“你并没有对我的脸孔做太大的改变。”

医师说：“你的脸孔只需稍做改变，我都已经做了。现在你的面孔一点毛病也没有了，唯一的问题是你使用面孔的方式错了，你把它当作是一个面具，用来遮掩你的真实感觉。”

她很伤心地低下头说：“我已尽了最大的能力了。”

“我相信你，”医师说，“其实你也不必要和自己过不去，为什么一定要拿别人的优点来折磨自己呢，难道真实的自己不好吗？和自己作对，只会让自己更加痛苦。”

这位女教师听了，开始

思考起医师的话来，她觉得很有道理，心想：是啊，我为什么一定要拿别人的优点来折磨我自己呢？我虽然不如她们漂亮。可是学生们却都很喜欢我；我虽然不如她们漂亮，可是也不是很差嘛。

从此，这个老师再也不担心她的面孔了，她觉得比以前轻松多了。她自认是一名更有人情味的老师了，她每天开心上班，开心下班，她完全放弃了那个忧虑的自我。

正如故事中医师所说的那样，嫉妒就是拿别人的优点来折磨自己。其实，每个人或多或少地都会存在一些嫉妒心，无法面对那些比我们优秀的人，这一点正是阻挡大多数人迈向成功的绊脚石。羡慕和嫉妒只会将自己的注意力集中在别人的优点和自己的缺点上，无法保持一颗平常心，这样就不能在工作中取长补短，更不能提升自我的能力。

有的时候嫉妒者对别人惨败的兴奋往往要胜过对自己成功的喜悦，对别人优胜的愤怒每每强过对自己失败的难过，设计陷害他人的人最终必然掉进自己设计的陷阱里。西方有一句谚语：“好嫉妒的人会因为邻居的身体发福而越发憔悴。”所以，好嫉妒的人总是40岁的脸上就写满50岁的沧桑，嫉妒不仅会影响到我们的健康与生活，更重要的是，嫉妒会影响到我们的工作心情，是职业发展过程中最大的心理障碍。

颇具传奇色彩的股票交易商巴鲁克曾经说过：“不要祈求别人遭遇灾难。最好的办法就是不断自我超越。记住，一旦你将目的只放在别人的身上，祈求别人遭遇灾难，也就是承认自己不如别人，害怕别人超越了自己。”一个人要想不被别人超越，就要不断自我超越。因为别人的优秀并不妨碍自己的前进，相反，有的时候它能给你带来前所未有的动力。事实上，一个真正埋头于自己事业的人，是没有时间和精力去嫉妒其他人的。所以，忘掉嫉妒吧，这能让你的胸怀宽广起来。

欣赏他人，让嫉妒变成动力

“金无足赤，人无完人”，谁都会有自己的缺点。相反，“尺有所短，寸有所长”，每个人也都有自己的优点。我们只有能够欣赏别人的事业风景，善于发现别人的优点，才能好好地利用这些优点为自己服务。

钢铁大王安德鲁•卡内基曾经亲自预先写好自己的墓志铭：“长眠于此地的人懂得在他的事业过程中起用比他自己更优秀的人。”

大部分中国人都有一种特长，就是善于发现别人的优点，并能够吸引一批才识过人的良朋好友来合作，激发共同的力量。这是中国成功者最重要也是最宝贵的经验。其实，嫉妒是人向往美好的天性使然，看到比自己优秀的人，自然会有羡慕和自怜的情绪。但控制好这种情绪，就能将它转化为我们奋进的动力。

美国总统亨利•杜鲁门化嫉妒不满为进取的故事就是一个很好的例子。

查理•罗斯中学时由于品学兼优，得到全校最年轻、最有威信的教师布朗小姐的极高评价和期待。在毕业典礼上，布

朗小姐出人意料地向他表示了个人的祝福——当众亲吻了查理。事后，许多男生表示不满，其中一个男孩由于强烈的嫉妒，还当众指责布朗小姐偏心。查理毕业后由于在报界工作勤奋，成绩显著，被亨利•杜鲁门总统任命为白宫负责出版事务的首席秘书。

而那个曾经因强烈嫉妒而指责布朗小姐的男孩，就是把嫉妒变成奋进的力量，最后成为美国总统的亨利•杜鲁门。

如何战胜嫉妒，学会欣赏他人呢？我们可从两个方面入手。

一方面，我们要树立远大的理想和抱负，并坚持不懈地为之努力奋斗，使自己强大起来。不要为眼前的蝇头小利而患得患失，更不必花费时间和精力去嫉妒他人的成功。当我们把心思用在不断提升自己、为理想奋斗时，自然无暇嫉妒别人，也不会有时间抱怨所得甚少了。

另一方面，我们也要培养豁达的人生态度。尺有所短，寸有所长，别人虽然优秀，自己也非一无是处。再说，当今是合作共赢的社会，朋友优秀了，对自己不也是一件好事吗？虽然一时得不到想要的，但至少可以通过努力一步步地接近目标，即便最终与成功失之交臂，毕竟也努力争取过了，无怨无悔。

此外，面对他人的成功，我们还应该做到两点：

1.学会坦诚面对

培养豁达的人生态度，要有宽广的胸襟，将心比心、设身处地为别人着想。要知道，“天外有天，人外有人”是正常的。

2.化嫉妒为动力

无论在何种环境中，每个人都要在具有竞争的条件下客观地对待自己。不要把比自己优秀的人当成自己的敌人，而是要当成自己前进的动力。学会赞美别人，把别人的成就看作是对社会的贡献，而不是对自己权利的剥夺或地位的威胁。将别人的成功当成一道美丽的风景来欣赏，你将会在各方面达到一个更高的境界。

其实，对别人产生了嫉妒并不可怕，但是一定要能够正视嫉妒，以一颗宽容的心来对待别人。容易嫉妒的人不妨借嫉妒心理的强烈意识去奋发努力，让自己升华这种嫉妒之情，学会把嫉妒转化为成功的动力，化消极为积极，这样的话自己也会开心起来。任何人都一样，如果你想成为一个企业的领袖，或者在某项事业上获得巨大的成功，首要的条件是要有一种鉴别人才的眼光，能够识别出他人的优点，并在自己的道路上利用他们的这些优点，这也是嫉妒的正面影响。

❀学会自医，远离嫉妒的辐射源

嫉妒者忌恨别人，竭力贬低、败坏别人，对别人的进步和成就总是不屑一顾，看不到自己和别人之间的差距，不想奋力赶上。这样，自己与被嫉妒者之间，必然拉开更大的距离，到头来自己只能是越来越落后。嫉妒人家，无非是怕人家比自己强。但是，怕也无济于事，嫉妒不能给自己带来什么好处，反而更加显示出自己的落后、狭隘。既然如此，何必嫉妒别人呢？

先来看一个故事：

我国遗传学家谈家桢，曾在美国师从摩尔根教授，在他学成归国的前夕，摩尔根拍着他的肩膀说道："今天我很开心，我看到一个年轻的中国人超过了我，这让我深感欣慰。我还希望以后会有更多的年轻人超过我，也超过你。"回国后，谈家桢的脑海里总会浮现摩尔根教授对他说那番话时谦逊和真诚的神情，他也始终坚持着这样的信念：培养学生的目标是让他们超越自己。

后来，他有个学生在生物遗传研究方面取得了惊人成果，这位学生的论文发表后，受到遗传学家们的重视和好评。学术界的朋友们和谈家桢开玩笑说："你得加快脚步了，否则你的学生会超过你的。"谈家桢听了十分开心地回答说："这样好。如果学生始终停留在老师的水平上，那就是教育的失败。我的愿望就是要学生超过我，这就是我最大的骄傲。"也就是在这个学生的论文发表不久，摩尔根教授给谈家桢寄来一封祝贺信，信上说："我终于又一次看到一个年轻的中国人超过了我，也超过了你。值得骄傲的是你亲自培养了超过你的学生。"

看别人成不成功或者是比你好不好，重要的是看自己是以怎样的一种心态去面对。如果能从他人的成功中获取到激励自己前进的动力，那就是一份豁达，反之，就是嫉妒。那么，要怎样才能消除嫉妒心理呢？从心理学角度来说，一个人的嫉妒心理并不是天生就有的，而是后天形成的。所以，我们可以通过自身的道德修养、自我控制、自我调节来修正。

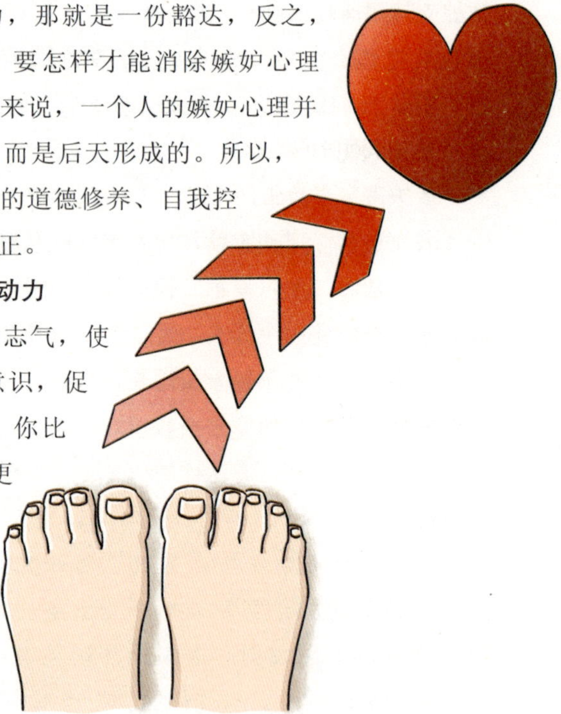

1. 将压力变为动力

将不服气变为志气，使自己有一种竞争意识，促使自己努力向上。你比我好，我要比你更好。通过自强不息的努力超过别人，这本身就是一种健康意识。这种意识表现得恰当，就会使自己的想法成为达到目标的动力，使自己的追求具有良知和道义。相反，总是想自己不如别人就只会嫉妒，并造成精神负担，对自己和他人都可能起到不好的作用。

2.发现自己

要看到自己的长处，发现自己的价值，这是培养自尊心、消除自卑感和嫉妒心理的有效方法。

3.换个角度看问题

不妨站在对方的立场上考虑问题。人人都希望得到他人的精神支持，所以当你对一个人产生嫉妒的时候，不妨大度地站在对方的立场上诚恳地赞扬他。因为信任和友谊会使你感到充实，你也可以感受到“心底无私天地宽”的心理体验。

4.培养洒脱的心态

嫉妒常常来自生活中某一方面的“缺乏”。你觉得嫉妒，也许因为别人得到了你想要的工作或等待的机会，因为你害怕一旦失去它们，你的生活将跌至谷底。因为别人得到了你想要的东西，所以你嫉妒。总是有这种“缺乏感”会扰乱你的想法、感觉和生活。它会引起嫉妒这种强烈的负面情绪，让你被嫉妒纠缠，并不断强化和持久化这种情绪。

为了摆脱这种局限和心态，你可以让自己洒脱一点，告诉自己，新的机会随时都会有。洒脱的心态让你获得内在的情绪自由，并让你更放松更积极。当你知道这世上机会有很多时，便没什么好嫉妒的了。所以，每当你发现自己又被嫉妒纠缠上时，记得把焦点从“缺乏”转到“丰富”上，你就能洒脱应对了。

5.承认嫉妒

停止与嫉妒斗争，承认它，接受它。这也许听起来有点反常，但当你抵制一种情绪时，往往你却给了它更多的能量。相反，若你接受一种情绪，你便能随意地看待它，停止给它提供能量，最终这种情绪将会消失。方法如下：

（1）承认并跟着感觉走。认真体会你脑中的感觉，别去评判它是对是错。如果你随着它走，并认真体会，一两分钟之后，它就消失了。

（2）你是它们的观察者，它们只是你生活的过客。不要把个人同自己的想法与情感等同起来。如果你学着不把思想和情感与自身等同，那么你就不必经常做以上练习。你只需更自发地接受你的想法与感觉，然后等待它们的离去。

（3）想想什么对你有益。问自己什么有益是个好方法，它能告诉你想法与行为间的差距，激励你丢掉一些无用的负担。

掌握这些自医的小方法，你就可以远离嫉妒的辐射源。

PART

03

远离浮躁：沉住气，成大器

❀现代人的浮躁心理及应对措施

当今各个行业都有显而易见的“浮躁”之风，这与传统文化中强调的“内心和谐”，以及我们构建和谐社会的主旨是相悖的。浮躁是一种不良情绪，心理学甚至把其纳入“亚健康”之列。无论是为人、治学，还是做事，一旦沾染了浮躁，不但出不了成绩，解决不了问题，还会影响到自己的身心健康和人际关系。

《道德经》第二十六章有言：“轻则失本，躁则失君。”意思是说，轻率就会丧失根基，浮躁妄动就会丧失主宰。非淡泊无以明志，非宁静无以致远，持重守静乃是抑制轻率躁动的根本。故而缄默沉静者，大用有余；轻薄浮躁者，小用不足。浮躁就是种种杂念惑乱了我们的心，蒙蔽了我们对事物整体的理智见识，从而忽视或排斥了理性而任由感情发泄。

浮躁在当今社会是具有普遍性的，首先，市场经济是趋利经济，它将人的所有欲望调动起来，人会趋利避害，这是人性的本能，也是弱点；其次，很多人思想意识浅薄，自控能力太弱，没有严格约束自己，没有自我要求和自我反省。分析出浮躁形成的因由，“不执心”“不分心”“不动心”的总原则，可以作为应对浮躁的措施。

“不执心”是这个总原则的第一要求。心无所执着，就是“不执心”。心若执着不移，就易生贪欲、嗔恨、愚痴、傲慢、猜疑、迷惑、紊乱、虚妄。

“不分心”是这个总原则中的第二要求。人往往看到别人，看不到自己。由于自我的观照不够，因此产生种种烦恼，如果我们懂得观照自己，常常自我反省，并且宽以待人、严于律己，遇到事情，能够把自己和别人的立场对调一下，想想如果我是他，他是我，平等心、无分别心就会产生，也就不会过于计较人我之间的是非、善恶、得失、美丑、荣辱与高下了。“不分心”并不是要我们完全没有是非、好恶的观念，它的真义在于告诉人们要用平等可变的观念去看待世间的差别，永远保持一颗高贵平静的心，过平淡快乐自由的生活。

“不动心”是这个总原则的第三要求。一般人对修身养性的道理好像有所认识、有所体悟，但是境界一变，就迷惑了，这就是所谓“说时似悟，对境生迷”。“不动心”就是不仅要“说时似悟”，尤其境界变了的时候，也不能“生迷”。禅宗有所谓“八风吹不动”之说，就是要求修行的人做到在遭遇利、衰、苦、乐、称、讥、毁、誉八种境界时，都能不为所动，这才是真正的“不动心”。

人们能做到这三点，就会达到“内外如一”的境界。“内外如一”就是表里一致，身心合一。内心没有冲突和分裂，这是内心和谐的一种境界。一般人由于对功名的追逐和欲望的逼迫，内心往往好像处于风暴的中心。如果放任这种状态持续下去，就会影响到自己的工作和生活。调理内心，主要就是管理好自己的欲望，见可欲而不乱，见利诱而不动。工作中，如果我们能按这三项原则，去修炼自己的内心，自然就会取得身心的和谐。

浮躁的对立面是认真、稳定、踏实、深入。无论是治学、为人，还是做事、管理，如果你能远离浮躁，梦想就会成为现实。

所以，千万不要忽视浮躁心态对人体的危害。经济的发展，人们的心态和处世态度本应继承古人所倡导的沉稳，然而，不少人似乎少了耐心，多了急躁；少了冷静，多了盲目；少了脚踏实地，多了急于求成。看看身边，好像人人都如此，于是，便不由自主地浮躁起来了。人浮躁了，会终日处在又忙又烦的状态中，长久下来，脾气暴躁，神

经紧绷，会被生活的急流所裹挟。凡成事者，既要脚踏实地，更要心存高远。

如果我们能够坚持，真正地静下心来，认真地去学习、工作，我们做得会比现在好很多。只有拭去心灵深处的浮躁，才能找到幸福和快乐。那么，幸福和快乐在哪里？幸福和快乐其实就在我们每个人的心里。只要你愿意，你随时都可以支取。在很多时候，我们都急需在心中添把火，以燃起某些希望。在很多时候，我们都急需在心中洒点水，以浇灭某些欲望。你会感觉到，其实我们很幸福，其实我们很快乐。

浮躁常常由寂寞而生

在华为，就有这样一个不浮躁的优秀员工小刘。

小刘刚进华为的时候，公司正提倡“博士下乡，下到生产一线去实习、去锻炼”，就这样，小刘响应公司号召，去了生产一线。实习结束后，领导安排小刘从事电磁元件的工作。堂堂的电力电子专业博士按说应该干一些大项目，谁料想却在这里坐起了冷板凳，搞这种不起眼的小儿科，小刘实在有些想不通。

不过想法归想法，工作还要进行。就在小刘接手电磁元件的工作之后不久，公司电源产品不稳定的现象出现了，结果造成系统瘫痪，给客户和公司造成了巨大损失，受此影响公司丢失了5000万以上的订单。在这种严峻的形势下，研发部领导把解决该电磁元件问题故障的重任，交给了刚进公司不到三个月的小刘。

在工程部领导和同事的支持与帮助下，小刘经过多次反复实验，逐渐清晰了设计思路。又经过60天的日夜奋战，小刘硬是把电磁元件这块硬骨头啃下来了，使该电磁元件的市场故障率从18%降为零，而且每年节约成本110万元。直到现在，公司所有的电源系统采用的都是这种电磁元件，时过近两年，再未出现任何故障。此后，小刘又在基层实践中主动、自觉地优化设计和改进了100A的主变压器，使每个变压器的成本由原来的750元降为350元，且找到了多家供应商，减小了体积和重量，每年为公司节约成本250万元，并对公司的产品战略决策提供了依据。

小小的电磁元件这件事对小刘的触动特别大，他感慨道："貌似渺小的电磁元件，大家没有去重视，结果我这样起初'气吞山河'似的'英雄'在其面前也屡次受挫、饱受煎熬，坐了两个月冷板凳之后，才将这件小事搞透。我们往往一开始就只想干大事，而看不起小事，结果是小事不愿干，大事也干不好，最后只能在这些小事面前束手无策、慌了手脚。电磁元件虽小，里面却有大学问。更为重要的是，它是我们电源产品的核心部件，其作用举足轻重，非得要潜下心、冷静下来，才能将它弄透、搞明白。做大事，必先从小事做起，先坐冷板凳，否则，在我们成长与发展的道路上就要做夹生饭。现在看来，当初领导让我做小事、坐冷板凳是对的，而自己又能够坚持下来也是对的。有专家说：'我们有许多研究学术的、搞创作的，吃亏在耐不住寂寞，总是怕别人忘记他。由于耐不住寂寞，就不能深入地做学问，不能勤学苦练。他不知道耐得住寂寞，才能不寂寞。耐不住寂寞，偏偏寂寞。’这段话推而广之，适合于各行各业和各类人员，凡想做点事情的人，都应该先学会耐得住寂寞，先学会坐冷板凳，先学会做小事，然后才能做大事，才能取得更大的业绩和成效。”

看完小刘的故事，再回过头来看老子“轻则失本，躁则失君”这句话，我们会更加明确地知道，老子是想给我们这样的忠告：不管你的能力有多强，你都必须从最基础的工作做起。职场永远不会有一步登天的事情发生，任何人要想脱颖而出，唯一的方法就是把现在的工作做好，在普通平凡的工作中创造奇迹。

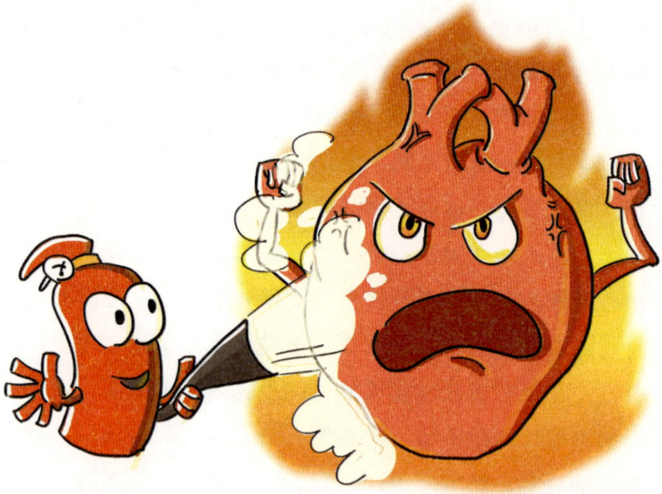

人越是在寂寞难耐的时候，越容易产生浮躁心态，人一旦有了浮躁心态，就无法理智地解决问题。一个人只有保持冷静的心态才能思考问题，才能在纷繁复杂的大千世界中站得高、看得远，才能使自己的思维闪烁出智慧的光辉。诸葛亮在《诫子书》中有言：“非淡泊无以明志，非宁静无以致远。”我们如能把“宁静以致远”作为自己的座右铭，一定能够逐渐克服浮躁。

内心不安，才是最大的敌人

在奥运会上夺得金牌的冠军，接受媒体采访时，说得最多的一句话就是：保持了平常的心态。的确，在竞技场上保持平常心态，就能使竞技者超水平发挥，取得意想不到的成绩。在工作中更是这样，只有保持平常心，我们才能保证自己忙出成效。

实际上，很多人并不是被自己的能力所打败的，而是败给了自己无法掌控的情绪。在现实工作中，在激烈的竞争形势与强烈的成功欲望的双重压力下，从业者往往会出现焦虑、急躁、慌乱、失落、颓废、茫然、百无聊赖等困扰工作的情绪。这些情绪一齐发作，常常会让人丧失对自身的定位，变得无所适从，从而大大影响个人能力的发挥，使自己的工作效能大打折扣。

大家对电视剧《大长今》的主角长今一定不会陌生，她是朝鲜历史上第一个主治皇帝的女医官。然而就是这样一位医术高明的人，却曾经因为自己的浮躁输掉了一次关键性的比赛。

为了争夺最高尚宫的位置，长今和今英各自全力以赴协助自己的师傅，比赛熬制鲜美的汤。

长今做菜的灵性和才能都不可能输给今英，但在一场比自己生命都还重要的比赛中，她怎么会输了呢？

因为长今实在太想赢得这场比赛了，为了能够寻找到最好的牛骨，她跑到很远的地方，因此耽误了一天多的时间。要熬制上好的牛骨汤，至少需要三天三夜才能去除牛骨的油腻和腥味。长今想出了利用宣纸来去除油腻，加珍贵药材来去掉腥味的方法。

结果长今输了。因为，长今违背了考题的宗旨——“做出老百姓也能做得出的汤”。

师傅对长今说：“是你的聪明才智变成了毒药，所以你才会失败。”

其实，真正的毒药不是长今的聪明才智，而是长今太想赢得比赛而引发的急功近利的心态。她失去了一颗“平常心”，违背了做事的根本。

无论做事还是做人，除了要善于抓住时机，懂得运用必要的技巧之外，还需要保持一颗平常心。这种平常心，对于想真正忙出成效的人来说，是十分重要的。

一般说来，人的心往往不能以常理来衡量。理论上，或许认为某种做法是对的，但人心往往朝着相反的方向走。这是一件很麻烦的事情，但仍有某种法则可循。如果你有一颗平常

心，就可以心平气和地工作，心平气和地生活。

一个人的自信与才华，虽可以使他更容易获取成功，但是与才华相比，更重要的是一步一个脚印，谦虚、不骄不躁地去做事。

南怀瑾先生曾提到过庄子有一个“心兵不动”的说法，他引用庄子的话，形容这种“心、意、识”自讼的状态，叫作“心兵”，就是说平常的人们，意识之中，随时都在“内战”。时时都有理性和情绪上的斗争，随时都在和自己争讼、打官司。这个时候，如果能够按住“心兵”不动，自心的天下就太平了。一个人若能按住“心兵”不动，不仅可以取得内心的平安，而且还能够无往不胜。

一位年迈的北美切罗基人教导年幼的孙子们人生真谛。他说：“在我内心深处，一直在进行着一场鏖战，交战是在两只狼之间展开的。一只狼是恶的——它代表恐惧、生气、悲伤、悔恨、贪婪、傲慢、自怜、怨恨、自卑、谎言、妄自尊大、高傲、自私和不忠；另外一只狼是善的——它代表喜悦、和平、爱、希望、责任感、宁静、谦逊、仁慈、宽容、友谊、同情、慷慨、真理和忠贞。同样，交战也发生在你们的内心深处，在所有人内心深处。”

听完他的话，孩子们静默不语，若有所思。过了片刻，其中一个孩子问：“那么，哪一只狼能获胜呢？”饱经世事的老者回答道：“你喂给它食物的那只。”

这是一个很值得深思的故事，面对内心的交战，我们要用喜悦、和平、希望、宁静之心来代替贪婪、恐惧、傲慢之心，使自己时刻保持一颗宁静从容的心。

宁静的力量

“静”不仅是智慧之根，也是养身之本。只要我们能够在工作中和生活中经常保持心清静、意清静，智慧即会随时涌现，同时也能够获得身心上的平衡。

“静”，是一个人取得成功的要诀。一个人只有做到内心宁静，才能够把握机遇，获得成功。许海峰是我国第一枚射击金牌的获得者，他的成功就得益于“静”的能力的发挥。

1983年，许海峰成为国家射击队的一员，虽然他已经取得了不错的成绩，但他知道自己基础薄弱，需要学习的地方还有很多。于是，他除了刻苦训练以外，经常利用业余时间去资料室看资料，吸取中外优秀射手的成功经验。看录像、做笔记的时候有什么心得体会，他都会及时地和教练交流。

第23届奥运会前夕，许海峰在墨西哥国际邀请赛上惨遭失败。但他没有气馁，而是冷静地思考、总结了这次比赛失利的原因，他想：“时差反应、不利的天气、不合口味的饭菜等影响成绩的不利因素在我参加奥运会的时候肯定也会出现，我何不借此机会想出克服这些不利因素的办法呢？”于是，他根据自己的优缺点，认真地想了一些对策，以便自己在参加奥运会的时候可以尽快克服那些不利因素。

1984年7月29日是奥运会的第一天，许海峰参加的手枪慢射比赛将决出本届奥运会的第一枚金牌。刚开始，许海峰打得很轻松，打完第五组以后，他已经领先了。当他镇定自若地打最后一组的时候，赛场的气氛发生了巨大的变化。本来围在前奥运会自选手枪慢射项目冠军旁边的记者们觉得许海峰能够获得金牌，纷纷走到他的身后为他拍照。说话声、脚步声和按快门的声音严重影响了许海峰的正常发挥，工作人员多次制止他们，可是收效甚微。在嘈杂声中，许海峰竟然连打了两个8环。这下许海峰着急了，心想：“不管能不能拿到金牌，我一定要好好发挥，绝不让这最后的3枪变成终生的遗憾。”于是，他放下枪，找了一个离记者较远的座位坐下来。他一边闭目养神，一边回想李培林教练给他定下来的“八字方针”：冷静、自主、调整、协调。他觉得自己刚才没发挥好，就是因为嘈杂的环境扰乱了他平静的心情，才直接导致了动作的协调性下降。

怎样才能让赛场恢复安静呢？许海峰想到了一个好办法。只见他走到靶位上，举起了枪，可是人们还没有听到枪响，他就把拿枪的手放下来了。第二次他举起枪又很快放下来，第三次、第四次还是这样。果然如他所料，大家都紧张得说不出话来，整个赛场终于安静了。许海峰很快进入了最佳状态，连打3枪以后，现场记录显示：一个9环，两个10环。历经周折，许海峰终于以566环的成绩，成为手枪慢射项目的冠军。中国人有了自己的奥运会金牌，这一“零”的突破被光荣地载入了史册！

从许海峰的故事中，我们可以看出，一个参赛选手不仅要具备高超的技术，还需要沉着冷静的心态。冷静使人清醒，冷静使人聪慧，冷静使人理智。遇事冷静的人，时时刻刻都能控制住自己的情绪，绝不会因为任务繁重而急于求成，也不会因为工作压力而浮躁不安。当我们在面对工作中的种种挑战时，一定要保持冷静沉稳的心理状态，学会勇敢地面对，并且在关键时刻显示自己的胆略、勇气和镇静的气度。浮躁之人无法发挥思考的力量，当然也无法有效克服困难，解决问题。一个人只有排除杂念，专心致志，将智慧、灵感全部集中调动起来，才能有所创造、有所成就。

孙浩和孙峰都是公司的业务经理，3年来，两人任劳任怨，为公司赚了不少钱，并培养出了一批销售骨干。公司提拔了一批区域销售经理，孙浩和孙峰却榜上无名，两人心里都有点憋气。

孙浩认为，自己从公司创业干到现在，一直很感激老板的知遇之恩，于是做事尽心尽力，在努力为公司赚钱的同时，还培养了一批销售骨干。现在企业做大了，论资格，论能力，自己都能胜任区域销售经理一职。可名单公布以后，完全出乎他的意料，出任该职位的竟然是他手下的一名员工。孙浩越想越气愤，一气之下辞职了。

孙峰看到自己未在提升之列，心里也倍感失落。他沉下心来审视自己，是否有工作做得不到位。思考之后，他认为，公司此举也许是出于企业发展的需要，而且自己很喜欢这份工作，于是仍和以前一样努力工作，不再去想职位的问题。

孙浩和孙峰都是公司的业务经理，其实公司提拔区域销售经理时原本是想用他们俩的，但考虑到会大材小用，而且还有更重要的职位适合他们，所以就安排了其他人。没想到孙浩会沉不住气辞职走人，这让公司总经理感到既意外又伤心；而不久后的一天，心态沉稳的孙峰突然接到通知，公司任命他为销售总监。

宁静是一种可贵的职业修养，孙峰之所以能够成为销售总监，就在于他有宁静的素养。静能生慧，静能安心，要想大智大慧，大彻大悟，必须由静做起。借用《菜根谭》中的一句话“此身常放在闲处，此心常安在静中”。面对竞争激烈、杂务缠身的现实生活，人们常会觉得压力沉重，心境失衡。如果我们能够让自己的心静下来，常常保持一种宁静的内心，我们的工作和生活就会达到一个新的境界。

戒除浮躁，平常心助你成功

怎样才能戒除浮躁，成为真正的赢家呢？面对事业上的成败得失，能够做到“得意不忘形，失意不失态”，时刻保持一颗平常心，这样才是真正的赢家心态。

1997年，美国《家电》杂志公布全世界范围内增长速度最快的家电企业，海尔超过通用、西门子等世界名牌名列榜首；1998年11月30日，英国《金融时报》报道：在亚太地区声誉最佳的公司评比中海尔位居第7位，是唯一进入前10名的中国企业；同年3月25日，张瑞敏应邀登上哈佛大学讲坛，“海尔文化激活休克鱼”的案例正式写进哈佛大学教材，这是中国企业家第一次登上哈佛讲坛，中国企业以成功的业绩第一次被写入哈佛案例；1999年12月7日，英国《金融时报》公布“全球30位最受尊重的企业家”排名，张瑞敏荣居第26位，这是中国企业家在世界范围内获得的最高美誉。

2000年5月19日，美国科尔尼管理顾问公司、《财富》杂志集团等评选“全球最佳营运公司”，海尔是亚太地区唯一得主企业；2001年第2期美国《家电制造商》杂志对全球前10位家电制造商进行了排名，海尔集团名列第9位，排在第1位的是美国惠而浦公司，在这10个家电制造商中，有3家美国公司、2家欧洲公司和1家日本公司，中国公司只有海尔1家；2001年8月6日的《福布斯》杂志根据2000年全球白色家电品牌进行了排名，海尔雄居第6位；同年7月，张瑞敏成为《福布斯》杂志的封面人物，并且该杂志以《中国走向世界——雄心勃勃的海尔，内地跨国集团推出的国际品牌》的文章向全世界介绍了海尔。

2005年8月30日，《金融时报》评选中国十大世界名牌，海尔荣登榜首。在全球白色电器制造商中，海尔排名第4位。

2008年3月，海尔第二次入选英国《金融时报》评选的“中国十大世界级品牌”。

2009年，海尔全球营业额实现1243亿元，品牌价值812亿元，连续8年蝉联中国最有价值品牌榜首。同年12月，据世界著名的消费市场研究机构欧洲透视发布最新数据，中国海尔在世界白色家电品牌中排名第1位，全球市场占有率5.1%。这是中国白色家电首次成为全球第一品牌。

……

一项项接踵而来的荣誉，一个个令人瞩目的成就，客观来讲，海尔所取得的这些成就跟张瑞敏兢兢业业的工作是分不开的，他也应当赢得世人的尊敬与爱戴，然而他并没有因此而得意。张瑞敏认为，作为一个企业家，必须在修身方面有了相当的成效，然后才能对社会尽到“义、利”之绩、发达之道，才能塑造出有责任感、理想的商人品格。面对自己的成绩和荣誉，张瑞敏清醒地说：“如果有丝毫满足，有丝毫放慢观念的更新步伐，海尔品牌将会在一夜之间被淘汰出局。”

浮躁者追逐成功，睿智者追求成长。成长路上不要浮躁，要先成长，再成功。成长是一个漫长的过程，成功需要成长来支撑，机会就在脚踏实地中，就在兢兢业业中。工作所回报给你的要比你为它付出的多，我们要把工作看成一种成长的契机。

平和的心态是一种至高的人生境界，一种面对荣誉、金钱、利益的豁达。“宠辱不惊，闲看庭前花开花落，去留无意，漫随天外云卷云舒。”心态平和而又不失进取之心，我们才能够活出美丽、充实的人生。

PART

04

摆脱虚荣：别让虚荣害了你

虚荣，人性的弱点

生活中，每个人多多少少都会有一些虚荣心。

虚荣心是人的天性之一，街头乞丐会因为多讨得一枚硬币而向同伴炫耀；天真的孩子会因为老师的一句表扬而笑逐颜开。曹操与刘备煮酒论英雄，认为“唯使君与操耳”，其实不过是用刘备做陪衬，标榜的正是他自己。曹操雄才大略，自视甚高，可偏偏碰上一个故作聪明的杨修，一而再、再而三地当众道破他心中的玄机，这让他的虚荣心很受伤，不得不杀掉杨修以泄心头之愤。而杨修之死，又何尝不是他自己的虚荣心所招致的呢？因此，虚荣不可以脱离实际，物极必反，过度膨胀的虚荣心很容易走向它的反面，以致采取不道德或者不合法的手段，去攫取自己想要得到而得不到的东西，从而走上罪恶的道路。

虚荣心促使一个人失去免于恐惧、免于匮乏的自由，因为害怕羞辱，所以不定时地活在恐惧中，经常没有安全感，不满足。虚荣心强的人，与其说是为了脱颖而出、鹤立鸡群，不如说是自以为出类拔萃，所以不惜玩弄欺骗、诡诈的手段，使虚荣心得到最大的满足。心理学家告诉我们：虚荣是人生的矛盾、人类的特征，它很可怕，而且这可怕的范围几乎是无限的。无数事实表明，正常的社交关系，都会因为虚荣而丧失。

韦格是一个奥地利女孩，她天生丽质，自小就聪明过人。长大后的韦格在一所大学专修油画。韦格很有绘画天分，她的男朋友为了让她完成自己的梦想，一直积极地在为她筹备个人画展。可是，这并不是一件容易的事情，画展筹备到一半时，他们在经济上遇到了困难。

这时，世界小姐大赛正在征集选手，奖金十分诱人，仅初赛的奖金就高达5000美元。于是，韦格的男朋友鼓励她去参加世界小姐选美，韦格去了，而且一路进军到了拉斯维加斯——她成了1987年度的世界小姐。

韦格曾一直梦想可以开个人画展，而如今她已不再需要画展。韦格曾经幻想有一个自己的家庭，和男朋友过着浪漫温馨的日子，然而她成为世界小姐以后，整天被阔佬阔少们包围着，理所当然地接受他们的大献殷勤，她再也不缺少浪漫与温馨了。作为世界小姐，高高站在财富与荣耀的顶端，曾经的一切似乎都不那么重要了。

韦格心安理得地享受着这一切，享受着世界小姐的荣耀带给她的琳琅满目的意外“财富”。

正当事业如日中天时，她却生病了，患上一种名叫克里曼特综合征。

这种病的最大危险在于，她的双眼视力将逐渐衰退，最终将会失明。韦格因此陷入绝望之中。

她的情绪低落到了极点，她开始诅咒上帝，不该把她的“意外收获”在“一瞬间”统统收回去，她认为是上帝妒忌她的天资聪颖。因此她怨恨交加。

就在韦格病重的消息传出不久，一个名叫帕迪的非洲小男孩寄给她一包土，说他们那里的人都用这种土来治病。韦格并不相信土可以治病，但还是抱着试试的态度用了，结果，她的病竟奇迹般地好了。

又是一次意外，使她欣喜若狂，她的财富又可以回到她的身边了，于是她发誓这次一定要紧紧抓住这些财富，绝不能再失去。

后来她嫁给了一个美国富翁。

在以后的日子里，韦格先后改嫁6次，可是没有一个男人令她满意。终于在一天夜里，她明白了，自己看起来拥有一切，其实却一无所有，她觉得自己这辈子没有什么价值可言，于是她选择了自杀……

如果在她发达时没有抛弃男朋友，被评为世界小姐之后，依然继续她的事业，也许她会活得更加幸福。追求金钱，爱慕虚荣，让她彻底迷失了自己，陷入虚荣的泥潭里无法自拔。

虚荣并不可怕，可怕的是人的不自知、不满足，让虚荣心无限膨胀，失去了尺度。其实，人自降生以来，虚荣就开始与他相伴。年幼时，凡事都以自我为中心；长大以后，也只是学会让步。即使人死后，虚荣也不会消失，墓碑也会向人们炫耀自己的“光荣”。

每个人多多少少都会有一点虚荣，而且虚荣在某种程度之内是被允许的。每一个人都希望别人眼中有自己，所以当别人夸奖自己时，每一个人都会很高兴。因此，当你想要操纵一个人时，常常就是通过激发对方的虚荣心，把人之所欲施于人。

虚荣心必须有个尺度，特别是在与竞争对手或敌人相处时，更应该力戒虚荣，否则就会被别人利用。

对名利的追求，会使社会形成不务实的浮夸之风，使个人丧失生活的基础，从而陷入钩心斗角之中。因此，我们要控制住自己的虚荣心，让它停留在萌芽状态，作为鼓励我们向上的原始动力，千万不要让它恣意疯长，毁了自己的好前程。

锦绣华服的悲哀

再华丽的外表也无法掩饰空虚的心灵。很难想象一个爱慕虚荣的人能有多大的成就，因为他总是把一些表面上的东西作为提高自己地位的条件，而不是踏踏实实地生活和工作。

每个人都希望得到别人的认可和赞扬，但是如果过分地追求这些，就会使自己陷入虚荣的陷阱，在沾沾自喜中失去自我，被这种不良的心理驱使。当一个人只是为了虚荣而奔忙时，自己就会变成虚荣的奴隶，被虚荣驱使，并为其所累。

要克服虚荣心，关键要树立正确的荣辱观，即对荣誉、地位、得失、面子要持有一种正确的认识和态度。不可过分追求荣华富贵、安逸享受，否则就真的陷入了爱慕虚荣的泥沼。

林清是一家大型企业的主管领导，为了显示出自己在公司的重要地位，他平时总是一副工作很忙的样子。有时候，朋友打电话约他小聚一下，他都会说出一大堆事情来证明自己真的没时间。

今天，一位朋友恰巧在他的公司附近办事，就顺便来看望他一下。两人刚聊了几句话，他就指着台历上的记事说："哎哟，今天的时间太紧张了。你看，九点，下面的一家分公司开门营业，要去讲几句话，不去又该说不重视了。十点，有个表彰会，要领导去，我跟他们说了，去坐坐，话就不讲了。十一点，下面谈的一个项目还等着我签字。倒不是什么大项目，可也总得有个领导在场呀。中午饭还要念祝酒词，词倒是有人起草，不然我真没法活了。你看，下午从三点开始，新闻发布、颁奖、授旗、挂牌，晚上还要看时装表演，唉！这也是政治嘛。瞧，满满的，天天如此，我算被判了无期徒刑了。"林清说完，还不忘做出一副无奈何的样子。

朋友看了，摇着头走了。

中国有句成语叫作"碌碌无为"。可悲的是，像林清这样

的人却并不理解它的真正含义，整天忙那些不痛不痒的事，还以为自己正在建立不朽功勋呢。什么是忙？“忙”应该是在特定的时间段中朝着特定的目标进行连续不断努力的生存状态。忙碌可以使我们的生活充实，让我们回忆起来觉得自己对得起时间对得起自己，但是如果你只是为了“不闲着”去忙，只是为了向人表示自己“很重要”而去忙，那么无知的谎言往往就会欺骗你的心灵。忙不是用来欺骗和亵渎的。其实，瞎忙的人就像放入轨道中身不由己的一个物件，一个被抽打着的陀螺，他陷入这种状态而不清楚自己在干什么，却十分享受虚荣的锦绣华服所带来的自我满足。

其实，现实中有很多这样的人，为了满足自己的虚荣心而过分地表现自己，什么事自己都要参与，以显示自己的了不起。这样的人不是生活不让他慢，而是他自己逼着自己在加速。人一旦被虚荣心驱使，就会为了面子而活，他们就常常感觉很累，不仅身体累，心也累，从而使自己的生活变得僵硬和虚伪。

生活需要驱除这些浮华的欲望，让心变得沉静，当懂得一切虚名不过是过眼云烟时，你就会注重生活的内质，让心灵得以舒缓，让生活变得雅致。

虚荣是人性中的一个根深蒂固的元素。它常常迷惑人的眼睛与心灵，使人们为了追求事物的外在表现而进行精心雕琢、巧妙配饰，以期得到更加美丽的效果。但事实往往并不随心所愿，对外表的关注使得对内在的注重不再严格，渐渐地忘记了该事物的本来用途，使它慢慢丧失了它本应有的作用。美丽的事物可以满足你一时的虚荣，却无法帮助你摆脱困境，而且，往往就是那曾经带给你无比虚荣感受的美丽，会带给你致命的伤害。

不要活在别人的价值观里

实际上虚荣心很强的人，其深层心理是心虚。为了追求面子，打肿脸充胖子，内心却是很空虚的。表面的虚荣与内心的空虚总是相斗争的。因此，有虚荣心的人，至少受到来自两个方面的心灵折磨：一是没有达到目的之前，被自己的不尽如人意的现状所折磨；二是达到目的之后，为唯恐自己的真相露馅所受的折磨。因此他们的心灵总是痛苦的，是没有幸福可言的。

过度爱面子是极度虚荣的表现，产生虚荣心理之后，人只能“死要面子活受罪”了。通常情况下，自尊心很强的人往往最容易产生虚荣心理，因为他们非常注重自己在同伴中以及整个社会群体中的位置，也最关心自我价值的存在。

适度地维护荣誉可起到提醒自己维护自尊的作用。但如以不正当的或虚伪的方式去达到自尊心的满足，以求得不真实的荣誉，这就是一种虚荣心理的表现。其实，这是完全没有必要的。学着让自己安于平淡，学会自尊与自重，有自知之明，追求内心真实的美丽，这样才能活得潇洒而自在，不为外物所累。

富兰克林有句名言：“牺牲眼前的一些虚荣，日后会有大收获。”蜚声世界的作家小仲马的故事，就是一个极好的例子。

有一天，大仲马得知自己的儿子小仲马寄出的稿子总是碰壁，就告诉小仲马说：“如果你能在寄稿时，随稿给编辑们附上一封短信，说‘我是大仲马的儿子’，或许情况就会好多了。”小仲马断然拒绝了父亲的建议，他说：“不，我不想坐在你的肩头上摘苹果，那样摘来的苹果没味道。”

年轻的小仲马不但拒绝以父亲的盛名做自己事业的敲门砖，而且不露声色地给自己取了十几个其他姓氏的笔名，以避免那些编辑把他和大名鼎鼎的父亲联系起来。

面对那些冷酷而无情的退稿笺，小仲马没有沮丧，仍然坚持创作自己的作品。他的长篇小说《茶花女》寄出后，终于以其巧妙的构思和精彩的文笔震撼了一位资深编辑。这位知名编辑曾和大仲马有着多年的书信来往。他看到寄稿人的地址同大作家大仲马的丝毫不差，便怀疑是大仲马另取的笔名，但作品的风格却和大仲马的截然不同，带着这种兴奋和疑问，他迫不及待地乘车造访大仲马家。

令他大吃一惊的是，《茶花女》这部伟大的作品，作者竟是大仲马名不见经传的儿子小仲马。

“您为何不在稿子上署上您的真实姓名呢？”老编辑疑惑地问小仲马。

小仲马说：“我只想拥有真实的高度。”

老编辑对小仲马的做法赞叹不已。

《茶花女》出版后，法国文坛书评家一致认为这部作品的价值大大超越了大仲马的代表作《基督山伯爵》，小仲马一时声名鹊起。

没有艰辛，便没有收获。这句浅显的人生哲学，其实每个人都懂得，只不过，在潜意识中，人们通常会对捷径更有热情。每一个成功者之所以成功，是因为他们付出了自身的努力，是因为他们懂得，一个人的价值只有通过自己辛勤努力取得的成绩才能够证明。

天底下没有不劳而获的事，假如小仲马当初动了贪慕名利之心，他绝不会成为一个享誉世界的作家。一个人的价值，需要自身去体现，不要去别人的价值观里找位置，否则，我们只会迷失自己。一个人要清楚地认识自己，认识自己真实的高度，就应当凭借自己辛苦的努力获得一定的业绩，这样，才是对自己的人生负责。

给虚荣者一剂良药

心理学家曾得出这样一个结论：虚荣心是20世纪末过渡到下一个世纪间，最顽强的类似艾滋病的痼疾。而要迈向成功，必须远离虚荣。如果不想成功，就会爱慕虚荣。只有事事踏实，才会远离虚荣；想获得不实在的荣誉，就会满足虚荣。

从另外一种角度看，虚荣心其实是自尊心的过分表现。虚荣心是一种常见的心态，因为虚荣与自尊有关。人人都有自尊心，当自尊心受到损害或威胁时，或过分自尊时，就可能产生虚荣心。

虚荣心的表现是多方面的：对自己的能力、水平过高估计；处处炫耀自己的特长和成绩，喜欢听表扬，对批评恨之入骨；常在外人面前夸耀自己有点权势的亲友；对上级竭尽拍马奉承；不懂装懂，打肿脸充胖子，喜欢班门弄斧；家境贫寒却大手大脚，摆阔气赶时髦；处处争强好胜，觉得处处比人强，自命不凡；把生活中的失误归咎于他人，从不找自身的原因；有了缺点，也寻找各种借口极力掩饰；对别人的才能妒火中烧，说长道短，搬弄是非，等等。

虚荣心强的人不是通过实实在在的努力，而是利用撒谎、投机等不正当手段去渔猎名誉。虚荣心的产生与人的需要有关。人类的需要分生理需要、安全需要、归属和爱的需要、被尊重的需要和自我实现的需要。其中尊重的需要包括成就、力量、权威、名誉、地位、声望等方面。一个人的需要应当与自己的现实情况相符合，否则就要通过不适当的手段来获得满足，在条件不具备的情况下，达到自尊心的满足就会产生虚荣心。

如果说虚荣是一种病，那么又该如何治疗呢？

首先，要认识虚荣心的危害。一些虚荣心很强的人，意识不到自己的虚荣，不肯承认自己的虚荣，所以很难克服虚荣。因此，要正确认识自己，清醒地分析虚荣的危害。虚荣是一种虚假的荣誉，它可能使你得到一时的满足，填补一下内心的空虚，但它会使你背上沉重的包袱，时刻担心失去给你带来虚荣的事物，一旦失去，就会痛苦不堪。所以，只有认识到自己身上的虚荣以及虚荣的危害，才能下决心克服虚荣。

其次，要克服个人主义的私心。虚荣的人过于关注自己的名字和荣誉，很少考虑别人的感受和评价，有较强的自我表现欲，只要能给自己带来表现的机会，他都不会放过，争强好胜、不计后果，这是一种个人主义自私心理的表现。所以，要克服虚荣心，还要克服个人主义的自私心理和自我表现欲。

再次，培养脚踏实地、实事求是的思想作风。过于虚荣的人往往都缺乏脚踏实地的思想作风和工作作风，情绪不稳，能满足虚荣心时就有很高的热情，一旦虚荣心得不到满足，情绪就会一落千丈。

一位作家的寓所附近有一个卖油面的小摊子。一次，这位作家带孩子散步路过，看到面摊生意极好，所有的椅子都坐满了人。作家和孩子驻足围观，只见卖面的小贩把油面放进烫面用的竹捞子里，一把塞一个，仅在刹那之间就塞了十几把，然后他把叠成长串的竹捞子放进锅里烫。接着他又以迅雷不及掩耳的速度，将十几个碗一字排开，放盐、味精等作料，随后他捞面、加汤，做好十几碗面前后竟没有用到五分钟，而且还边煮边与顾客聊着天。作家和孩子都看呆了。

在他们从面摊离开的时候，孩子突然抬起头来说："爸爸，我猜如果你和卖面的比赛卖面，你一定输！"对于孩子突如其来的话，作家莞尔一笑，并且立即坦然承认，自己一定会输给卖面的人。作家说："不只会输，而且会输得很惨。我在这世界上是会输给很多人的。"

他们在豆浆店里看伙计揉面粉做油条，看油条在锅中胀大而充满神奇的美感，作家就对孩子说："爸爸比不上炸油条的人。"

他们在饺子饭馆，看见一个伙计包饺子如同变魔术一样，动作轻快，双手一捏，个个饺子大小如一、晶莹剔透，作家又对孩子说："爸爸比不上包饺子的人。"

故事中的作家不仅善于观察他人的优点，并且勇于承认自己在某些方面不如人。这种正视自己，并能欣赏他人的行为就是一种大智慧的体现。事实上，我们没必要为了满足自己的虚荣心而让自己显得处处比别人强，仿佛自己什么都能做到。每个人都有缺陷，不要试图每一样都在人上。有智慧的人，敢于承认自己不如人，也敢于对自己不会做的事说不，所以他们自然能赢得一份适意的人生。

因此，要克服虚荣心，还要从实际出发，踏实工作，培养锻炼自己的真才实学和良好的心理品质。

放下虚荣，回归本真

虚荣心是一种很复杂的社会心理现象，它借用外在的、表面的东西来弥补自己的不足，以赢得别人的注意和赞扬。

虚荣心很难说是一种错误，但很多严重的错误都因虚荣心产生。虚荣心作为人的一种心理需要，是普遍存在的。它有双重作用，如果正确利用虚荣心，使它同上进心结合在一起，会调动人的工作积极性和热情；如果一味地为了满足自己的虚荣，被虚荣牵着鼻子走，就会深受其害，给工作和人际关系带来消极影响。

虚荣者的虚荣心很强，但他的深层心理却是空虚，为了追求面子，不惜打肿脸充胖子。虚荣者表面的虚荣与内心深处的空虚总是在斗争着，表面一个样，实际上是另一个样。虚荣者想把美好的一面展现给世界，但其实那不是真实的自己，而是丑恶的嘴脸加上腐烂的骨肉。

一个干了一辈子农活的庄稼人，生平第一次买彩票，竟然中了千万大奖，就这样，他一夜之间成了暴发户。有了钱之后，他觉得自己现在身份也不一样了，想着自己需要一辆车。于是，第二天他就去买了一辆豪华轿车。

买了车之后，他又想到反正有这么多钱，为什么还要住在这个穷困的山村，于是，他又在城市里买了一套房子。但是，住在城市里的庄稼人每天都要开车到以前住的村子里去。他希望看到任何人，也希望任何人都能看到他。因为他喜欢炫耀自己，所以，总是“开着”轿车左拐右拐地穿过大街小巷，去与每一个人讲话。可是他走得很慢，比自行车还要慢。原因非常简单，这辆既美丽又气派的轿车是用两匹马拉着的。

其实，并不是汽车引擎不能发动，而是老农民不晓得把钥匙插进去发动它。

有了钱的庄稼人渐渐觉得孤单起来，他发现自己的朋友越来越少，连他的亲人都不搭理他了，就算是碰面了也只是说几句奉承他的话，有的亲人还虚情假意地算计他。庄稼人觉得自从有了钱以后，很多东西都变了，生活越来越无趣了，他开始怀念干农活的日子，和乡亲们说说话，小聊几句，开开玩笑，多么惬意啊！可是，现在呢，他觉得自己什么都没有了。

最后，他又回到农田里继续耕田种地，因为他觉得只有这样他才会感到充实和快乐。

一些虚荣心很强的人，通常情况下意识不到自己的虚荣，即使意识到了也不肯承认。

现实生活中，有很多贪图虚荣的人，绝不仅仅是为了满足荣誉上的需求，归根到底是通过争名而夺利，这才是虚荣的本质属性。因此，好利是好名之因，争利是争名之源，只有抗拒利的诱惑，才能摆脱虚荣心的纠缠，坚持自我本色。

摆脱虚荣，看清自己

英国哲学家培根说：“虚荣的人被智者所轻视、愚者所倾服、阿谀者所崇拜，而为自己的虚荣所奴役。”德国哲学家叔本华说：“虚荣心使人多嘴多舌，自尊心使人沉默。”

在心理学中，虚荣心是一种追求虚表的心理缺陷，具备虚荣心的人，竭力追慕浮华，以掩饰这种缺陷，实际内心早已痛苦不堪。一个人想要摆脱虚荣心，就要摘掉自己的面具，跨越虚荣的藩篱，与一切浮华说再见。

电影明星洛依德将车开到检修站，一个修车女工接待了他。她熟练灵巧的双手和年轻俊美的容貌一下子吸引了他。

整个巴黎都知道他，这个姑娘却没表示出丝毫的惊讶和兴奋。“您喜欢看电影吗？”他不禁问道。

“当然喜欢，我是个电影迷。”修车女工边忙着手上的活边回答。

她手脚麻利，看得出她的修车技术非常熟练。半小时不到，她就修好了车。

“您可以开走了，先生。”这位修车女工对他说。

他依依不舍地说道：“小姐，您可以陪我去兜兜风吗？”

“不，先生，我还有工作。”她回答得很有礼貌。

“这同样是您的工作。您修的车，难道不亲自检查一下吗？”

“好吧，是您开还是我开？”

“当然我开，是我邀请您的嘛。”

车跑得很好。姑娘说：“看来没有什么问题，请让我下车好吗？我还有其他的工作。”

“怎么，您不想再陪陪我吗？我再问您一遍，您喜欢看电影吗？”洛依德觉得不可思议，难道这个修车女工真的不认识自己吗？

“我回答过了，喜欢，而且我是个电影迷。”

“您不认识我？”

“怎么不认识，您一来我就认出您是当代影帝阿列克斯•洛依德。”

“既然如此，您为何对我这样冷淡？”

“不，您错了。我没有冷淡，只是没有像别的女孩子那样狂热。您有您的成绩，我有我的工作。您今天来修车，就是我的顾客，我就要像接待顾客一样地接待您，为您提供最好的修车服务。将来如果您不再是明星了，再来修车，我也会像今天一样接待您，为您提供服务。人与人之间不应该是这样的吗？”

洛依德沉默了，在这个普通修车女工的面前，他清楚地感觉到了自己的浅薄与狂妄。“小姐，谢谢！您让我受到了一次很好的教育。现在，我送您回去。再要修车的话，我还会来找您。”

追逐名利是虚荣的最高表现形式。如果你只喜欢台上的风光无限，那么你将无法用一颗平常心面对台下的寂寞冷清。

人，有的可以永远做自己生活的主人，而有的只配永远做自己生活的奴隶。就像《安徒生童话》里描写的红舞鞋一样，爱跳舞的女孩们都想穿上它，因为它能够让人跳得更加轻盈迷人，然而女孩们都只是羡慕而没有人真正地穿上它，原因是只要一穿上就必须永远穿着，而且要一直跳下去。其实，我们每一个人都有一双红舞鞋，那就是我们的欲望，具体地说，也许就是金钱、权力、爱情、人生价值，等等。为了达到目的，甚至不惜牺牲幸福和生命。虚荣就像那双有魔力的、美丽的、令人不能停息的红舞鞋，令我们身心疲惫，令我们永无止境地奔波，令我们充满对人生的茫然。这双我们渴求的红舞鞋俨然已成了我们生命的债主，而我们渴望的安宁已离我们很远很远。

因此，我们要学着放下虚荣心，不要为了满足自己的虚荣，而永远地丢弃了自由的权利。你选择了什么样的人生道路，决定了你享有什么样的人生。无论你要选择什么、放弃什么，都要想清楚这样做值得不值得。

PART 05

摒弃自私：予人玫瑰，手留余香

自私是人的本性吗？

在当今社会中，自私是一种较为普遍的病态心理现象。自私之心是万恶之源，贪婪、嫉妒、报复、吝啬、虚荣等病态社会心理从根本上讲都是自私的表现。但自私又是构成人性的基本特征，从某种角度来看，任何人都是自私的。

所谓自私，是指把自己放到第一位，首先考虑的是自己的利益和感受。自私是中性的，光是自私，是不能够决定善与恶的。善与恶还需要用理性来区分。理性的自私，为善；非理性的自私，为恶。

理性，是基于事实和逻辑的决策。非理性，则要么违反事实，要么违反逻辑。理性的自私，其目的是能够有更多的时间做让自己快乐的事情，花更少的时间处理带给自己痛苦的事情。只顾自己，完全不顾他人就是一种非理性的自私。自私与助人不矛盾，帮助别人可以给自己带来快乐，同样也解决了别人的困难。

人性自私论，是衡量自我完善标准的基本前提。准则的建立、修改、完善、执行、废除，无不涉及人。当准则建立在非理性的基础上时，这个准则就是邪恶的。当准则建立在理性的基础上时，这个准则才是正义的。

邪恶的准则，其基本的特征就是非理性。非理性就意味着抹杀事实，违反逻辑。人性是自私的，这是个普遍的事实。那种极力否定人性自私，并且把非理性的自私作为自私的唯一含义的论点，是极其狭隘的。因为自私本身是中性的。非理性的自私是不好的，但建立在理性基础上的自私，却是善的，是实现个体幸福的前提条件。

那么非理性自私又是怎样形成的呢？

（1）以自我为中心。自私的人心中只有自己，从来都不会考虑别人，即使有时口头上会替别人着想，但真正涉及个人利益的时候是绝对不会做半点让步的。

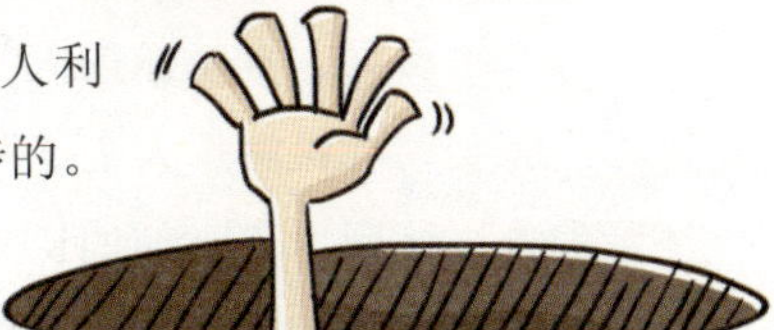

（2）贪婪。在极端个人主义思想影响下，自私的人

私欲将会无限制地膨胀，最为突出的表现便是贪婪，贪婪地索取金钱、名利甚至做到斤斤计较、锱铢必较的地步。

（3）冷酷。自私的人是没有感情可言的，即使和你假意产生感情，也是有着更加贪婪的目的。因此，这类人不具有生活的热情，心灵已被物质熔炼成钢铁一块。在他们心中，人与人之间没有感情只有利益，于是，他们习惯于用冷冰冰的利益关系来替代人与人之间纯洁和善良的感情。

（4）吝啬。由于对利益索取的极度贪婪，他们形成了自己独特的吝啬的个性特征。不仅表现在金钱，同时也表现在感情上，你可能误认为他们行为很节俭或者不太合群，但是这些都是表象，他们的实质是自私，因为他们从来不会为别人多花一分钱，包括自己在内，同时他们也不会多付出感情，除非他们认为付出感情会获取更大的利益，也只有这样，他们才会极不情愿地表露出自己的感情，但他们表达感情的方式却做作和苍白。

（5）敏感。自私的人由于过分关注自己的利益，使得他们对外界的反应，尤其是那些涉及他们自己的事情会十分敏感，因为他们害怕吃亏，害怕别人占有他们本应或不应得到的利益，他们的内心极其脆弱，长此以往，自私的人都或多或少具备一些神经质的特征。

（6）多疑。和妒忌的人类似，自私的人多疑的秉性展示得相当完美，在极端个人主义阴影的笼罩下，他们怀疑社会、怀疑他人、怀疑世界，他们认为这个世界上所有的人都在算计他们，因此，他们也必须费心地算计别人，只有这样他们才不会吃亏，才能在他们营造的所谓自私的世界里获得“胜利”。

（7）性格孤僻。由于极度的自私，他们的性格会变得冷酷和扭曲，因此，他们也不可能有真正的朋友，他们身边没有一个挚友帮助他们解决心理困境，而他们本身又具备了多重消极人格特征，这便导致他们越来越不能和周围的环境相融合，同时他们也和别人的距离越来越遥远，在经过较长时间的心理异化后，他们的个性越发变得孤僻，也越发难以与人沟通和交流。

正确认识人性中的自私，是个人谋求幸福的基本出发点。只有那些认识到自身的自私而自觉理性地去管理的人，才能够幸福快乐，对自己和他人都有好处，并且对所处的社会有益处，从而为社会减少负担。

❀ 自私是魔鬼，最终伤害的是自己

人们常因建设自己而造就了别人，又因别人的造就而改变自己。在这种改变中，如果我们不让别人赢，那么常常也会输掉自己。“人与人之间天生存在着一种合作关系”，这本是最简单不过的道理。但越是简单的道理，越容易被人忽视。自私的人往往是不幸的，因为他们常常为了自己一时的利益而忽视了共同利益，最终反而让自己失去更多。

在经过重重筛选后，林蓉和另外四个应聘者终于脱颖而出，进入最后一轮面试。

她们赶到公司时，距面试开始时间还早。为了打破沉寂的僵局，精明的她们勉强地聚在一块儿闲聊了起来，但交谈中彼此都显得比较矜持和保守，甚至夹着丝丝的冷漠和虚伪……忽然，一个中年女子急急忙忙赶来了。她的到来使她们很吃惊，因为在前几轮面试中都不曾见过她。

这位中年女子似乎感到有些尴尬，然后就主动迎上前开口自我介绍说，她也是前来参加面试的，由于太粗心，忘记带钢笔了，问她们几个是否带了，想借来填写一份表格。

林蓉她们五个人面面相觑，谁都不想增加一个竞争对手，最终没有人出声，尽管她们身上都带着钢笔。

这时，五人当中有一个沉默寡言的人走了过来，递过一支

钢笔给她，并礼貌地说：“对不起，刚才我的笔没墨水了，我掺了点自来水，还勉强可以写，不过字迹可能会淡一些。”规定的面试时间已经过去20分钟了，面试室却仍毫无动静。五个人终于按捺不住了，就去找有关负责人询问情况。谁料里面走出来的却是那个中年女子：“结果已经见分晓，这位女士被聘用了。”中年女子指着“眼镜”微笑着，“本来，你们能过五关斩六将来到这儿，已经是很难能可贵的了。作为一家追求上进的公司，我们不愿意失去任何一个人才。但是很遗憾，是你们自己不给自己机会！”

此时，林蓉才恍然大悟，原来这是一次考试，因为自私，她把取胜的机会拱手让给了别人。

细细想来，生活中的很多事情也是如此，通常并不是我们没有能力去做，而是我们肯不肯去做，或者换句话说，我们有没有一颗无微不至的关怀他人的善心。一个人的心里如果没有爱，就很难得到他人的认可。机会对于每个人来说都是公平的，但能不能抓住，靠的还是自己，就像故事中的应聘者一样，假设她们能怀着一颗仁爱之心，与人方便的话，那么，最终也会方便自己。

卢克莱修说：“自私是人类的一种本性，高尚者和卑劣者的区别在于：前者能够克制这种本性而代之以无私的给予，而后者却任其肆意横行。”所以，我们要想做一个高尚的人，一个幸福的人，就要克服这种“天生”的利己心理，不要被自私的邪恶力量所控制。

❀ 别让自私孤立了自己

谁都会有私心，这是人天性中的缺陷，但这种缺陷，并不是无药可救的。我们应该知道：自己对别人的态度，就是别人对自己的态度。自私和冷漠充斥着这个世界，而在世界的各个角落还会有人性的善良光辉在闪耀。

不想成为自私的人，不想因为自私而被朋友孤立，你就要学会去关注你的朋友。

美国前国务卿奥尔布赖特曾是BON电影公司的公关部经理。那时，她面临着巨大的职业挑战，同时又必须面对许多现实的东西，像人际关系的处理、家庭生活的和谐等，但她巧妙地使这些烦琐的事情顺畅起来。

比如，她的下属总会在某一个繁忙的下午突然收到一张上面写着诸如“你辛苦啦”“你干得非常出色”之类的小卡片，或一张精致典雅的卡片。在她丈夫生日的那一天，她总会努力举办一个家庭小舞会，而且是一个人事先布置好的。就这样，在繁忙工作的间隙，她并没有花太多的时间，却给他人送去了一份又一份快乐。

她对这一做法，很有兴趣地解释说：“大家的节奏都那么快，大部分人都忘了一些最基本的问候，都认为这些是无足轻重的小细节。其实正是这些细小的方面使人与人之间的情感变得不那么紧张，那我就想：为什么我不能做得更好些呢？”

她又说：“一个小小的问候就能体现出一个人的真挚和诚意，使他人感到温暖。人与人之间渴望沟通和交流，而这些

细小的方面是最能体现出你的那一份心意的，这是对我个人形象、风度的最佳传播。当他们看到那些卡片的时候，就一定会想起我，而且在他们心中隐含着对我的那一份谢意，会使他们更认为我是一个完美无缺的人，他们总会想到我好的地方，不会注意我的缺陷。”

想要得到大家的认可，得到大家的尊敬，像奥尔布赖特一样，有好人缘，你可以学着从以下几点做起：

1.关心对方关心的事

他关心自己的利益，关心自己的健康，关心自己的家人……你只要对他的利益、他的健康、他的家人……表现出足够的关心，他就会把你当成自己人。

2.欣赏对方欣赏的事

他欣赏自己的成就，欣赏自己的能力，欣赏自己的风度……你只要对他的成就、他的能力、他的风度……表现出真诚的欣赏，他一定会欣赏你，把你当成难得的知音。

3.请教对方擅长的事

自己不懂的问题、不清楚的事情，不妨向对方求教，既能增长见识，又能得到对方的好感，何乐而不为？

“你以怎样的态度对待别人，别人也会以怎样的态度对待你。”这是成功学家拿破仑•希尔的一句名言。

人类需要群居，需要交流。我们都害怕孤独，因而对孤独感异常地敏感。大多有孤独感的人，并不是自己情愿离群索居、孤身独守的，而是在坎坷难行的人生路上遇到了伤人肺腑的痛苦，或嗟叹人生艰难、埋怨命运刻薄，或痛恨世态炎凉、咒骂人心虚伪，因而越发感到孤独。只有走出自己的生活小圈子，忘掉曾经的痛苦遭遇才能不再孤独，感受到生活的乐趣。

分享，让你的内心快乐

当快乐无人分享的时候，快乐也就无法被称为快乐了。

许多人知道如何享乐，却不知道自己从何时起已不再向别人提供欢乐。自私者是悲哀的，过分的冷漠，让他们对别人缺乏悲悯之心和友爱之心。这样的人，因为缺乏爱人的能力，而无法感知到友谊之于人的温暖。

卡耐基曾说：“如果你要别人喜欢你，或是改善你的人际关系，如果你想帮助自己也帮助他人，请记住这个原则：真诚地关心别人。”

心理专家认为，自私是人的天性，就像贪吃是人的天性一样。我们从出生开始就是一个自私的个体，没人指望一个婴儿把手中的玩具让给别的小孩子。不过，很多人在成长的过程中慢慢地改掉了这个毛病，而另一些人呢，甚至有些变本加厉了。

贝尔太太是美国一位有钱的贵妇，她在亚特兰大城外修了一座花园。花园又大又美，吸引了许多游客，他们毫无顾忌地跑到贝尔太太的花园里游玩。

年轻人在绿草如茵的草坪上跳起了欢快的舞蹈；小孩子扎进花丛中捕捉蝴蝶；老人蹲在池塘边垂钓；有人甚至在花园当中支起了帐篷，打算在此过他们浪漫的盛夏之夜。贝尔太太站在窗前，看着这群快乐得忘乎所以的人们，看着他们在属于她的园子里尽情地唱歌、跳舞、欢笑。她越看越生气，就叫仆人在园门外挂了一块牌子，上面写着：私人花园，未经允许，请勿入内。可是这一点也不管用，那些人还是成群结队地走进花园游玩。贝尔太太只好让她的仆人前去阻拦，结果发生了争执，有人竟拆走了花园的篱笆墙。

后来贝尔太太想出了一个绝妙的主意，她让仆人把园门外的那块牌子取下来，换上了一块新牌子，上面写着：欢迎你们来此游玩，为了安全起见，本园的主人特别提醒大家，花园的草丛中有一种毒蛇。如果哪位不慎被蛇咬伤，请在半小时内采取紧急救治措施，否则性命难保。最后告诉大家，离此地最近的一家医院在威尔镇，驱车大约50分钟即到。

这真是一个绝妙的主意，那些游客看了这块牌子后，因为

顾及自身的生命安全，对这座美丽的花园只好望而却步了。

这样过了几年，有人再去贝尔太太的花园时，却发现那里因为园子太大、走动的人太少而真的杂草丛生，毒蛇横行，几乎荒芜了。孤独、寂寞的贝尔太太守着她的大花园，她非常怀念那些曾经来她的园子里玩耍的快乐的游客。

贝尔太太用一块牌子为自己筑了一道特别的“篱笆墙”，随时防范别人靠近。这道看不见的篱笆墙就是自我封闭，在封闭自己的同时，也把快乐和幸福封闭在外。而自我的封闭在一定的程度上也是一种自私。自私是人的本性，但是我们必须明白，没有谁能够独立生活。不要吝啬分享你的东西，有时只是一杯水，就可以让你结交一个朋友。分享是架起人与人之间情谊的桥梁，用自己一颗宽厚的胸怀去温暖每一个人的心，同时滋润自己。

分享可以让一个人的幸福感增强，一个人想要获得更多的幸福，最好的方式是学会分享。不要总想着自己，应该把自己美好的东西拿出来与别人一起分享。

人活在世界上，最重要的不是被爱，而是要有爱人的能力。如果不懂得爱人，又如何能被人爱呢？关心和友爱是相互的，人生存在这个世界上，无时无刻不在享用着他人对自己的付出。

所以，人要远离自私的魔鬼，走出自私的灰暗，寻找生命中那一份与人分享的蓝天。施予的追求没有资格的限制，再自私的人，只要决心想给予，就可以透过训练开启布施之心。在生活中，让我们学会“布施”吧，因为只有如此，才能让我们得到更多。学会给予，才能收获幸福；懂得付出，才能收获更多。

❀推倒自私的墙

每个人都觉得自己很重要，或者说，每个人都希望被别人认为很重要。如果对方感觉到他在你心目中很重要，他一定会对你产生好感——没有人会讨厌一个喜欢自己、尊重自己的人。自然，每个人都希望自己的成绩得到别人的肯定。

有些人自视甚高，他们觉得自己很重要，却忘了别人也需要这种感觉。他们在不经意间流露出对别人的轻视，于是被大家疏远。只有使别人产生重要的感觉，你才会受到他们的欢迎。

在合作过程中，千万不可以有自私的心态，要尊重和关心你的伙伴，让他感觉到自己很重要，你和他是一个团队的不可分割的整体，荣辱与共。

学着用接纳的心态来对待周围的人，推倒横在你面前的那堵自私的墙，学着与人分享。

几十年前，在一个平凡的韩国家庭里，有三个儿子。有一天，亲戚送给他们家两筐桃子，一筐是刚刚成熟的，可以储存一段时间；另一筐是已经完全熟透且马上就会变质的，如果三天内吃不掉就会腐烂。父亲把三个孩子叫过来，问他们选择什么样的吃法，才能不浪费桃子。大儿子不假思索地说道："当然是先吃熟透了的，这些是放不过3天的。""可等你吃完这些后，另外的那一筐也要开始腐烂了。那我们岂不是始终吃不到新鲜的桃子了？"父亲显然不满意大儿子的建议。

二儿子想了想，随后说："应该吃刚好熟了的那一筐，拣好的吃呗！"

"如果这样，已经熟透的那筐桃子不是白白浪费了吗？这样的话多么可惜啊！"父亲如此说道。

接着，父亲把目光转向了小儿子："你有什么好办法吗？"

小家伙思索了一下，说道："我觉得我们最好把这些桃子混在一起，然后分给邻居们一些，让他们帮着我们吃，这样就不会浪费桃子了。"

父亲听了，满意地点点头，笑着

说："不错，这的确是个很好的办法，那就按你的想法去做吧。"

于是这家人就按照小儿子所说的，把桃子分给了邻居。这样他们不仅没有浪费掉一个桃子，也使得他们和邻居的关系更加亲密和谐。

把幸福快乐与别人分享，你就会得到双倍的快乐；把不幸悲伤向朋友诉说，你的不幸就会减半。这就是分享的力量。分享的感觉是很独特的，不是亲身经历，你就无法体会

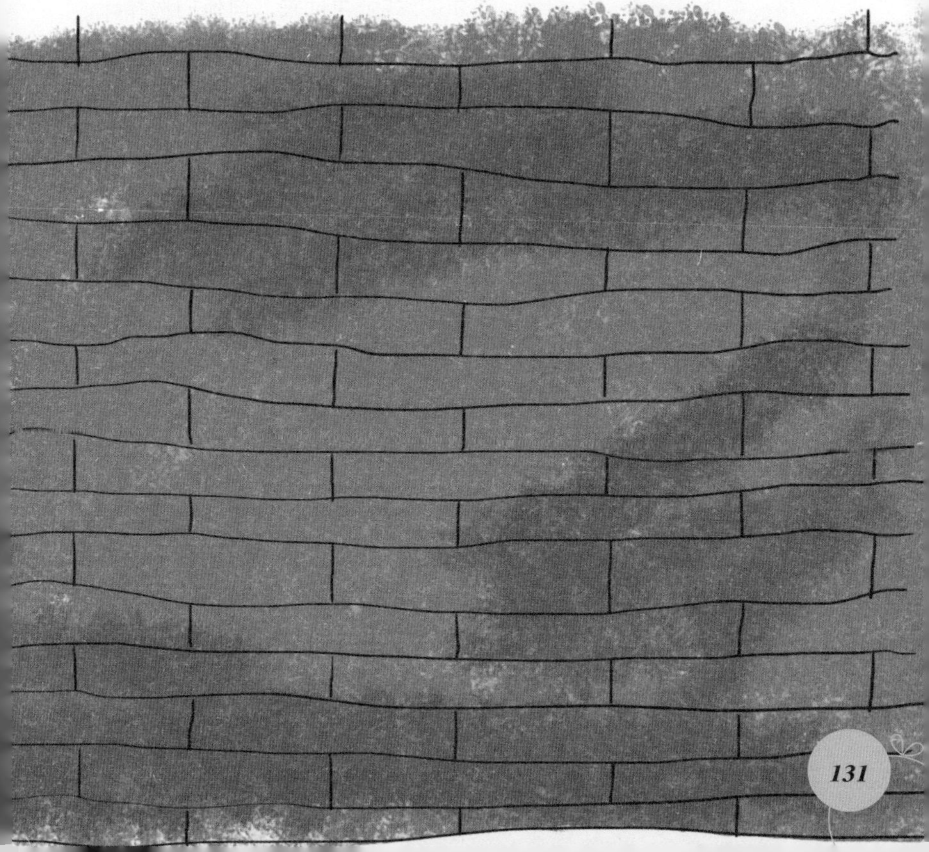

其中的愉悦和满足。因为在选择给予的同时，我们已经收获了心灵上的慰藉和温暖。懂得分享和给予的人，才能真正收获幸福和快乐。

54年后，那个选择把桃子分给邻居的孩子以绝对优势当选为联合国秘书长，他就是潘基文。在就职演讲中，他说："我竞选这个职务，不是为了个人名誉，更不是争夺个人利益。当选联合国秘书长就意味着责任和奉献。我希望在我的任期内，通过各方面的努力，让全世界的人民，不分种族、性别、国籍，都能过上幸福、和平、快乐的生活。"

分享来自我们生命的核心，它是爱的流动，它总是带着爱的品质，爱所及之处总能带来蜕变。分享丰盛了自己，同时也滋润了别人。学会分享，就会快乐。

予人玫瑰，手留余香

一个人不能只为自己活着，我们只有通过付出才能实现人生的价值。请用我们的生命和爱，向痛苦的人分享我们的快乐，向贫穷的人分享我们的财富，向孤独的人分享我们的热情，向残疾的人分享我们的双手。爱是人类最基本的情感，爱你的父母长辈、爱你的妻子丈夫、爱你的亲朋好友、爱你的同事、爱你的上司下属、爱你的客户、爱你自己、爱你周围的一切。如果没有爱心，你还拥有什么？你将失去热情、失去责任、失去希望、失去梦想，你的人生将变得毫无意义；心中有爱，这个世界才会变得美好。

工商业巨子何鸿章于20世纪20年代出生于中国香港。日本侵华战争爆发时，还是少年的何鸿章，自愿到香港东华医院的紧急病房值勤。正是战争苦难激发了少年何鸿章对动乱的切齿痛恨以及对和平、安宁生活的无限憧憬。从那个时候起，何鸿章就立下志向：此生，要做一名“驱散黑暗的火炬手”，要尽自己的全力让人们过上安宁的生活。同时，有一个声音在他心中回响——“活着，就要给予”，这句话也成为何鸿章一生秉持的信念。

何鸿章的父亲是位杰出的银行家和慈善家，也是香港金银交易所的创办人。他在日军对香港的一次轰炸中受伤，痛失双腿。战争的磨难使他对人生有了更深层次的认识，虽然何家拥有万贯家财，但他始终告诫子女要凭个人本事创造财富，并要坚持行善。

童年经历、家人教诲以及父亲身体力行的榜样力量深深影响着何鸿章，他继承家业后，始终牢记家族行善的传统，在守业和开拓事业的过程中都坚持着慈悲为怀、兼济天下的立场。

20世纪五六十年代，成千上万的难民涌入香港，当时香港的房价在难民们看来高不可攀，他们中的很多人居无定所。何鸿章被难民们的苦难生活深深刺痛了，他构思了廉价住屋方案，率先在香港为难民们建造房屋，给了他们一个家。

20世纪，随着香港人口的急剧增加，一大批孩子到了入学的年龄，却因为贫穷的家庭根本负担不起孩子接受教育的费用而上不起学，何鸿章看在眼里，急在心里。他深知教育对改变人生，特别是对出身贫寒的人的重要作用。1965年，他创建了“何鸿章信托基金会”，旨在给香港学生创造受教育的机会，以发展香港及其他地区和国家的教育。数十年过去了，这项基金资助了无数的香港青年学子出去深造。这些香港青年学成之后，大多数回到香港效力，为香港的发展做出了巨大贡献。

“活着，就要给予”，这是何鸿章的诺言，也是他的座右铭。他说：“人的善心、善念常与富裕同在，乐善好施、好行其德是快乐之本，更是大富的源泉。”

现今社会，大部分人都想要在职业生涯中实现自我价值，仁爱之心可以帮我们养成反哺社会、服务大众的敬业精神，提升我们对工作的认识，将我们的工作带到一个全新的思想境界。

心中有爱，才能感恩这个美好世界。我们只有心怀仁爱，才能打开自己的人生格局，收获更多。相反，如果将自己局限在一个狭小自私的位置，那么永远只会活在自己的小世界里。正如冰心女士的一首小诗所说：“墙角的花，当你孤芳自赏的时候，天地便小了。”

第三篇

排除负面情绪，释放生命正能量

PART

01

控制愤怒：一生气你就输了

爆发的愤怒是地狱之火

愤怒是一座活火山，它爆发的时候，会将一切美好化为灰烬。

生活中，常有这样那样的事令我们心生愤怒，而在我们火冒三丈的时候，伤害的不仅是别人，更是我们自己。世间万物，危害健康最甚者，莫过于怒气，“气”乃一生之主宰，与人体健康关系甚密。若“心不爽，气不顺”，必将破坏肌体平衡，导致各部分器官功能紊乱，从而诱发各种疾病和灾难。所以，《黄帝内经》就明确指出：“百病生于气矣。”

生气和发怒是身心健康的最大障碍。

控制自己的情绪，并冷静地应对一切，这是控制人性中不良因素的体现。为小事动怒、为小事发狂是我们很多人都会犯的毛病。遇事不能冷静思考，而是一味地发怒，并不能将问题很好地解决。

当你遇到不愉快的事情时，请先冷静下来。你必须承认生活是不公正的，任何人都不是完美的，任何事情都不会完全按照计划进行。

愤怒由对客观现实某些方面不满而生成，比如遭到失败、遇到不公、个人自由受限制、言论遭人反对、无端受人侮辱、隐私被人揭穿、上当受骗等多种情形下人都会产生愤怒情绪。表面看起来这是由于自己的利益受到侵害或者被人攻击和排斥而激发的自尊行为。其实，用愤怒的情绪困扰灵魂，乃是一种自我伤害。

对身体健康的伤害只是其中一个方面，愤怒对于灵魂的摧残尤为严重。由灵魂而生的愤怒情绪，又回过头来伤害灵魂本身，让灵魂变得躁动不安，失去原有的宁静，浪费自己的精力和时间，这是灵魂的一种自戕。

古代的皮索恩是一个品德高尚、受人尊敬的军事领袖。一次，一个士兵侦察回来，当皮索恩问到和他一起去的另一个士兵去哪儿了时，这个士兵支支吾吾说了半天，也没能说清楚另一个士兵的下落。皮索恩对此感到愤怒极了，当即决定处死这个士兵。

就在这个士兵被带到绞刑架前即将动刑时，那个失踪的士兵回来了。这本来是一件令人喜悦的事情，但这位受人尊敬的领袖却不这样认为，他认为这是不能容忍的事情，令他颜面扫地，羞愧让他更加暴怒。最终结果十分让人痛心：他竟然处死了3个人。

在这位军事领袖的身上，令人遗憾和痛心地表现出了愤怒摧毁理智的现象。而理智正是灵魂的高贵所在，如果人们任由灵魂自我伤害而不进行干预，这种结果该有多么地悲哀。

正如思想家蒲柏所说："愤怒是由于别人的过错而惩罚自己。"文学家托尔斯泰也说："愤怒对别人有害，但愤怒时受害最深者乃是本人。"

我们愤怒于别人的言行，让愤怒占据了大部分的灵魂空间，灵魂负载着重担，再无法观照自身，更不能得到任何形式的提升，反而在愤怒情绪的支配下更加容易丧失理智，甚至于越来越远离人的高贵，接近于动物的蒙昧和愚蠢。

结果，导致我们愤怒的人与事依然故我，他们继续做着错的事，享受着愉悦的心情；

结果，因为愤怒，我们无法专注于眼前的工作，没能很好地履行自己的职责；

结果，我们只顾着愤怒，而无暇体验生命中的美和善。

折磨我们的是自己的愤怒情绪，而非别人的一些令人愤怒的行为。控制自己的愤怒情绪，从而避免让灵魂受到伤害，是完全在我们的力量范围之内的。

做人做事过于情绪化表明这个人心智还不够成熟。当你怒火中烧的时候，一定要克制自己的情绪。当你被愤怒控制，处于激动之中，会做出许多让你懊悔的事情。所以，为了避免被暴力、乖张、嫉妒、愤怒等不良情绪控制，我们要学会用感恩、知足、惭愧、反省、乐观等观念来控制情绪。

❀ 平和心态助你平息愤怒情绪

生活中，我们通常会遇到一些令我们感到不能容忍的事情，比如遇到恶意的指控、无端的陷害、好心好意被人误解，等等。如果因为这些而大动肝火只会让事情越来越不可收拾。所以，生活中，只有能调控自己脾气的人才是真正的主人。然而，稍一放纵，你的脾气就可能战胜了你成为真正的赢家。

在20世纪60年代早期的美国，有一位很有才华、曾经做过大学校长的人，竞选美国中西部某州的议会议员。此人资历很高，又精明能干、博学多识，看起来很有希望赢得选举的胜利。

但是，在选举的中期，有一个很小的谣言散布开来：三四年前，在该州首府举行的一次教育大会中，他跟一位年轻女教师有暧昧的行为。这实在是一个弥天大谎，这位候选人对此感到非常愤怒，并尽力想要为自己辩解。由于按捺不住对这一恶毒谣言的怒火，在以后的每一次集会中，他都要站起来极力澄清事实，证明自己的清白。

其实，大部分的选民根本没有听到过这件事，但是，现在人们却愈来愈相信有那么一回事，真是愈抹愈黑。公众们振振有词地反问："如果你真是无辜的，为什么要百般为自己狡辩呢？"如此火上加油，这位候选人的情绪变得更坏，也更加气急败坏、声嘶力竭地在各种场合下为自己洗刷，谴责谣言的传播。然而，这却更使人们对谣言信以为真。最悲哀的是，连他的太太也开始转而相信谣言，夫妻之间的亲密关系被破坏殆尽。最后他失败了，从此一蹶不振。

曾经在战场所向披靡的拿破仑说过："我就是胜不了我的脾气。"可见，人往往很难战胜自己的脾气，在怒火中烧，一触即发的时刻，是否会想到"脾气来了，福气就没了"的道理？

由此我们看到脾气暴躁的人，容易迁怒周遭所有的人、事、物，这是自古而然的，所以孔子才会称赞颜回"不迁怒，不贰过"。

约翰•弥尔顿说过这样一句话："一个人如果能够控制自己的激情、欲望和恐惧，那他就胜过国王。"是的，如果我们能控制住自己的情绪，事情或许就会有另外一种结果。

莱蒙是一个牛奶供应商。一

天，店里的职员因为家里有事，需要请假，莱蒙只得自己负责外送牛奶。

忙碌了一天，莱蒙关上店门刚要离开，突然接到一个电话，是附近公寓的客人打来的，说要一箱巧克力味的牛奶，问还能不能送。莱蒙心想反正也没什么事，就答应了。

这是一栋老式公寓，没有电梯。莱蒙扛着一箱牛奶爬了6层楼，气喘吁吁地按响了客人家的门铃。开门的是一位老妇人。

老妇人看着莱蒙问道：“你来这里做什么呢？”莱蒙看了看手表，笑容可掬地回答：“送牛奶，你在二十分钟前订了一箱巧克力味的牛奶。”“哦，年轻人，你肯定是弄错了，我没有订过牛奶。”老妇人很肯定地回答。

莱蒙有些迷糊了，但他确信自己并没有记错，于是向老妇人说了一下具体地址，老妇人肯定了地址是没错，但是就是坚持着自己没要牛奶。莱蒙没有办法，又觉得没有必要和老人家有什么争辩，于是道了歉离开。

刚下楼，莱蒙的电话又响了，还是刚才的那个电话，还是要巧克力味的牛奶。这次，莱蒙很仔细地再三确定了客人的地址，他说道：“请问您是布里特太太吗？”“是的，我是。”“那好，我现在马上给您送过去。”莱蒙挂了电话又一层一层地爬到了六楼，此时，他的衣服都已经被汗水湿透了。

莱蒙很有礼貌地按响了同一个门铃。老妇人笑着打开了门，说道："年轻人，我就是布里特太太，谢谢你肯再跑一趟。"

莱蒙并没有追究那个"再"字，而是很真诚地说道："应该的，是我的原因，如果我再确认一下，可能您就记起来了，不好意思，让您又打了一遍电话，还等了这么久。"

布里特太太感动极了，她说："我之前订过其他家的牛奶，他们都是来了一次就不愿再来了，因为楼层太高，实在是不方便。我刚才是为了考验一下你，请不要介意。"

莱蒙听了，立刻谅解了老人，他说："请您放心，我一定随叫随到，如果您一时间喝不了这么多，我可以分几次给您送。"

就是因为莱蒙的这一句话，整个老年公寓的牛奶都由莱蒙专供了，赢利十分可观。

能够控制自我情绪是人与动物的最大区别之一。脾气的好坏，全在自己。只要懂得克制，脾气这匹烈马就会被紧紧牵住，无法脱缰招惹是非。但克制只是治标不治本的方法，真正的良药在于拥有一个平和的心态，只有平和才是脾气最好的转换器。

学会调节自我情绪，不要等一切都无法挽回的时候，再懊恼自己当时的所作所为。

❀愤怒，是安宁生活的阴影

有一个重要的谈判正在等着你，可交通比平时还要拥挤，车子几乎走不动，你连等了6个红绿灯，终于，你要开过去了，突然一辆卡车闯到你的前面，你狂按喇叭，那个司机回敬你一丝嘲笑，然后加大油门，飞驰而去。

在超市排队结账时，一个女顾客推着装得满满的购物车插队在你前面，你跟她理论，她却对你不理不睬，紧接着，她强壮的男朋友出现了。

你为了一个至关重要的项目辛苦几个月，而你懒散的同事却得到了提升，你的同事不仅没有对你表示感谢，还在背后嘲笑你。

遇到这些情况，相信你一定会大为光火，如果是这样，就说明愤怒的情绪已经影响到了你的生活。

如果我们的心中存在不满，就总想找地方发泄出去，而最为直接的发泄方式就是发脾气。很多人认为，发脾气是最好的发泄方式，因为如果事情一直憋在心里，很容易憋出病来。而宣泄出去了，心里就得到了放松，情绪上也会趋向平稳了。可是这样的说法是错误的。因为我们每个人都是相互影响的，一个人的怒火在发脾气中得到了释放，那么必定会有其他人受了这种不良情绪的影响，受到了委屈。如果每个人都选择用发脾气的方式来宣泄自己，那么这个世界恐怕再无和平和安宁了。

一公司老板因赶时间去公司，结果闯了两个红灯，被警察扣了驾驶执照。他感到十分沮丧和愤怒。他抱怨说：“今天真倒霉！”

到了办公室，他把秘书叫进来问道：“我给你的那五封信打好了没有？”她回答说：“没有。我……”

老板立刻火冒三丈，指责秘书说：“不要找任何借口！我要你赶快打好这些信。如果你办不到，我就交给别人，虽然你在这儿干了3年，但并不表示你将终生受雇！”

秘书用力关上老板的门出来，抱怨说：“真是糟透了！3年来，我一直尽力做好这份工作，经常加班加点，现在就因为我无法同时做好两件事，就恐吓要辞退我，真是过分！”

秘书回家后仍然在发怒。她进了屋，看到8岁的孩子正躺着看电视，短裤上破了一个大洞。愤怒之下，她嚷道：“我告诉你多少次了，放学回家不要去乱跑，你就是不听。现在你给我回房间去，晚饭也别吃了。以后3个星期内不准你看电视！”

8岁的儿子一边走

出客厅一边说：“真是莫名其妙！妈妈也不给我机会解释到底发生了什么事，就冲我发火。”就在这时，他的猫走到面前。小孩狠狠地踢了猫一脚，骂道：“给我滚出去！你这只该死的臭猫！”

从这个故事中我们看出：本来是一个人的愤怒，可是经过了多番的传递，最后竟然将怒气转嫁到了猫的身上。这只猫没有办法像人类一样发泄自己的不满，否则这样的情绪传递估计就没有尽头了。所以，在面对自己的不良情绪时，要尽可能地想办法控制，而不是直接发泄出去。

当然，这里说的“控制”，不是说让你有什么事情都不说，有什么委屈都不去申说，而是将大事化小，小事化无。试想，我们每天都会面对很多人，经历很多事情，如果别人不小心踩了自己一下，就觉得受到了莫大的委屈，之后就要发脾气，那不是太不值得了吗？

既然我们每个人都能影响别人和受别人影响，那么我们何不放下心中的怒火，给别人一片安宁呢？这样，我们从别人那里得到的，也将是一片安宁。

抑制冲动，学会忍耐

冲动是一种突发的、很难控制的情绪。但尽管如此，你也一定要牢牢控制住它。否则，一点细小的疏忽，可能贻害无穷。

有一个富人脾气很暴躁，常常得罪人，而事后又懊恼不已，所以一直想将这暴躁的坏脾气改掉。后来，他决定好好修行，改变自己，于是花了许多钱，盖了一座庙，并且特地找人在庙门口写上“百忍寺”三个大字。

这个人为了显示自己修行的诚心，每天都站在庙门口，一一向前来参拜的香客说明自己改过向善的心意。香客们听了他的说明，都十分钦佩他的用心良苦，也纷纷称赞他改变自己的决心。

这一天，他一如往常站在庙门口，向香客解释他建造百忍寺的意义时，其中一位年纪大的香客因为不认识字，向这个修行者询问牌匾上到底写了些什么。修行者回答香客，牌匾上写的三个字是“百忍寺”。香客没听清楚，于是又问了一次。这次，修行者有些不耐烦地又回答了一遍。等到香客问第三次时，修行者已经按捺不住，很生气地回答：“你是聋子啊？跟你说上面写的是‘百忍寺’，你难道听不懂吗？”

香客听了，笑着说：“你才不过说了三遍就忍受不了了，还建什么‘百忍寺’呢？”

修行者无语。

修行者修的是心宁性平，首要的就是要会忍，如果连忍都做不到，又如何称得上是修行者？因此，只有在生活中懂得控制自己的情绪，懂得平和地对待他人，才能做到百忍而不怒。

人们常说，“冲动是魔鬼”。日常生活中，许多人都会在情绪冲动时做出令自己后悔不已的事情来。因此，学会有效管理和调控自己的情绪，是一个人走向成熟的标志，也是职场上迈向成功的重要基础。

业绩优秀的员工和业绩一般的员工，在“情绪控制能力”方面有明显差异，心理特征对能否胜任某一岗位甚至起决定性作用。近两年，美国心理学界也在进行相关的“情绪管理”研究。研究表明，能够控制情绪是大多数工作的一项基本要求，在管理、服务行业更是如此。同样，在中国这样一个自古讲究“君子之交”的社会中，学会自我调节，是保持良好人际关系，获取成功的一个重要条件。

《黄帝内经》中说，人有七情六欲，喜伤心，怒伤肝，忧伤肺，思伤脾，恐伤肾。可见，情绪反应是人们正常行为的一方面，但用情过度却会伤害身体。很少有人生来就能控制情绪，但日常生活中，人们应该学着去适应。

人不可能永远处在好情绪之中，生活中既然有挫折、有烦恼，就会有消极的情绪。一个心理成熟的人，不是没有消极情绪，而是善于调节和控制自己的情绪。

冲动的情绪其实是最无力的情绪，也是最具破坏性的情绪。许多人都会在情绪冲动时做出使自己后悔不已的事情来，因此，应该采取一些积极有效的措施来控制自己冲动的情绪。

（1）首先，调动理智控制自己的情绪，使自己冷静下来。在遇到较强的情绪刺激时应强迫自己冷静下来，迅速分析一下事情的前因后果，再采取表达情绪或消除冲动的“缓兵之计”，尽量不使自己陷入冲动鲁莽、简单轻率的被动局面。比如，当你被别人无聊地讽刺、嘲笑时，如果你顿显暴怒，反唇相讥，则很可能引起双方争执不下，怒火越烧越旺，自然于事无补。但如果此时你能提醒自己冷静一下，采取理智的对策，如用沉默为武器以示抗议，或只用寥寥数语正面表达自己受到的伤害，指责对方无聊，对方反而会感到尴尬。

（2）用暗示、转移注意法。使自己生气的事，一般都是触动了自己的尊严或切身利益，很难一下子冷静下来，所以当你察觉到自己的情绪非常激动，眼看控制不住时，可以及时采取暗示、转移注意等方法自我放松，鼓励自己克制冲动。言语暗示如“不要做冲动的牺牲品”“过一会儿再来应付这件事，没什么大不了的”等，或转而去做一些简单的事情，或去一个安静平和的环境，这些都很有效。人的情绪往往只需要几秒钟、几分钟就可以平息下来。但如果不良情绪不能及时转移，就会更加强烈。比如，忧愁者越是朝忧愁方面想，就越感到自己有许多值得忧愁的理由；发怒者越是想着发怒的事情，就越感到自己发怒完全应该。根据现代生理学的研究，人在遇到不满、恼怒、伤心的事情时，会将不愉快的信息传入大脑，逐渐形成神经系统的暂时性联系，形成一个优势中心，而且越想越巩固，日益加重；如果马上转移，想高兴的事，向大脑传送愉快的信息，争取建立愉快的兴奋中心，就会有效地抵御、避免不良情绪。

（3）在冷静下来后，思考有没有更好的解决方法。在遇到冲突、矛盾和不顺心的事时，不能一味地逃避，还必须学会处理矛盾的方法。

只要你领悟了人类情绪变化的奥秘，对于自己千变万化的情绪，你不再听之任之。你已经知道，只有积极主动地控制情绪，才能掌握自己的命运。

你控制自己的情绪，你掌握自己的命运，你就能成为世界上最伟大的成功人士！

控制愤怒情绪

常言道：忍一忍，风平浪静；退一步，海阔天空。不必为一些小事而斤斤计较。人们不提倡无原则的让步，但有些事也没必要“火上浇油”，否则只会使事情更糟，只会破坏你跟别人的感情。

有一家电脑公司，赶了一批货交给一家新开发的客户，交货之后，却迟迟不见客户将货款汇来。等了两个星期后，老板亲自到客户的公司拜访。老板在该公司等了很长一段时间之后，得到一张可立即兑现的现金支票。

老板拿着现金支票赶到银行，但是柜台小姐告诉他，这个账户内的存款不足，他的支票根本无法兑现。老板明白是那个客户故意耍诈，想刁难他，原本他想立刻冲回客户的公司和他大吵一架。但是，这个老板一向秉持着“和气生财”的经营原则，所以他压下自己的怒气，向银行的柜台小姐询问这张支票为什么无法兑现，到底差了多少钱。由于老板的态度很诚恳，柜台小姐也很热心地帮他查询。查询的结果是，户头内只剩下98000元，跟他的支票金额只差2000元。

正如老板所料，这个客户是存心和他过不去。老板灵机一动，从身上拿出2000元，请柜台小姐帮他存到客户的账号里，补足支票的面额10万元后，再将支票轧进去。这样，他就顺利地领到货款了。

其实，这位老板完全可以理直气壮、怒气冲冲地跑到客户的公司去抱怨，但是他没有这么做。因为他知道，要是他这么做，不但浪费自己的时间，而且会因此永远失去这个客户。所以，他把时间花在解决问题上，而不用来制造新的问题，用理智而不是情绪去处理问题。

想要很好地控制自己的情绪，可以从以下几个方面入手：

1.深呼吸

从生理上看，愤怒需要消耗大量的能量，你的头脑此时处于一种极度兴奋的状态，心跳加快，血液流动加速，这一切都要求有大量的氧气补充。深呼吸后，氧气的补充会使你的躯体处于一种平衡的状态，情绪会得到一定程度的抑制。虽然你仍然处于兴奋状态，但你已有了一定的自控能力，数次深呼吸可使你逐渐平静下来。

2.理智分析

你将要发怒时，心里快速想一下：对方的目的何在？他也许是无意中说错了话，也许是存心想激怒别人。无论哪种情况，你都不能发怒。如果是前者，发怒会使你失去一位好朋友；如果是后者，发怒正是对方所希望的，他就是要故意毁坏你的形象，你偏不能让他得逞！这样稍加分析，你就会很快控制住自己。

3.寻找共同点

虽然对方在这个问题上与你意见不同，但在别的方面你们是有共同点的。你们可搁置争议，先就共同点进行合作。

4.回想美好时光

想一想你们过去亲密合作时的愉快时光，也可回忆自己的得意之事，使自己心情放松下来。如果你仅仅因为一个信仰上的差异而想动怒，你不妨把思绪带到一个令人愉快的天地里：美丽的海滩、柔和的阳光、广阔的大海……你会觉得，人生是如此美好，大自然是如此包罗万象，人也应该有它那样的博大胸怀，不能执着于蝇头小利……想到这些，你就容易克制自己的怒气了。

在怒火中放纵，无异于燃烧自己有限的生命。人生苦短，值得我们用心去体验的东西实在太多，耗费时间和精力去生气，可以算是真正的愚行。其实，人生多一点豁达，多一点宽容，多一点感悟，多一点理性，愤怒的情绪便会像一杯清净的水，倒地化为虚无。

PART

02

停止抱怨：改变不了世界，就改变自己

消除抱怨，让心情更美好

幸福是一种感觉，虽然有外在的因素，但更多地取决于自己的内心。

一位少妇，回家向母亲倾诉，说婚姻很是糟糕，丈夫既没有很多的钱，也没有好的职业，生活总是周而复始，单调无味。母亲笑着问，你们在一起的时间多吗？女儿说，太多了。母亲说，当年，你父亲上战场，我每日期盼的，是他能早日从战场上凯旋，与他整日厮守，可惜——他在一次战斗中牺牲了，再也没能回来。我真羡慕你们能够朝夕相处。母亲沧桑的老泪一滴滴掉下来，渐渐地，女儿仿佛明白了什么。

不要等失去了，才想到他的珍贵，我们总是会犯这样的错误，对自己所拥有的不好好珍惜。

一群男青年，在餐桌上谈起自己的老婆，说总是被老婆管束得太严，几乎失去了自由，边说边生出大丈夫的凛然正气，狂饮如牛，扬言回家要和老婆斗争。

邻桌的一位老叟默默地听了，起身向他们敬酒，问：“你们的夫人都是本分人吗？”男青年们点头。老叟叹了一口气：“说，我爱人当年对我也是管得太死，我愤然离婚，以至于她后来抑郁而终，如果有机会，我多希望能当面向她道一次歉，请求她时时刻刻地看管着我。小伙子们，好好珍惜缘分呀！”男青年们望着神色黯然的老叟，沉默不语，若有所悟。

一位干部，因为人员分流，从领导岗位上退了下来，一时间萎靡不振，判若两人。妻子劝慰他：“仕途难道是人生的最大追求吗？你至少还有学历还有专业技术呀，你还可以重新开始你的新事业呀，你一直是个善待生活的人，我们并不会因为你做不做领导而对你另眼相待，在我的眼里，你还是我的丈夫，还是孩子的父亲，我告诉你亲爱的，我现在甚至比以前更加爱你。”丈夫望着妻子，久久不语，眼里闪烁着晶莹的光泽。

一位盲人，在剧院欣赏一场音乐会，交响乐时而凝重低缓，时而明快热烈，时而浓云蔽日，时而云开雾散，盲人惊喜地拉着身边的人说：“我看见了，看见了山川，看见了花草，看见了光明的世界和七彩的人生……”

一个听力失聪的孩子，在画展上看到一幅幅作品，他仔细地看着，目不转睛，神情专注，他忽然转身，微笑着大声对旁边的父母说：“我听到了，听到了小鸟在歌唱，听到了瀑布的轰鸣，还有风儿呼啸的声音……”

一位病人，医生郑重地告诉他，手术成功，化验结果出来了，从他腹腔内摘除的肿瘤只是一般的良性肿瘤，经过一段时间的疗养便可康复出院，并不危及生命。他顿时满面春风，双目有神，紧紧地握着医生的手，激动地说：“谢谢，谢谢，是你们给了我第二次生命……”

幸福在哪里？带着这样的问题，芸芸众生，茫茫人海，我们在努力寻找答案。其实，幸福是一个多元化的命题，我们在追求着幸福，幸福也时刻地伴随着我们。只不过，很多时候，我们身处幸福的山中，从远近高低的角度看到的总是别人的幸福风景，自己却总是处于无休止的抱怨中，往往没有悉心感受自己所拥有的幸福天地。

日常生活中，常有父母抱怨孩子们不听话，孩子们抱怨父母不理解他们，男朋友抱怨女朋友不够温柔，女孩子抱怨男孩子不够体贴；工作中，也常出现领导抱怨下级工作不得力，而下级抱怨上级不够理解，不能发挥自己的才能。总之，对生活永远是一种抱怨，而不是一种感激。他们只是在意自己没有得到的好处，却不曾想别人付出了多少。

如果一个人不能够经受生活的考验，感受这个世界的美好，心胸只能容得下私利，那他就得不到幸福。父母的养育，师长的教诲，配偶的关爱，他人的服务，大自然的慷慨赐予……你从出生那天起，便沉浸在恩惠的海洋里。只有你真正明白了这些，你才会感恩大自然的福佑，感恩父母的养育，感恩社会的安定，感恩食之香甜、衣之温暖……就连对自己的敌人，也不忘感恩，因为真正促使自己成功，使自己变得机智勇敢、豁达大度的，不是顺境，而是那些常常置自己于死地的打击、挫折和对立面。

放下抱怨，学会感恩，你就能亲吻幸福！

别为失败找借口

生活、工作和学习中，你是否常常看到这样一些借口？

如果上班迟到了，会有“路上堵车”“手表慢了”的借口；考试不及格，又会有“出题太偏”“复习不到位”“题量太大”的借口；工作完不成，则有“工作太繁重”的借口。只要细心去找，借口总是有的，而且以各种各样的形式存在着。

许多人的失败，也是因为这些借口。不可否认，许多借口也是合理的，但是恰恰就是因为这些合理的借口，人们心理上的内疚感才会减轻，汲取的教训也就不会那么深刻，争取成功的愿望就变得不那么强烈，人也就会疏于努力，成功擦肩而过了。

仔细想想，很多时候我们的失败不就是与找借口有关吗？

不愿意承担责任，处处为自己开脱，或是大肆抱怨、责怪，认为一切都是别人的问题，自己才是受害者……

有一名年轻女子，她常常抱怨自己的母亲如何影响她的一生。原来这个女孩还很小的时候，父亲因病去世，守寡的母亲只得外出工作，以维持生活并教育年幼的女儿。由于这位母亲能干又肯努力，因此后来成为极有成就的女实业家。她细心照护女儿，让女儿接受最好的教育，但结果却并不尽如人意：她的女儿把母亲的成功视为自己最大的障碍！

这名可怜的女孩子宣称：自己的童年完全被毁坏了，因为她随时处在一种“与母亲竞争”的生活状况里。她的母亲疑惑不解地说道：“我实在不了解这孩子。这么多年来，我一直努力工作，为的就是想给她一个比我更好的机会，创造更好的条件。但实际上，我只是给她增添了一种压力。”

由“不足感”而造成的心理不平衡所引致的抱怨，多数是一个人对所面临的问题欠缺积极应对的心理状态，或愤怒被压抑后的失衡心理状态引发的情绪行为。没有安全感、质疑自己的重要性、不确定自我价值的人，产生抱怨情绪的可能性会相对高一些。他们可能会昭告自己的成就，希望看到听者眼中投射出赞赏的目光；他们也会抱怨自己遭逢的困难，以博取同情或是把它当作借口，以逃避自己向往却没有完成的目标。

这样找借口的人往往把所有问题都归结在别人身上：“为什么我没有成功？那是因为工作不好、环境不好、体制不好。”“为什么我生活得不好？那是因为家庭不好、朋友不好、同事不好。”“为什么我会迟到？那是因为交通拥挤，睡眠不好，闹钟出了问题。”……可以想到，一旦有了“借口”，似乎就可以掩饰所有的过失和错误，就可以逃避一切惩罚。但是，这样不断地找无谓的借口，你永远也不可能改进自己。相反地你不断地找借口，糟糕的结果也就不断地发生，你的生命也就会不断地出现恶性循环。

要知道常常找借口的人是很难获得成功的。你尽可以悲伤、沮丧、失望、满腹牢骚，尽可以每天为自己的失意找到一千一万个借口，但结果是你自己毫无幸福的感受可言。你需要找到方法走向成功，而不要总把失败归于别人或外在的条件。因为成功的人永远在寻找方法，失败的人永远在寻找借口。

“没有任何借口”，让你没有退路，没有选择，让你的心灵时刻承载着巨大的压力去拼搏，去奋斗，置之死地而后生。只有这时，你内在的潜能才会最大限度地发挥出来，成功也会在不远的地方向你招手！

成功的人是不会随便寻找任何借口的，他们会坚毅地完成每一项简单或复杂的任务。一个成功的人就是要确立目标，然后不顾一切地去追求目标，并且充分发挥集体的智慧力量，最终达到目标，取得成功。

别让抱怨成为习惯

琐碎的日常生活中，每天都会有很多事情发生，如果你一直沉溺在已经发生的事情中，不停地抱怨，不断地自责下去，你的心境就会越来越沮丧。只懂得抱怨的人，注定会活在迷离

混沌的状态中，看不见前方亮着一片明朗的人生天空。

有时候，人生就是这样，你坦然面对，却突然发现原来的事情都不算是事儿了。所以要学会控制自己的情绪，跟家人和朋友一起，享受坦然的生活，追逐自然的幸福。

美国小说家邓肯有这样一位朋友：家庭生活条件很好，但是有一个使人很不舒服的习惯——爱抱怨。

在邓肯的印象里，他这位朋友好像从来就没有顺心的事，什么时候与他在一起，都会听到他在不停地抱怨。高兴的事他抛在了脑后，不顺心的事他总挂在嘴上。每次见到邓肯就抱怨自己的不如意，结果把自己搞得很烦躁，同时也把邓肯搞得很不安，邓肯甚至不愿见到他。

你周围有没有这样的朋友？他每天都会有许多不开心的事，他总在不停地抱怨。其实，他所抱怨的事也并不是什么大不了的事，而是一些日常生活中经常发生的小事情。

我们经常会碰到一些人，罗列一堆困难、一堆问题，列完之后把自己给吓住了，然后再往下，做不成了，开始替自己辩解，最后开始抱怨，抱怨制度、抱怨资源……任何事都是别人的错，任何不利于自己的东西都是他抱怨的对象。

抱怨在职场跟婚姻当中都是不太好的习惯，任何人也都不愿意成为一个喜欢抱怨的人，抱怨是在他们多次按常态去应对某些问题并且无效后，对解决问题的对象失去信心但又不甘心的状态下所表现出来的情绪行为。

而当这种情绪、抱怨的行为日复一日地被重复，就会形成惯性。一旦惯性形成，他们对问题的看法就会转向消极方向，解决问题的动力就会变异成阻力。

抱怨的人开始时的动机是希望事情被改变，不一定是想卸掉自己的责任。但当事情被忽略、被冷冻、被打压之后，就会异变成抱怨。从心理学上讲，“抱怨的人不希望事情完全改变，他们只是为了卸掉自己的责任罢了。”其实这样的讲法并不客观，他们只是没能抓住解决问题的关键点以使现状能够得到改善。

抱怨是一种习惯性的情绪行为，不要说抱怨是个性。因为一旦被认同是“个性”，那它就是“我”与生而来的东西，所以“我”是不会去改的。这也是抱怨会这么容易像“病毒”一样流行的原因。

我们与其抱怨生活的不如意，倒不如切切实实地为自己寻找多一些的快乐。其实，快乐是心病的一剂良药，离苦得乐，是人最本质的需要。快乐很简单，它与一个人的财富、地位、名气无关，它不需要大量的金钱去支撑，也不需要以名气为后盾，更不需要乌纱帽来提携。相反，快乐只与一个人的内在有关，物质财富的获得可能让人获得快乐，可是处理不当则会成为人生的负累，生活从此远离快乐，永无宁日。别让生活的不如意吞噬掉原本的快乐，淡然一些，才是好的。

远离抱怨，路会越走越宽

亨利•福特说：“别光会挑毛病，要能寻找改进之道。”抱怨只能使自己悲观失望，丝毫无助于问题的解决。人悲伤时想哭，而哭会使你更加悲伤。要想走出这个怪圈，你必须首先平和心态，放弃抱怨，用解决问题的态度思考问题。

14世纪，蒙古皇帝莫卧儿在一次战败后，自己蜷缩在一个废弃的马房的食槽里，垂头丧气。这时，他看到一只蚂蚁扛着一粒玉米，在一堵垂直的墙上艰难地爬行。玉米粒比蚂蚁的身体大许多，蚂蚁爬了69次，每次都掉下来。当尝试第70次时，蚂蚁终于扛着玉米爬上墙头。莫卧儿大叫一声跳起来！蚂蚁失败了这么多次，都没有抱怨，反而还一次又一次地挑战。那我还有什么理由抱怨上帝不公？莫卧儿后来重整旗鼓，后来终于打败了敌人。

有位哲人曾经忠告世人：“生命中最重要的一件事情，就是不要拿你的收入来当资本。任何傻子都会这样做。真正重要的是要从你的损失中获利。这就必须有才智才行，也正是这一点决定了傻子和聪明人之间的区别。”

所以不要抱怨，用实干来证明自己是一个聪明人吧。

100多年前，美国费城的6个高中生向他们仰慕已久的一位博学多才的牧师请求：“先生，您肯教我们读书吗？我们想上大学，可是我们没钱。我们中学快毕业了，有一定的学识，您肯教教我们吗？”

这位牧师答应教这6个贫家子弟，同时他又暗自思忖：“一定还会有许多年轻人没钱上大学，他们想学习但付不起学费。我应该为这样的年轻人办一所大学。”

于是，他开始为筹建大学募捐。当时建一所大学大概要花150万美元。

牧师四处奔走，在各地演讲了5年，恳求大家为出身贫穷但有志于学习的年轻人捐钱。出乎他意料的是，5年的辛苦筹募到的钱还不足1000美元。

牧师深感悲伤，情绪低落。当他走向教堂准备下礼拜的演说词时，低头沉思的他发现教室周围的草枯黄得东倒西歪。他便问园丁：“为什么这里的草长得不如别的教堂周围的草呢？”

园丁抬起头来望着牧师回答说：“噢，我猜想你眼中觉得这地方的草长得不好，主要是因为你把这些草和别的草相比较的缘故。我们常常是看到别人美丽的草地，希望别人的草地就是我们自己的，却很少去整治自家的草地。”

园丁的一席话使牧师恍然大悟。他跑进教堂开始撰写演讲稿，他在演讲稿中指出：我们大家往往是让时间在等待观望中白白流逝，却没有努力工作使事情朝着我们希望的方向发展。

抱怨只会让机会白白流失，实干才能成功。下面的故事能够让我们更清楚地了解到，机会来自实干而不是抱怨。

1832年，有一个年轻人失业了。他却下决心要当政治家，当州议员，糟糕的是，他竞选失败了。在一年里遭受两次打击，这对他来说无疑是痛苦的。他又着手办自己的企业，可一年不到，这家企业就倒闭了。在之后的17年里，他不得不为偿还债务而到处奔波、历尽磨难。

此间，他再一次决定竞选州议员，这次他终于成功了。他认为自己的生活可能有了转机，可就在离结婚还差几个月的时候，他的未婚妻不幸去世。他心力交瘁，卧床不起，患上了严重的神经衰弱症。

1838年，他觉得身体稍稍好转时，又决定竞选州议会长，可他失败了；1843年，他又参加竞选美国国会议员，但这次仍然没有成功……

试想一下，如果是你处在这种情况下会不会放弃努力呢？他一次次地尝试，一次次地失败：企业倒闭，爱人去世，竞选败北。要是你碰到这一切，你会不会放弃你的梦想？他却没有放弃，也始终没有质疑：要是失败会怎样。1846年，他又一次参加竞选国会议员，终于当选了。

在之后的日子里，他仍在失败中奋起，一次又一次地努力。最后，1860年，他当选为美国总统。他就是亚伯拉罕•林肯。

林肯一直没有放弃自己的追求，一直在做自己生活的主宰，他用实干的精神迎来了成功。他以自己的经历告诉我们：成功不是运气和才能的问题，关键在于适当的准备和不屈不挠的决心。面对困难，不要抱怨，不要逃避，而应该勇敢地去面对，付出更多的努力和汗水来换取甘甜的美酒。

删除抱怨，拥抱快乐

生活中有很多人喜欢抱怨，他们抱怨家人、抱怨朋友、抱怨上司、抱怨同事，仿佛只要与他们有接触的事或人，他们都无一例外地抱怨，他们因为这些抱怨每天都在灰暗的心情中度过。其实这些抱怨不仅给他们自身带来伤害，还会伤害他人。

在抱怨中，每个人都不再轻松，所以，我们要把不满的情绪、抱怨的语言在心中化解，我们要明白生活不仅有苦难、残缺，还有幸福和美好。

抱怨似乎是一种很普遍的情况，它也很容易传染，而且当事人让别人感染上此病后却浑然不知。人似乎天生就有一种抑强扶弱、劫富济贫的心态，对那些超越我们、管理我们的人天生有一种抵触情绪。很多人会不自觉地认为，富人之所以富有，是缘于对穷人的剥削。直到今天，这种财富的原罪始终没有从人们的头脑中消除。

两个有着特殊背景的人都有着亚洲血统，后来都被来自欧洲的外交官家庭收养。两个人都上过世界有名的学校。但他们两个人之间存在着不小的差别：其中一位是40岁出头的成功商人，他实际上已经可以退休享受人生了；而另一个是学校教师，收入低，并且一直觉得自己很失败。

有一天，他们一起去吃晚饭。晚餐在烛光映照中开始了，他们开始谈论在异国他乡的趣闻轶事。随着话题的一步步展开，那位学校教师开始越来越多地讲述自己的不幸：她是一个怎样可怜的亚细亚孤儿，又怎样被欧洲来的父母领养到遥远的瑞士，她觉得自己是怎样的孤独。

开始的时候，大家都表现出同情。随着她的怨气越来越重，那位商人变得越来越不耐烦，终于忍不住制止了她的叙述："够了！你一直在讲自己有多么不幸。你有没有想过如果你的养父母当初在成百上千个孤儿中挑了别人又会怎样？"学校教师直视着商人说："你不知道，我不开心的根源在于……”然后接着描述她所遭遇的不公正待遇。

最终，商人说：“我不敢相信你还在这么想！我记得自己25岁的时候无法忍受周围的世界，我恨周围的每一件事，每一个人，好像所有的人都在和我作对似的。我很伤心无奈，也很沮丧。我那时的想法和你现在的想法一样，我们都有足够的理由抱怨。”他越说越激动，“我劝你不要再这样对待自己了！想一想你有多幸运，你不必像真正的孤儿那样度过悲惨的一生，实际上你接受了非常好的教育。你负有帮助别人脱离贫困旋涡的责任，而不是找一堆自怨自艾的借口把自己围起来。在摆脱了顾影自怜，同时意识到自己究竟有多幸运之后，我才获得了现在的成功！”

如果你还有时间进行抱怨，那么你就有时间把工作做得更好；如果你已觉得抱怨无济于事，你就应该去寻找克服困难、改变环境的办法；如果你认为抱怨是一种坏习惯，你就应该化抱怨为抱负，变怨气为志气。

世界是美丽的，世界也是有缺陷的；人生是美丽的，人生也是有缺陷的；工作是美丽的，工作也是有缺陷的。因为美丽，才值得我们活一回；因为有缺陷，才需要我们弥补，需要我们有所作为。

保持一颗平常心，不被生活中的琐事侵扰。有些朋友的抱怨常常来自生活中的琐碎之事，凡事过于较真儿，斤斤计较，常常搞得自己疲惫不堪。对于这些琐碎之事，我们还是置之不理为佳。一位哲人说得好：如果你被疯狗咬了，难道非要把侵犯你的疯狗也反咬一口吗？所以，遇事要有一种平和的心态，这样才能生活得更加理智，从而减少不必要的抱怨和牢骚。

命运厚爱那些不抱怨的人

日常生活中，经常见到一些人对自己身边的任何事情都不满——工作不如意、钱赚得没有别人多、别人比自己幸运等，仿佛抱怨已经成了生活中必不可少的一种行为。但事实上，一旦形成了这种抱怨的思维定式，喜欢抱怨的人对问题的看法就会偏向消极方向，解决问题的动力就会变异成实施解决方法的阻力。

露西小姐是一家报社的记者，10多年过去了，一直没

有发展的机会，职位和薪水也不是很理想。有一段时间，她甚至想辞职。但是，又害怕辞职后找不到合适的工作，就得面临失业的问题，犹豫一番后，最终还是安慰自己：算了吧！就这样混下去吧，到了别的公司也一样。

有一天，她和一个朋友去聚会，又在餐桌上抱怨自己的工作环境。这位朋友一脸严肃地说："造成现在这种情况，你思考过原因吗？你尝试过了解你的工作，让自己从内心深处对这份工作真正感兴趣，并喜爱它吗？你是否真正在工作中，把它当成一项伟大的事业而努力过呢？你如果仅仅是因为对现在的工作职位、薪水感到不满而辞去工作，就不会有更好的选择，稍微忍耐一下，转变你的态度，试着从现在的工作中找到价值和乐趣，你会有意外的发现和收获。假如你这样努力尝试过之后，依然没有变化，再辞职也不迟。"

这位朋友的话让露西深有感触，她试着让自己重新开始，以积极的态度处理自己的工作。结果，感觉和效果完全不同，不满的情绪也渐渐消失了，在工作中渐渐有了一种留恋的感觉。因此，她的工作才华得到了极大的展示，她也很快受到上司的提拔和重用。

其实，无休止地抱怨对自身是一种伤害。露西小姐因为抱怨而无法把全部精力投入到工作中，以致10多年过去了，仍然没有什么发展机会。致使她发生这种情况的不是外部环境，而是她没有把自己的心放到一个端正的位置上，当她听取朋友意见，改变态度，积极应对工作后，很快就受到了上司的重用。这说明，职位和薪水的高低不是影响人发展的必然因素，而好的工作态度会影响一个人的职业生涯。

毫无怨言地工作，使人能够激发出内心的力量，这样便会在工作中拥有双倍甚至更多的智慧和激情，让人积极主动且卓有成效地完成工作。反之，当抱怨成为一种习惯，人会很容易发现生活中负面的东西，加以放大，甚至身边人一个眼神、一句话都可以让他浮想联翩，进而感慨自己生存艰难，倾诉得越发声情并茂，也就越发使情绪"黑云压城城欲摧"，越来越焦虑。

毫无怨言的员工能够全心全意地工作：别人抱怨困难多的时候，他们在解决问题；别人抱怨工作环境差的时候，他们在研究如何提高工作效率；别人抱怨薪水低的时候，他们在加班加点地解决问题。下文中的老王就是这样的人。

老王是个挑料工，他的工作很重要，他工作速度的快慢直接影响工作进程，如果处理不好，就会影响包装质量。虽然厂里对挑料工并没有技术要求，但是他总是严格要求自己，他工作得不仅快而且干净利落，任何问题都逃不过他的眼睛，有时，机器发生故障，剪出的料切头多又不齐，他总是一边沉着冷静地指挥操作台，一边又眼疾手快地挑料，既不影响上道工序的进行，又为下道工序打好了基础。老王对待工作始终是任劳任怨，一个班八小时，他从来不肯休息，组长替他时，他总是三个字"我不累"。

一次，机器检修两小时，班长召集大家临时开会，这时却不见了老王的身影。厂房里空无一人，只听见静静的厂房里冷床处传来"咚、咚"扔东西的声音，大家走近一看，只见老王穿着雨鞋正钻在又热又脏的机床下面收拾切头和废钢，汗水和油污挂满了他的脸，他却根本没有察觉。老王默默无闻、任劳任怨地在平凡的岗位上奉献着。

对于一个优秀的人来说，工作从来是哪里需要到哪里，对又脏又差的环境也毫无怨言，工作需要永远是激励他出发的号角，他的工作也往往会受到大家的尊重。

如果你想在工作中做出成绩，如果你想受到上司的提拔重用，如果你想得到大家的尊重，那么，停止抱怨，立即工作，哪里需要去哪里。闷头工作一段时间，你就会感觉，原来，工作是一件如此有意义的事。

人与人之间的差别，在任何国家、任何社会、任何时代都存在。造成这种差别的原因，并非外在条件的不同，而是自我经营的不同。我们对于任何生活情形、工作，都必须坦然接受，多责怪自己，少抱怨环境，自己想要成功的愿望才能得以实现。

PART

03

清除焦虑：别让压力毁了你

产生焦虑情绪的原因

如一个人乘坐的汽车突然发生车祸，虽然自己没有受伤，感到侥幸、宽慰，但事后一想到这件事，心里就发抖，这就是人们常说的“后怕”，也就是焦虑。一个人面临会见重要人物、登台表演、等待可能来的空袭警报时都可能产生焦虑。

在这个时候，他常常有一种说不出的紧张与恐惧，或难以忍受的不适感，主观感觉多为：心悸、心慌、忧虑、担心、愣神、沮丧、灰心、自卑。但自己又无法加以克服，整日忧心忡忡，似乎感到灾难临头，甚至还会担心自己可能会因失去控制而精神错乱。患者在情绪上整天愁眉不展、神色抑郁、面孔紧绷，似乎有无限的忧伤与哀愁。记忆力衰退，兴趣索然，注意力涣散。在行为方面，常常坐立不安，走来走去，抓耳挠腮，不能安静下来。

心理学研究表明，导致焦虑的原因既有心理的因素，又有生理因素的参与，同时，人的认知功能和社会环境也起重要作用。

研究发现，焦虑者及其亲属一般多具有焦虑性格，即易焦虑、易怒、胆小怕事、谨小慎微、情绪不稳、缺乏安全感、自信心不足等。由于这种性格的原因，这种人即使遇到细小的事情也往往不能适应，面对轻微的挫折或身体不适就出现过度的紧张，以致逐渐产生焦虑。

人们为什么面临如此众多的焦虑？从自然界、社会、人的心理和认识活动以及人体特征来分析，这些原因可以概括为：

1.在工作、生活健康方面均追求完美化

生活稍不如意，就十分遗憾，心烦意乱，长吁短叹，老担心出问题，惶惶不可终日。须知，世间只有相对完美，绝无绝对完美；世界及个体就是在不断纠正不足、追求真善美中前进。应该“知足常乐”“随遇而安”，绝不做追名逐利的奴隶，为自己设置太多精神枷锁，让自己太累，把生命之弦拉得太紧。

2.没有迎接人生苦难的思想准备，总希望一帆风顺

正如宇宙的自然规律一样，人生自始至终，都充满了矛盾，绝无世外桃源。人一降临人间，就会面临各种各样的磨难。没有迎接苦难的思想准备的人，一遇到困难，就会惊慌失措，怨天尤人，大有活不下去之感。其实，“吃得苦中苦，方为人上人”，要学会解决矛盾并善于适应困境。

3.意外的天灾人祸

破产、毁灭或死亡会引起紧张、焦虑和失落感，甚至绝望，认为一切都完了，等等。假如碰到意外不幸，建议你正视现实，不低头，昂起头，挣扎着前进。灾难是会有尽头的，忍耐下去，一定会走出暂时的困境。有时会“山重水复疑无路，柳暗花明又一村”，出现“绝处逢生”的局面。有时乍看起来是件祸事，过后说不定又是一件好事。人生就是这样包含着“祸兮福所倚，福兮祸所伏”，好与坏，幸与不幸的辩证关系。

4.神经质人格

这类人的心理素质差，对任何刺激均敏感，一触即发，对刺激做出不相应的过强反应。承受挫折的能力低，自我防御本能过强，甚至无病呻吟，杞人忧天。他们眼中的世界，无处不是陷阱，无处不充满危险。他们整日提心吊胆，脸红筋涨，疑神疑鬼。如此心态，怎能不焦虑？

焦虑紧张时，不要迁怒他人。没有什么事会比迁怒他人更损害自己的。因为，这只会导致更严重的情绪紧张。紧张时更应该注意多休息。不管白天的精神压力如何，夜晚的时候，无论如何要让自己保持心境平和，因为紧张会导致失眠，精神会因之更加紧张。

学会给自己减压

一位大企业的销售部经理，能力极强，也能适应高强度的工作。但他老担心自己的行业会出现泡沫经济，一旦崩溃，优越的地位、高额的收入将化为乌有；又担心自己已步入中年，那么多后生、小辈、新秀都生机勃勃，怎么保住自己的宝座

啊？他整天忧心忡忡，似乎世界末日即将来临。

一名成绩平平的中学生，由于高考压力、早恋等，觉得自己快要垮了。他在日记中写道：“人为什么要活着，活着能不能为自己……活着是为了别人……”

这些例子里的主人公都是低情商者，他们给自己压力使自己痛苦。其实压力和坏情绪都是自己给的。要随时给自己减压，人生才能真正轻松。

一个小女孩趴在窗台上，看窗外的人正埋葬她心爱的小狗，不禁泪流满面，悲痛不已。她的外祖父见状，连忙引她到另一个窗口，让她欣赏他的玫瑰花园。果然小女孩的心情顿时明朗。老人托起外孙女的下巴说：“孩子，你开错了窗户。”

女孩情绪低落是因为她开错了窗户。压力大、情绪低落，是因为你看到的都是压力和负面的东西，换一种思路，变一种视角，就会发现，原来压力都是自己给的。

压力其实是一个过度使用的字眼。我们通常为必须承受最大压力的角色而竞争，并且因人们知道我们正处在压力之下而高兴。事实上，我们倾向于夸大我们所承受的压力又或者在无形中给自己增加压力。

一位学者说：“当压力来临时，懂得减压的人才是高情商的人。”因此，要正确地看待压力，管理好自己的情绪。有很多人面对压力不是迎难而上，而是闹情绪，向别人抱怨，整天闷闷不乐。其实没有必要，你完全可以控制自己的情绪，把这些不必要的想法放在一边，集中精力做重要的事情，这样问题就会一点一点地解决。几乎所有的困难、挫折和不幸都会给人带来心理上的压力和情绪上的痛苦，都会使人面临前进与后退、奋起与消沉的困惑，而关键则在于你是否能控制这种情绪，驾驭你心理上的压力。其实，只要做好自我调节，适当减压，摆正自己的位置，不过高要求自己，也不低估自己的能力，放宽心，多运动，就可以轻松生活。以下介绍几种减压的方法：

1.户外活动

如果你实在感到压力无处不在，令你喘不过气来，那么选择周末去郊外活动活动吧，可以约上三两知己一起行动，一方面互谈人生，大吐工作中的苦水，另一方面尽情地享受户外清新的空气和美丽的田园景色。让该死的压力滚到一边去吧。

2.养宠物

回家后，让一只可爱的宠物帮助你忘却压力，再没有比这更好的方法了。科学家认为，养一只狗或是猫确实有好处。抚摸宠物会帮助你降低血压和减缓压力——对于人和动物都一样。当然，对某些人来说，养小猫小狗本身就是一种压力。如果你不喜欢宠物，也可以试着养一对金鱼。研究表明，仅仅是看着鱼在水草中游动，也能使人放松和减轻压力。

3.影视治疗

看电影也是一个很不错的减压方法。有空去电影院看电影是很好的选择。如果觉得自己一肚子的委屈没有地方可以发泄，选一部悲剧片来看看吧，或者在心情烦躁时去看一些喜剧片，“笑一笑，十年少”，压力，在笑声中会消失不见！

4.音乐治疗

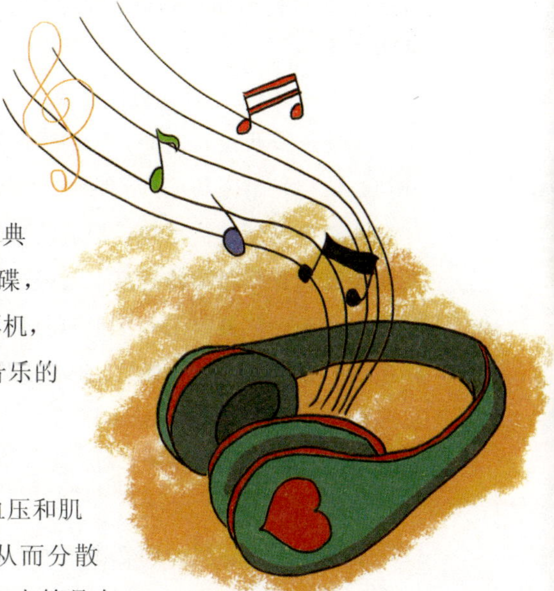

音乐具有安定情绪和抚慰的功效。想尽情地发泄一番，那就听一听摇滚乐吧！想理清一下情绪，那就听听古典音乐吧！买上一两张新碟，把自己关在房间里戴上耳机，你就可以尽情地沉浸在音乐的王国里了。

5.开怀大笑

大笑会使人心脏、血压和肌肉的紧张感得到舒缓，从而分散压力。科学家已经发现，大笑具有与有氧健身法相同的功效。当人们笑的时候，其心跳、血压和肌肉的紧张度都会明显上升，接着会降至原先的水平之下。不要犹豫，笑会使人更加放松。

压力其实不是一种客观事实，而是一个主观感受。相同的事在不同的人眼中，会产生完全不同的感受。同样的事在同一个人身上，也可以随着环境、时间转变，而产生不同程度的压力。例如你第一次参加面试时，会紧张得气也喘不过来，但当第十次、第二十次时，你就可不费吹灰之力安然渡过了。

我们必须接受压力，但是这并不是它原有的特质。如果我们学着了解自己的需要和能力，就能找到一些控制压力的方法。没有任何事可以让压力上身：我们可以让这种现代恶魔滚一边去。

富兰克林•费尔德说过："成功与失败的分水岭可以用五个字来表达——我没有时间。"当你面对繁重的工作任务感到精神与心情特别紧张和压抑的时候，不妨抽一点时间出去散心、休息，直至感到心情比较轻松后，再回到工作中来，这时你会发现自己的工作效率特别高。紧张过度，不仅会导致严重的精神疾病，还会使美好的人生走向阴暗。只有舒缓紧张情绪，放松自己的心灵之弦，才能在人生的道路上踏歌前进。

学会稳定自己的情绪

如果你沉不住气，那么本来能办得到的事，结果也许办不成；而相反，本来没有指望的事，如果你沉住气冷静思考和分析，那么事情就有可能办成。可见，人在办事前的心态是影响其成功的重要因素，有时候，事情的难易并非如人所料，不要被表面的现象吓倒，只要再耐心一下，沉住气，就会有意外的收获。

沉得住气是一种修养，有这种修养的人往往能镇定自若地控制局面，让局势转危为安。而日常生活中，有多少人能真正做到沉着冷静，沉得住气呢？常常见到一些沉不住气的人，在头脑发热的情况下就盲目行事，最后造成憾事。

世界第二号网球明星、美国男子网球运动员麦肯罗，身体素质好，球技精湛。他在比赛中奔跑迅速，步伐敏捷；重扣轻吊，变化莫测，直线球、大角球更是鬼神难料。凭着他超人的体质、卓越的球技，在历次比赛中，无论是在顺境中还是在逆境中，他都能成功地控制局势，赢得胜利，多次登上冠军的宝座。然而遗憾的是，麦肯罗球风恶劣，缺少起码的运动品质。

麦肯罗在一次英国女皇俱乐部举行的伦敦草地网球比赛中，过五关斩六将，战胜了所有的对手，第三次蝉联了这项比赛的冠军。但是，就是在这次比赛中，他却多次表现出极端恶劣的球风。他不服从裁判员的判决，蛮横地质问女裁判员克拉克："你为什么要破坏这次比赛？"当场外观众对他的这种不礼貌行为进行批评和指责时，他又把怒气转向观众，大骂道："笨蛋，住口！""一群猪猡！""你们跳到湖里去洗洗头脑吧！"最后，当他对一个边线球的裁判提出质疑时，十分野蛮地捡起地上的网球，狠狠地向女巡边员身上砸去。裁判员克拉克实在无法忍受这种极不文明的举动，向麦肯罗出示了“非运动员行为”的警告牌。比赛结束后，麦肯罗不但不认真检查自己的过失，反而向大会提出荒唐无理的建议：不要女裁判员裁判男子比赛。

他的粗鲁无礼，遭到过人们激烈的反对，使他失去了众多的支持者。但麦肯罗的恶劣球风并未得到彻底改正，终于受到严厉的惩罚。

1981年6月23日，在伦敦温布尔登网球赛的第一轮比赛中，他又因一个球不服从裁判判决并且辱骂裁判，被大会组委会课以1500美元的罚款。并郑重警告他，如果今后再有类似事情发生。他将被罚款10000美元，甚至取消他的比赛资格。

在这次受罚和严重警告以后，麦肯罗才冷静下来，开始注意自己的球风，并且在实际比赛中有了很大改进。在之后的一场双打比赛中，裁判员错判了一个边线球，他没有吵闹，十分规矩地接受了这个错判，并以友好和认真的态度打完了这场比赛。事后，记者评述道：“在这场比赛中，麦肯罗的行为是无懈可击的。”

但是“江山易改，本性难移”，不久，麦肯罗又经常在球场上因为控制不住情绪、沉不住气而辱骂裁判、丢拍子，因而得到了一个“坏孩子”的称号。

正如星云大师所说的，现在的快速炉，快速加温，也快速冷却；温室里的花朵，快速开花，也快速凋谢。世间的万事万物都要禁得起时间的循序渐进，才会平顺。学剑的人，越急着成就，就越不能如愿，因为他没有留一只眼睛看自己，就会给敌人可乘之机。所以，人有时要当机立断，不能稍作犹豫，但大多时候则要“向前三步想一想，退后三步思一思”，才能免留遗憾。

期望得到外界的认同，这一点本无可厚非，但在遭遇不公、挫折的时候，必须学会理智，学会冷静，沉得住气，否则会使自己后悔莫及。

生活中，只有冷静沉着，沉得住气，才能理性地思考解决问题之道，这才是真正的智者所为。

面对困境，先安抚情绪

大多数人都有过这样的经历，在学校的时候总是担心自己毕业后找不到工作，整天忧心忡忡；找到工作后又害怕自己在激烈的竞争中被淘汰，天天提心吊胆；有的人还害怕自己没有能力迎接突如其来的困难……

适当的忧虑可以促使人奋发向上，是激发向上的原动力。但是，过度忧虑并不可取，它只会让人成天忧心忡忡，久而久之成为习惯，会影响你的心情，改变你的人生轨迹。凡事能够退一步想，不要那么耿耿于怀，忧虑就会减轻不少。只有删除了多余的忧虑，我们的生活才能更加舒畅。比方说今天上班迟到了，也可以安慰自己：说不定上班的人今天都起早了，一路过去都畅通无阻。万一塞车了，老板可能也还没到。

学着安抚自己的不良情绪，你不妨学着给自己写封信，自我对话，让自己更清楚自己。洛就是一个情绪疏导的能手，在她的生活中，任何不好的情绪都可以轻而易举地化解掉。下面就是洛写给自己的一封信，我们可以学习一下。

亲爱的洛：

知悉你最近常常觉得自己是世上最不幸的人：勤勤恳恳加班加点地工作，薪酬却是止步不前；尽心尽力地持家，可家庭矛盾时有发生；真心真意地付出感情，真正交心的朋友却没有一个。这些难道就是你哀叹自己命运无常的理由吗？

洛，你一定还记得诗人朗费罗说过的一句话吧，他说："你的命运一如他人，每个生命都会下雨。"洛，也许你现在正遭遇"下雨"天，所以你觉得悲伤难过。但是令人有点忧郁的"雨"有时候却是激发诗人灵感的精灵：雨既有"行宫见月伤心色，夜雨闻铃肠断声"的忧愁美，也有"斜风细雨不须归"的洒脱美；既有"好雨知时节"的赞雨，也有"潇潇冷雨敲庭窗"的贬雨。正处于人生的风雨期的你，为何不想想风雨过后也许能出现彩虹呢？

人生的每一种境遇都有它到来的理由，不如意也是如此。学着正视不如意，即使前方雨雾迷蒙，也要久久地看，一次又一次地看，用一生的经历来看，看出前方的希望，看看是不是"所有的雨都会停的"，看看雨后的天空是不是更洁净、更美丽。

所以，请不要抱怨命运，请不要让坏情绪左右你，工作虽辛苦，你毕竟还有工作，比起那些失业的人，不是很幸福吗？劳心劳力地拼命工作，说明你还爱着你的工作，比起那些对工作毫无兴趣的人，不是很幸福吗？

看着前方，坚定地行走，即使现在风雨满楼又有何妨！坚定地行走出属于自己的希望。

与你共勉

洛

每个人都有一条引导情绪的线路，指引你离开忧虑和沮丧的风雨天。因此，生活中的忧虑是多余的。生活中不如意之事很多，只要你善于把握自我，控制好自己的情绪，就能远离忧虑，迎接阳光灿烂的每一天。

人生中的问题，实际上只可能有两种情况。一种是问题并不像我们所想的那么糟，至少没有到无可挽回的地步。只要采取积极正确的态度，问题就会得到解决。这样，我们也就没有什么可忧虑的了。另一种情况是问题的确是超出了我们的能力所能解决的范围。面对这种情况，我们就需要乐观一些，就像

杨柳承受风雨一样，我们也要接受无可避免的事实。

哲学家威廉•詹姆士说：“要乐于承认事情就是这样的情况。能够接受发生的事实，就能克服随之而来的任何不幸的第一步。”所以，面对困境时，我们首先要做的就是安抚躁动的情绪，让大脑冷静下来，以便找到突破困境的出口。记住，不要做情绪的俘虏，要面对它，打败它。

把焦虑情绪打包寄出去

焦虑是人生的毒药，是滋生无数罪孽和悲惨不幸的温床。在这个复杂的社会里，我们可能已经极度失望，挣扎在痛苦中寻求一些幸福的希望，那么为何还要纵容焦虑来扰乱我们的心灵？告别焦虑，你才能开创新生活。

形形色色的焦虑充斥人们的生活，它们像细菌一样侵蚀人们的灵魂和肌体，妨碍人们的正常生活，影响人们的身心健康。所以，走向生活，应该从拒绝焦虑开始。

古时候，残忍的将军要折磨他们的俘虏时，常常把俘虏的手脚绑起来，放在一个不停往下滴水的袋子下面，水滴着……滴着……夜以继日，最后，这些不停滴落在头上的水，变成好像是用槌子敲击的声音，使俘虏精神失常。这种折磨人的方法，以前西班牙宗教法庭和希特勒手下的纳粹集中营都曾经使用过。

焦虑就像不停往下滴的水，而那不停地往下滴的焦虑，通常会使人心神丧失，使人生变得灰暗。

有一个已到知天命之年的老人刘宋玲得了一种怪病——她一听到“饿”字，马上就“饿得前胸贴后背”，即使两小时前她刚吃过饭。她一天吃十多顿饭，但依然感觉饥肠辘辘。

刘宋玲退休后不久，就陷入饥饿感中。“感到饿就吃，才吃一点马上就不饿了，过一会儿，又感到饿。”

刘宋玲说，随着时间的推移，饥饿感的频率和强度不断加大。“吃完饭不到两个小时，又饿得心慌，一听到别人说饿，马上就觉得自己腹中空空，就是晚上，也要爬起来吃上三四顿饭。”刘宋玲痛苦极了。

刘宋玲四处求医，有医生认为她患了胃溃疡，但检查结果是一切正常。日子一天天过去，刘宋玲的饥饿感越来越强烈，已经达到了只要别人一说“饿”字，她就会焦虑得“头发都竖立起来”的状态。她到心理医生那里看病时，还随身携带了大量的方便面、方便粉丝等食品，只要一饿，马上就吃，这一天她吃了13顿饭。

经过心理专家诊断，刘宋玲患的是非常严重的焦虑症，主要是对“饿”很敏感，产生了焦虑心理，这也与她一饿就吃，一吃就饱，每次食量只有一点点有关。

确诊后，心理卫生中心的专家用特殊治疗方案对她进行治疗。一周后，刘宋玲的饥饿感不再那么强烈；两周后，饥饿感得到初步缓解；到了第三周，刘宋玲和饥寒饿感强烈的日子彻底告别。

专家指出，这种病是心理原因所致，因此，保持一个良好的心态非常重要。

其实，你没有理由焦虑，因为痛苦和沮丧对你而言并不是一种甜蜜的享受，所以今天就下决心与焦虑决裂吧。彻底消除生活中的焦虑，会使你获得一种全新的自由感受。

战胜焦虑的方法之一是客观冷静地分析评估你所处的境遇，确定和估计一下可能发生的最糟糕的结果是什么。通过分析，会发现最坏的结果并没有糟到山崩地裂、地球爆炸的程度，而如果坏事一旦真的发生，你也可以承受它。有意思的是，我们预先担忧的事通常不会发生。就算不幸真的发生了，也往往没有预计中的可怕，损失也并不那么惨重。

其实大灾大祸在你身上发生的概率微乎其微，人们总是习惯花很多时间和精力去担忧也许永远也不会发生的事，这真是杞人忧天，完全没有必要。如果你能冷静接受你所遭遇的每一件事，你就没有必要去焦虑。

焦虑是摧毁一切的恶魔，走出焦虑，势在必行。学会去承受发生在你生活中的每一件事，是克服焦虑的最佳方法，要相信自己能够做到，因为你完全能够应付任何事情。

PART

04

提防忧郁：阳光心态，灿烂人生

多愁善感是抑郁症的诱因

“多愁善感”是我们常常听到的一个词，通常情况下，我们对这个词是喜爱的，因为它有一种意境美。但是，我们却很少把这个词和抑郁情绪联系到一起。其实，从某种程度上讲，多愁善感是抑郁的前期表现。

为什么呢？每个人在生活的道路上，都不是一帆风顺的。我们举个最简单例子，去看一个很悲伤的电影，你流下了眼泪，这时你的悲伤同情的情绪就是忧郁。但是这是一时性的。我们说的忧郁，大概有一半的不是疾病，可以经过自我调控来解决问题。

多愁善感作为一种心理疾病，已经日益影响着人们的感情生活和职业生涯。甚至可以说，多愁善感已经成为很多人在生存竞争中失败的主要原因。

多愁善感最早作为疾病被发现，是在公元2世纪的时候，希腊医生、解剖学家加连发现一些病人常常会陷入一种极端消沉的状态，他们感叹生命短暂、人世无常、人生孤独，就连窗前飘落的树叶也会让他们泪水涟涟。这类病人往往先于其他病人死去。于是加连医生把这种现象写进他的著作中，并把它归类于精神疾病。

曾经一度，多愁善感作为敏感、脆弱、富于幻想的人群的重要特质，成为艺术气质的代名词。在欧洲的文艺复兴时代，几乎所有的文学家和艺术家都以多愁善感的敏感神经为荣，自嘲为“忧郁的疯子”。他们是值得同情的一群人，因为即便他们创造了无数的文明遗产，自己却始终处在痛苦的精神折磨中。

生活在当今社会，因为受到一些外界因素的影响，多愁善感是很正常的，随着时间的推移和自我调适，这种情绪很快就能消失。但如果这种情绪长时间挥之不去，并已出现认知偏差，对外界的一切体验就会是悲伤的，消极的，这就应引起足够重视，因为在抑郁状态严重得难以自拔时容易酿成自杀、自伤等悲剧。调查显示，抑郁症患者50%以上有自杀想法，其中有20%最终以自杀结束生命。

当今社会逐步进入了物质时代，多愁善感的性格愈加与社会的发展格格不入。作为从事一般职业的人，多愁善感的人很难晋升到金字塔的顶部；即使作为艺术家，在日趋工业化的市场运作中，阴晴不定的情绪也会成为他们才被为世人接纳的绊脚石。所以，我们要学着让自己开朗一些，多看看美好的事物，多欣赏明朗的色彩，会有助于我们改善多愁善感的性格。

抑郁，是心灵的枷锁

对于大多数人来说，抑郁是对逆境的一种反应。当我们感到被周围所抛弃，当我们丧失了重要的东西，被羞辱被打击的时候，抑郁便悄然而至。

珍妮还记得上中学时，有一次学校组织冬令营活动，那个寒冷的冬夜，她和杰瑞进行了彻夜长谈。珍妮是个内向的女孩，她真正意义上的朋友只有杰瑞一个，所以，她们的关系非常好。那一晚，她们聊了很多，谈亲情，谈爱情，谈学校的琐碎生活。

那次谈话一周后，珍妮举家搬迁，远离了故乡。她总是忘不了临别前杰瑞和她相拥痛哭的情景。她觉得自己这辈子再也找不到这样的朋友了。到了新环境的珍妮生活得并不快乐，她无法融入新的学校生活，陌生的环境，陌生的学校，让原本就内向的她更加地忧郁沉默。

这样低落的情绪时常出来烦扰她，让她根本无法正常地和人交朋友，她常常会陷入回忆中，企图从往事中找出一点快乐，然而，她越是这样，内心的郁结就越深，以致她常常悲伤落泪。

其实，像珍妮这样的例子有很多，我们总是留恋美好的事物，温馨的回忆，因为从这些情景当中，我们很容易就能够给自己找到安慰，但是我们通常会忽略一点，在我们寻找安慰的时候，我们悲观的情绪也在跟着衍生，进而困扰着我们的生活。

想要打破这种阴郁的生活，我们要做的就是打开心灵的锁，不要把自己的情感封存在里面，封存的时间久了，它就会发霉，长出苦涩的果子。

我们可以尝试着采取“交心”的方法，结交新朋友，来缓解抑郁情绪。交心是指两个已有联系的人通过真诚地交往，逐步进展到交换情绪的过程。这意味着，两个人可以分享私密的梦境、恐惧、思想及历史；可以不必隐藏或修饰，将自己最真的一面、最真实的感觉自由表现出来，不管它是正面的或是负面的。

长期抑郁的患者所欠缺的，恰恰就是“交心”。

我们也会与他人联系，有时这个联系还非常稳固，但总达不到交心的境界。我们总是保留、修饰或试图掩藏真正的感情，因为觉得交心很危险。每次快到交心的境界时，就会急匆匆地踩下刹车。

与人交心的经验可以带来强烈的满足感，你在生活中一定体会过这种美妙。当回想起偶尔和他人自由自在、无拘无束地分享彼此真实感觉的经验时，都会觉得那次邂逅非常宝贵且意义非凡。

交心能满足人内心的深层渴望。“联系”与“交心”，对真诚表达情感至关重要。只要打开心扉使两个条件同时发生，那一直纠缠你的不满与挫折感将顿时烟消云散，你会觉得生气勃勃、精力十足。想获得内心的满足感，并使其长久且有意义，那么，交心就是这种美好感觉的来源和舞台。

抑郁不单纯是孤独感，它还是一种隔离，这种隔离改变了你对周围环境的正常感觉。

对于抑郁的人，所有这些怜悯都不能穿透那堵把自己和世人隔开的墙壁。在这封闭的墙内，不仅拒绝别人哪怕是极微小的帮助，而且还用各种方式来惩罚自己。在抑郁这座牢

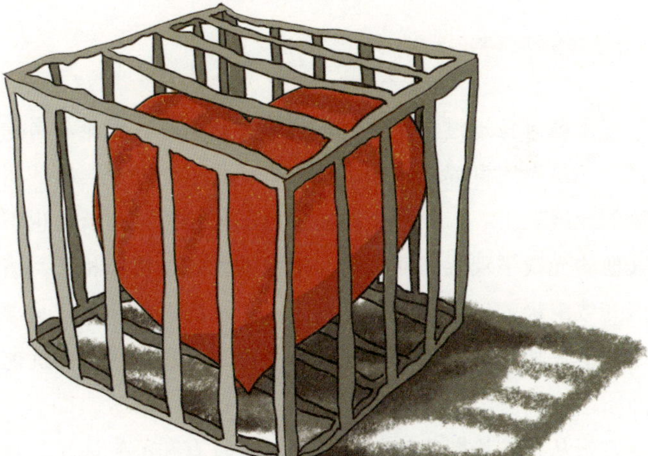

狱里，拥有抑郁的人同时充当了双重角色：受难的囚犯和残酷的罪人。

正是由于抑郁使人丧失了自尊与自信，他们总是自我责备、自我贬低。无论对环境还是对自己，都不能积极地对待。面对环境压力总是被动地接受而不能积极地调节，更谈不上改造；对自我也总感到难以主宰而随波逐流，于是在人生征程上没有理想与期待，只有失望与沮丧。总感到茫然无助，陷入深重的失落感而难以自拔，对一切都难以适应，只能退缩回避。

勇于走出自己，生活中多结交一些朋友，我们空虚的心灵就会变得活跃起来。只有敞开自己的心灵，用心去接纳别人，与别人分享自己的快乐与忧伤，才能彻底摆脱抑郁的阴影。

忧郁情绪会给你制造假象

忧郁就好像透过一层黑色玻璃看一切事物。无论是考虑你自己，还是考虑世界或未来，任何事物看来都处于同样的阴郁暗淡的光线之下。一旦戴上这副黑色的滤光镜，你就再也不能在其他的光线下观察任何事物。消极的思想与忧郁相伴，情绪低落导致消极的思想和回忆，反之，消极的思想和回忆又导致情绪低落，如此反复下去，形成一个持久而日益严重的忧郁恶性循环。

吉姆从未被诊断为抑郁症，他甚至没有和医生谈起过自己那些消极的想法或者是经常感到低落的心情。他是成功人士，生活中的一切都很如意，他有什么资格对别人抱怨呢？他只是一味地坐在车里，直到有什么事情令他打开车门走出去。他试图去想想自己的花园以及那些含苞待放的美丽郁金香，但是这些念头只会令他想起自己已经很久没有做清理工作，光是要把院子弄整洁一点的活儿就让他头痛不已。

他想起孩子和妻子，想到晚餐时可以和他们聊聊天，但不知道为什么这个念头只会让他更想早点上床睡觉。

昨晚睡觉前，他本来计划今天早点起床来完成昨天剩下的工作，可是他又起晚了。也许今晚他应该待在办公室，哪怕熬夜也要把所有的事情一次做完。

这样不安的情绪总会围绕着吉姆，吉姆不知道自己的这些不良情绪是从哪里冒出来的，明明他觉得自己是幸福的，成功的，可是，他不快乐。

吉姆的这种症状就是典型的抑郁症，无缘无故地情绪低落，时常感到生命的空虚，体验不到幸福感。这种特殊的心理屏障会改变我们对周围环境的正常感觉。

关琳是某机关的女职员。今年27岁的她长相甜美，工资待遇也很优厚，父母疼爱她，她在家里就像一位小公主，这么大了，还时常在父母面前撒娇。

但是关琳的性格很偏执，每隔一段时间，她就会莫名其妙地发脾气，情绪也很低落，有时在单位一个星期都不和同事说一句话。父母了解，自然也不会怪她，可是外面的人不了解，他们以为关琳有些神经质，常常是避而远之。

关琳很苦恼，她不知道自己为什么会这样，她没有什么可以倾诉交谈的朋友，郁闷的时候想找个人聊天都很难。她又不想跟父母说，她觉得自己长这么大了，不应该再为父母添麻烦了。一年前经人介绍和某同事结了婚，但两人感情基础不好，常为一些小事吵架。

因此，两年来她有一种难以言状的苦闷与忧郁感，但又说不出什么原因，总是感到前途渺茫，一切都不顺心，老是想哭，但又哭不出来，即使是遇有喜事，关琳也毫无喜悦的心情。过去很有兴趣去看电影、听音乐，但后来就感到索然无味，工作上亦无法振作起来。

她深知自己如此长期忧郁愁苦会伤害身体，但又苦于无法解脱，并逐渐导致睡眠不好、多噩梦及胃口不好。有时她感到很悲观，甚至想一死了之，但对人生又有留恋，觉得死了不值得，因而下不了决心。

忧郁的人往往选择逃避问题或对问题过分执着，将其看得过于严重，这实际上是给自己增加不必要的精神压力。由于问题难以解决而干脆采取回避态度，但事实上问题依然存在，自己只是在表面上逃避，内心深处还是放不下，难题成为心头的沉重包袱。

美国克莱斯勒公司的总经理凯勒说："要是我碰到很棘手的情况，只要想得出办法能解决的，我就去做。要是干不成的，我就干脆把它忘了。我从来不为未来担心，因为，没有人能够知道未来会发生什么事情。影响未来的因素太多了，也没有人能说清这些影响都从何而来，所以，何必为它们担心呢？"

控制思维，调动你的快乐情绪

哈佛大学教授威廉斯说："情感似乎指引着行动，但事实上，行动与情感是可以互相指引、互相合作的。快乐并非来自外力，而是来自内心，因此，当你不快乐的时候，你可以挺起胸膛，强迫自己快乐起来。"

一位著名的电视节目主持人，邀请了一位老人做他的节目特邀嘉宾。这位老人的确不同凡响。他讲话的内容完全是毫无准备的，当然绝对没有预演过。

他的话把他映衬得魅力四射，不管他什么时候说什么话，听起来总是特别贴切，毫不做作，观众听着他幽默而略带诙谐的话语都笑弯了腰。主持人也显然对这位幸福快乐的老人印象极佳，像观众一样享受着老人带来的快乐。

最后，主持人禁不住问这位老人："您这么快乐，一定有什么特别的快乐秘诀吧！"

"没有，"老人回答道，"我没有什么了不起的秘诀。

我快乐的原因非常简单，每天当我起床的时候我有两个选择——快乐和不快乐。不管快乐与否，时间仍然会不停地流逝，我当然会选择快乐。如果说秘诀的话，这就是我快乐的秘诀。”

老人的解释听起来似乎过于简单，但是他的话却包含着深刻的道理。林肯曾经说过：“人们的快乐不过就和他们的决定一样罢了。”你可以不快乐，如果你想要不快乐。你可以告诉自己所有的都不顺心，没有什么是令人满意的，这样，你肯定不快乐。但是，如果你要快乐，尽管告诉自己：“一切都进展顺利，生活过得很好，我选择快乐。”那么可以确定的是你的选择会变成现实。

“即使到了我生命的最后一天，我也要像太阳一样，总是面对着事物光明的一面。”诗人胡德说。

快乐是对自己的一种热爱，快乐是

幸福的必需品，快乐是一种积极的心态，快乐是一种心灵的满足。你选择快乐，快乐就会选择你。

快乐可使人健康长寿，“笑一笑，十年少”，良好的情绪则是心理健康的保证。情绪即情感，指人的喜、怒、哀、乐等，常伴随个人的立场、观点及生活经历而转移。愉快的情绪会带来欢乐、高兴、喜悦，能使人心情舒畅、驱散疲劳，使人对未来充满信心，能承受生活中的种种压力。

其实，快乐原本就是很简单的事情，就像是小孩子一样，小孩子为什么很容易就能获取快乐？是因为他简单。简单地哭，简单地笑，简单地释放自我。而我们承认欠缺的就是这种简单，我们总会问：“我要怎样才能得到快乐？”“我要怎样才能获得幸福？”快乐和幸福本就在你的手上，没有人可以拿得走，只不过，我们对自己缺乏一份信任，认为快乐和幸福不是那么简单就可以握在手中的。

了解抑郁症状，找对方法消除抑郁

抑郁的三大主要症状是情绪低落、思维迟缓和运动抑制。

情绪低落就是高兴不起来、总是忧愁伤感，甚至悲观绝望。思维迟缓就是自觉脑子不好使，记不住事，思考问题困难。觉得脑子空空的、变笨了。运动抑制就是不爱活动，浑身发懒，走路缓慢，言语少等。严重的可能不吃不动，生活不能自理。

抑郁的表现多种多样，同时具备以上三种典型症状的人并不多见。很多人只具备其中的一点或两点，严重程度也因人而异。心情压抑、焦虑、兴趣丧失、精力不足、悲观失望、自我评价过低等，都是抑郁的常见症状，有时很难与一般的短时间的心情不好区分开来。如果上述的不适早晨起来严重，下午或晚上有部分缓解，那么，你抑郁的可能性就比较大了。

严重的抑郁会导致自杀。

自杀是抑郁症最危险的情况。社会自杀人群中可能有一半以上是抑郁症患者。有些不明原因的自杀者可能生前已患有严重的抑郁症，只不过没被及时发现罢了。由于自杀是在疾病发展到一定的严重程度时才发生的，所以及早发现疾病，及早治疗，对抑郁症的患者非常重要。现代人受社会、生活各方面压力的困扰，生活节奏快，得失之间也变得鲜明无比，情绪的震荡常晃得一些上班族们七荤八素，加上人际竞争的复杂化，若稍有心理调适不当或外在支持无法配合，极易落入情绪忧郁的恶性循环中，引发失眠抑郁症等心理问题。

失眠抑郁症对人的身体影响丝毫不亚于精神折磨，因此很多病友都在急切地寻找怎样治疗失眠抑郁症见效最快最好的方法。

患有抑郁症的人，不同的人会表现出不同的抑郁状态，如果症状轻微的话，可以尝试自救。以下将介绍14项规则，认真遵守，抑郁的症状便会很快消失：

（1）遵守生活秩序，从稳定规律的生活中领会生活情趣。按时就餐，均衡饮食，避免吸烟、饮酒及滥用药物，有规律地安排户外运动，与人约会准时到达，保证8小时睡眠。

（2）注意自己的外在形象，保持居室整洁的环境。

（3）即使心事重重，沉重低落，也试图积极地工作，让自己阳光起来。

（4）不必强压怒气，对人对事宽容大度，少生闷气。

（5）不断学习，主动吸收新知识，尽可能接受和适应新的环境。

（6）树立挑战意识，学会主动解决矛盾，并相信自己会成功。

（7）遇事不慌，即使你心情烦闷，仍要特别注意自己的

言行，让自己的言行合乎生活情理。

（8）抛弃冷漠和疏远的态度，积极地调动自己的热情。

（9）通过运动、冥想、瑜伽、按摩松弛身心。开阔视野，拓宽自己的兴趣范围。

（10）俗话说："人比人，气死人。"不要将自己的生活与他人进行比较，尤其是各方面都强于你的人，做最好的自己就行了。

（11）用心记录美好的事情，锁定温馨、快乐的时刻。

（12）失败没有什么好掩饰的，那只能说明你暂时尚未成功。

（13）尝试以前没有做过的事，开辟新的生活空间。

（14）与精力旺盛又充满希望的人交往。

此外，我们还可以根据各自不同的情绪反应，对自己施行一些辅助治疗，例如：

1.心理治疗

以药物治疗为主，心理治疗为辅的综合疗法，是目前临床医学界在考虑怎样治疗失眠抑郁症时的首选方法。在用药物治疗的同时，配合心理治疗主要是用来改变不适当的认知或思考习惯或行为习惯，是一种辅助的治疗方法。

2.移情治疗

享受阳光和运动的美好，能够让抑郁症患者的心情得到显著的放松。同时培养对新鲜事物的兴趣和爱好，让自己的生活每天都充实、积极，这是患者在寻求怎样治疗失眠抑郁症疗法时不用花钱自己动手就能办到的方法。

3.食疗方法

“催眠”食谱：球状莴苣有镇静、安眠的功效，生食、煮汤或热炒，安神催眠的效果都不错。香蕉的成分里有诱导睡眠的褪黑激素，以及天然安眠药色胺酸。

“抗抑郁”食谱：酸枣仁、百合、龙眼、莲子，都有解郁、安神的功效，首乌和桑葚有滋补肝肾之效，可治抑郁症、失眠、健忘烦躁等症。

抑郁症的内心状况是，全盘否定自己。否定过去：经常想起一些不愉快的往事，总觉得自己对不起别人。否定现在：自我评价低，觉得自己的工作效率低，又浑身是病，是家里人的包袱。否定将来：认为前景灰暗，度日如年，对未来充满了绝望、自责、自罪的情绪，以为自己是个多余的人，只有死了才能解脱。

生活中，因为抑郁而导致的悲剧时有发生，因此，我们要提高对抑郁情绪的重视，采取积极措施进行预防，以免自身受到危害。

抑郁不是天生的

有抑郁情绪的人说，她是在毫无知觉的情况下，中了抑郁情绪的毒。这并不奇怪，因为很多时候，我们都不知道自己什么时候变得抑郁起来。我们所能察觉的是，心情不太好，还有点提不起劲儿……问题或许从这时候起就已经显山露水了，然后我们才会恍然：原来抑郁是从情绪低落开始的。

一位年轻人总觉得自己不够快乐，心情总是莫名地低落，做什么都没有兴致。他决定去拜访一位智者，请他开示。

见到智者之后，年轻人问："为什么我总是觉得自己不幸福呢？生活中，没有任何事情能让我打起精神来。我如何才能变成一个让自己幸福愉快，也能够给别人带来幸福愉快的人呢？"

智者笑着望着他说："孩子，你有这样的愿望，已经很难得了。很多比你年长的人，从他们问的问题本身就可以看出，不管给他们多少解释，都不可能让他们明白真正的道理，就只好让他们依然那样。"

少年满怀虔诚地听着，却并不了解智者的意思，于是问道："可是，我并不幸福啊！我每天看到太阳升起来，就会觉得生命又短了；看到夕阳，又觉得一天又没了。看到花开，担心花谢；看到新生的婴儿，会想到逝去的老人。"。

智者听了，拍了拍年轻人的肩，说："我送给你三句话。第一句话是，把自己当成别人。你能说说这句话的含义吗？"

年轻人回答说："是不是说，在我感到忧伤的时候，就把自己当成是别人，这样痛苦就会自然减轻；当我欣喜若狂之时，把自己当成别人，那些狂喜也会变得平淡中和一些？"

智者微微点头，接着说："第二句话，把别人当成自己。"

年轻人沉思一会儿，说："这样就可以真正同情别人的不幸，理解别人的需求，而且在别人需要的时候给以恰当的帮助？"

智者两眼发光，继续说道："第三句话，把别人当成别人。”

年轻人说：“这句话的意思是不是说，要充分地尊重每个人的独立性，任何情形下都不可侵犯他人的核心领地？”

智者哈哈大笑：“很好，很好，孺子可教也。”

年轻人这时豁然开朗。

情绪是可以转化和化解的。当不好的情绪袭击我们时，我们要做的是将它转移出去。就像那位年轻人领悟到的那样。后来年轻人变成了中年人，又变成了老人。再后来在他离开这个世界很久以后，人们都还时时提到他的名字。人们都说他也是一位智者，因为他是一个愉快的人，而且也给每一个见到过他的人带来了愉快。

抑郁不是天生的，它也不是人类的弱点，也不是意志品格或运气的标尺，但是这个像流感一样不时发作的疾病，为什么如此频繁地光顾这个时代？

我们之所以抑郁，是因为我们缺乏寻找快乐的能力。社会转型期人们对精神和物质追求的严重失衡，是导致诸多精神问题的根源。物极必反，人是精神实体的人，如果长期忽视自己的真实感受，问题就会出来。抑郁症其实不可怕，“抑郁”是人类正常情绪的一种，如果有强大的爱的力量支撑，完全可以走出来。这个爱包含着对自己的尊重和对外在世界的关爱。

社会上普遍存在一种观念误区，认为不遗余力地拼命工作才是值得尊敬和有价值的。但很多人成功了，也感到自己枯竭了。为什么？中国传统道家的思想很有道理：“张而不弛”，某方面的资源就会被耗尽。真正成熟的人懂得调适自己，劳逸结合适度，会宣泄、会娱乐，不迫使自己追求超乎能力的目标。

其实，快乐和幸福有时候十分简单，比如常常笑。这样简单的表情不容易让人忘记。并且它常常能让人保持一种愉快的心情。当这愉快的心情敲击你的心门时，如果不能打开这扇紧闭的心门，你便不能与快乐同在。

人类所有的内在品格，都不能带来幸福，除了令人快乐的愉悦健全的精神。愉快、喜悦和幸福并无先后关系，只要人的本性愉快、喜悦，幸福自然就存在其中了。品格会补偿任何缺憾，就像月亮把影子投在山上，月亮的圆满会漠视崎岖的山川，以其自身的美好而深感幸福。所以，不要被抑郁情绪左右了你，你需要做的是为自己找到一份简单的快乐。

第四篇

培养黄金心态，修炼成功素质

PART

01

乐观心态：你要去相信，没有到达不了的明天

乐观能够改变世界

生活就像一座围城，我们每个人都住在这座围城里，时日久了，自然就会出现各种各样的问题，我们也会因为这些问题而遭遇种种麻烦，比如：目前从事的工作不是自己喜欢的，周围的同事可能不喜欢你，自己努力做好了每一件事但上司就是没有采取任何的表彰措施，而更为普遍的是对自己目前收入的抱怨……当这些麻烦出现的时候，你就会对你的生活产生失望情绪。类似的人不在少数，即使现在已经拥有一番事业的成功人士也一样，他们也曾经经历过这些问题，他们之所以最后能够取得成功，关键在于他们能及时调整自己的心态，保持乐观。因此，不要陷入不良心态的泥沼中，总是抱怨领导不懂得欣赏自己；同事不友爱、素质低；家人不争气，总拖自己的后腿等。要学会正视现实，乐观面对眼前的困境，时刻告诉自己：“既然已经来了，我就笑着迎接！”

《动物世界》中讲述过一头骆驼的故事，画面上是一头步

履蹒跚的骆驼，艰难地在烈日下行走。

解说词旁白是这样的：这是一头正在生病的骆驼，它要独自步行40多公里，去沙漠深处的水源旁采摘一种植物。据说吃下那种植物，骆驼的病很快就能好转、痊愈。生病的骆驼，居然独自走这么远的路去找药，实在可怜。屏幕上，骆驼默默无语地走着，好像根本就没有想过生病的时候是需要陪护的。它四只脚秩序井然地抬起又沉重地落下，庞大的身躯忍受着阳光的烤灼和病痛的折磨，它却从容地缓缓前行。孤苦吗？很疼吗？想哭吗？那就痛快地大哭一场吧……

解说员沉重而激昂的语气中，充满了对骆驼的担心和敬畏，可是再细瞧画面中骆驼的面庞，却全然没有一丝痛苦或者想要放弃的迹象，除了倦怠，骆驼的脸上一直保持着一种平静而怡然的神态。

画面渐渐丰富起来，单调枯黄的沙漠、沉闷的天空、灼热的太阳随着镜头的推进一一浮现。生病的骆驼终于走完了寂寞的路程，找到了治病的植物，几天之后，生病的骆驼终于康复了，它用力甩开蹄子在大沙漠上快乐地奔跑着，这一刻，它充分享受着自救带来的幸福感觉。

沙漠、病痛，对于人来说，可能是生命的困境，而骆驼，却没有在困境面前绝望甚至放弃，它选择了坦然面对。骆驼的这种乐观顽强的精神，给我们带来了很大的震撼和启发，它用自己的亲身经历告诉我们：世界上没有走不出的绝境，只要我们始终保持一份乐观的心态，世界也会因此而改变。

我们所处的是一个竞争激烈的社会，在这样一个生存环境中，如何保持乐观的心理状态，积极面对困境，而不是逃避问题，怨天尤人，对我们来说，是至关重要的。但是，在现实生活中，以乐观的心态和行为面对挫折和挑战，实施起来并不容易。我们可以看到周围有不少人，他们或因工作、事业遭遇挫折而苦恼抱怨，或因家庭、婚姻关系不和睦而心灰意冷，甚至还会有人因遭受严重打击而产生轻生的念头。

其实，在我们的一生当中，或多或少都会遇到一些意外和不如意的事情，关键是看我们采取怎样的态度面对。一个人在心理状况最糟糕的状态下，不是走向崩溃就是走向希望和光明。有些人之所以有着不如意的遭遇，很大程度上是由于他们个人的主观意识在起着决定性作用，他们选择了逃避，而事实上逃避根本解决不了任何问题。如果我们能够善待自己、接纳自己，并不断克服自身的缺陷，克服逃避心理，那么我们就能坦然乐观地面对生活，拥有更为完美的人生。

❀ 乐观是操之在我的“心造幸福”

怎样才算是乐观？乐观是无论在什么样的情况下，都可以保持良好的心态，在厄运中依然充满快乐的心境。乐观者通常会用快乐去感染他周围的环境。心理学家对快乐的定义是，一种主观上安乐的状态——平衡而满足的内在感受。当我们拥有快乐的时候，会喜爱自己，热爱生活，能够从每一天当中得到乐趣。想拥有幸福，就要懂得为自己争取，有时候，想象幸福，也会把幸福感充盈在内心的。

有个青年，厌倦了生活的平淡，感到一切只是无聊和痛苦。为寻求刺激，青年参加了挑战极限的活动。活动规则是：一个人待在山洞里，无光无火亦无粮，每天只供应5千克的水，时间为整整5个昼夜。

第一天，青年颇觉刺激。

第二天，饥饿、孤独、恐惧一齐袭来，四周漆黑一片，听不到任何声响。于是他有点向往起平日里的无忧无虑来。

他想起了乡下的老母亲不远千里地赶来，只为送一坛韭菜花酱以及给小孙子的一双虎头鞋。他想起了终日相伴的妻子在寒夜里为自己掖好被子。他想起了宝贝儿子为自己端的第一杯水。他甚至想起了与他发生争执的同事曾经给自己买过的一份工作餐……渐渐地，他后悔起平日里对生活的态度来：懒懒散散，敷衍了事，无所作为。

到了第三天，他几乎要饿昏过去。可是一想到人世间的种种美好，便坚持了下来。

第四天、第五天，他仍然在饥饿、孤独、极大的恐惧中反思过去，向往未来。

他责骂自己竟然忘记了母亲的生日；他遗憾妻子分娩之时未尽照料义务；他后悔听信流言与好友分道扬镳……他这才觉出需要他努力弥补的事情竟是那么多。可是，连他自己也不知道，他能不能挺过最后一关。此时，泪流满面的他发现：洞门开了。阳光照射进来，白云就在眼前，淡淡的花香，悦耳的鸟鸣——他又迎来了一个美好的人间。

青年扶着石壁蹒跚着走出山洞，脸上浮现出了一丝难得的笑容。五天来，他一直用心在说一句话，那就是：生命是上天赠给我们的美意，活着才是幸福。

我们总是很容易被生活中的琐碎小事所淹没，总会在意那些繁杂的纠葛、苦痛、伤害、低迷等。我们总是抱怨自己的

生活不够幸福，却总会忽略一切的一切仅仅是生活中小小的插曲而已，如果我们总是因这些小事而烦忧又怎会有时间体味幸福呢？

有时候我们因为没有明白上天的美意而常常抱怨，以为生活就是一种折磨。可是，当我们放下苦难的包袱，敞开自己的心扉，积极地对待生活中的每一天时，才发现原来生活并非全是苦难，当我们细心品味的时候，就能发现幸福。

许多看似与快乐联系在一起的因素——财富、盛名和好运——其实只是假象。研究人员发现，在富有的美国和欧洲，财富与乐观之间的相互联系微乎其微——事实上几乎没有联系。甚至连那些巨富也比普通人快乐不了多少。

真正的乐观心态，其实与外在无关，它更多地源于内心，源于对自己的肯定。

乐观心态，引导好人生

学着做一个乐观的人，任何时候都不要对生活失望。要明白乐观之于我们的重要性，它可以让我们时刻感受到生命的美好，并且对未来充满希冀。

乐观的人遇到挫折，总会把它变为一种转折。而乐观并不等于不切实际的幻想，也不意味着否认问题的存在，或逃避直面痛苦的责任。它是一种思维方式，也是一种面对挑战的态度。乐观可以使我们看到：未来是有希望的，也是可以去争取的，它促使我们说“我能”，而不是“我不能”。它让我们看到一只半满的杯子，而不是半空的杯子。

一位著名的政治家曾经说过：“要想征服世界，首先要征服自己的悲观。”在人生中，悲观的情绪笼罩着生命中的各个阶段，青春时期更是不可避免。战胜悲观的情绪，用开朗、乐观的情绪支配自己的生命就会发现生活有趣得多。悲观是一个幽灵，能征服自己的悲观情绪便能征服世界上的一切困难之事。人生中不可能没有悲观的情绪，重要的是我们要有击败它、征服它的决心。

战争时期，一位女士在庆祝盟军在北非获胜的那一天收到了国际部的一份电报。电报上说她最爱的小儿子死在战场上了。她无法接受这个事实，她决定放弃工作，远离家乡，把自己永远藏在孤独和眼泪之中。

正当她清理东西，准备辞职的时候忽然发现了一封早年的信，那是她的儿子在她母亲去世时写给她的。信上这样写道：亲爱的妈妈，我知道你会撑过去。我永远不会忘记你曾教导我时说过的话：不论在哪里，都要勇敢地面对生活。妈妈，我永远记着你的微笑，像男子汉那样，能够承受一切的微笑。

她把这封信读了一遍又一遍，似乎儿子就在她身边，仿佛有一双炽热的眼睛望着她：你为什么不照你教导我的去做？

这位女士看完这封信之后，打消了辞职的念头，她一再对自己说：我应该把悲痛藏在微笑下面，继续生活，我没有能力改变现实，但我有能力继续生活下去。

人生在世不如意事十之八九。倘若把不如意的事情看成是自己构想的一篇小说，或是一场戏剧，自己就是那部作品中的

一个主角心情就会变好许多。一味地沉入不如意的忧愁中，只能使不如意变得更不如意。既然悲观于事无补，那我们何不用乐观的态度来对待人生，守住乐观的心境呢？

用乐观的态度对待人生，可看到“青草池塘处处蛙”“百鸟枝头唱春山”；用悲观的态度对待人生，举目只是“黄梅时节家家雨”，低眉即听“风过芭蕉雨滴残”。譬如打开窗户看夜空，有的人看到的是星光璀璨，夜空明媚；有的人看到的是黑暗一片。一个心态乐观的人可在茫茫的夜空中读出星光的灿烂，增强自己对生活的自信，一个心态悲观的人让黑暗埋葬了自己且越葬越深。

用乐观的态度对待人生就要微笑着对待生活，微笑是击败悲观的最有力武器。无论生命走到哪个地步，都不要忘记用自己的微笑面对一切。微笑着，生命才能征服纷至沓来的厄运；

微笑着，生命才能将有利于自己的局面一点点打开。

守住乐观的心境实在不易，悲观在寻常的日子里随处可以找到，而乐观则需要努力，需要智慧，才能使自己保持一种人生处处充满生机的心境。悲观使人生的路愈走愈窄，乐观使人生的路愈走愈宽，选择乐观的态度对待人生是一种机智。

乐观，让你成为你想成为的人

你对你的人生有怎样的规划，你渴望自己成为怎样的人？

很多人在初入社会时都是信心满满，意气风发，可一旦遇到重大的打击或者遭遇惨痛失败的时候，有多少人能做到迎难而上，接受命运的挑战？生活总是充满苦难和磨炼的，而充实的生命，幸福的人生，需要能够忍受寂寞，忍受他人的恶意羞辱，忍受生活的磨炼，在忍耐中坚强，在坚强中成长。

要知道，这世界上，没有随随便便的成功，只有不畏艰难，勇于向命运宣战的人才能够品尝到成功的果实。

美国前总统克林顿所取得的成就是有目共睹的，但是，这样成功的一个大人物，他的童年却是很不幸的。

在他还没有出生的时候，父亲在一场车祸中丧生。他母亲因无力养家，只好把出生不久的他托付给自己的父母抚养。童年时期，克林顿受到外公和舅舅的深刻影响。他曾说，他从外公那里学会了忍耐和平等待人，从舅舅那里学到了说到做到的男子汉气概。

在克林顿七岁的时候，他离开了外公家，跟随母亲和继父迁往温泉城。生活似乎不打算厚爱这个可怜的孩子，重新建立的家庭并不幸福，母亲和继父常常因为意见不合而发生激烈冲突。继父嗜酒成性，酒后经常虐待克林顿的母亲，有时还会对克林顿拳脚相加。这给从小就寄养在亲戚家的克林顿的心灵蒙上了一层阴影。

坎坷的童年生活，使克林顿形成了不向命运低头的乐观性格。

他在中学时代非常活跃，一直积极参与班级和学生会活动，并且有较强的组织和社会活动能力。他是学校合唱队的主要成员，而且被乐队指挥定为首席吹奏手。

1963年夏，他在“中学模拟政府”的竞选中被选为参议员，应邀参观了首都华盛顿，这使他有机会看到了“真正的政治”。参观白宫时，他受到了肯尼迪总统的接见，不但同总统握了手，而且还和总统合影留念。

此次华盛顿之行是克林顿人生的转折点，使他的理想由当牧师、音乐家、记者或教师转向了从政，梦想成为肯尼迪第二。

有了目标和坚强的意志，克林顿此后30年的全部努力，都紧紧围绕这个目标。上大学时，他先读外交，后读法律——这些都是政治家必须具备的知识修养。离开学校后，他一步一个脚印：律师、议员、州长，最后达到了政治家的巅峰——总统。

人都希望在一个平和顺利的环境中成长，但命运并不喜爱安逸的人们，他要挑选出最杰出的人物，让这部分人历经磨难，千锤百炼终成金。一位大学者说过：“苦难是一所学校，真理在里面总是变得强有力。”每一个渴望成功的人都需要到其中接受教育。

历经风雨的洗礼，忍耐苦难的磨炼，生命才能常驻常新。

同样的事情用不同的态度对待就会产生不同的结果，乐观的心态带来生命的重生，悲观的心态导致生命的终结。为什么我们不能给自己的思维转个身呢？任何事物都有一体两面，塞翁失马，焉知非福？苦难照旧可以为成功助推。

改变的消极心态，建立一种乐观向上的积极心态，就可以使你的一生发生改观。具有乐观精神的人，在为人处世方面更容易获得成功。一个人只有保持乐观的心态，在生活中，才能摆正目光的焦点，才会有完整的自我、积极的创造，才会有和谐的人际关系。

乐观，让你化险为夷

一瓶剩有一半水的杯子放在面前，悲观者会说只有一半了，而乐观者会说还有一半。一个字的差别，表现出的却是不同的人生态度。“只”字让你留下的是绝望，其实事情本没那么糟，但是因为自己的悲观，让事情变得糟糕透了。而“还”字看出的是乐观者怀揣着无尽的希望，哪怕事情糟糕透了，乐观者也能够绝处逢生，造就成功。

丈夫去上班，玛丽独自一个人在家。这时有人按门铃，玛丽习惯性地打开门，就在这一刻，她愣住了，因为她发现此人手里拿着把刀，一看就是试图抢劫或者另有图谋的人。可是，门已经打开了，关门已经来不及了。

这时，玛丽并没有选择大呼小叫，也没有跟歹徒硬拼，她冷静下来，她告诉自己要把这个歹徒当作一个友好的人，就像是一个走错门的邻居，或者是推销人员。想到这里，玛丽突然就灵机一动，然后，她温和地说道：“您一定是累了，请进来喝杯咖啡休息一下吧，我知道上门推销道具是一件很难的事情。”

歹徒怎么也没有想到，这位美丽的女士竟然对自己这样友好，这样热情。他在玛丽的邀请下，喝了一杯咖啡，作为回报，他把那把刀送给了玛丽。

或许没有人会相信，玛丽的热心肠，朴实的话语和迷人的微笑感动了歹徒，并从此改变了歹徒的一生。但事实确实如此。

事情看起来似乎很简单，但如果玛丽在关键时刻没有那份乐观的心态，如果她把一切都想得太糟，本能地选择呼救，后果将是不堪设想。可以说，是玛丽乐观的心态拯救了自己的生命，不仅如此，受到玛丽乐观心态的影响，那名走入邪道的歹徒也放弃了邪恶的行为，找到了真正的自己，他开始相信人生是美好的。

人生有时候就是如此的奇妙，悲观和乐观只是一字之差，一念之差，却是遥如天堂和地狱的距离。

李白长叹：“长风破浪会有时，直挂云帆济沧海”；陆游乐道：“山重水复疑无路，柳暗花明又一村”……他们用乐观的心态看未来，从不担心前方的路有多难，他们坚信成功属于自己。

有时，天晴着，心却下着雨；又有时，天下着雨，心却是晴着。心晴的时候，雨也是晴，心雨的时候，晴也是雨。这说明人不应以物喜不应以己悲。乐观的心态才是最重要的。

为什么说乐观的心态很重要？因为它让你在遇到挫折、面临困境时学会镇静，学会怎样继续前行。其实挫折、困境并不可怕，关键在于你选择怎样的方式去面对。

每天日月照样运行，白云照样浮游，野花照样开放。忧郁的心情让你一败涂地，而乐观的心情却让你一步一步迈向成功。

用乐观的心态去奏响生命的篇章，不要抱怨上帝给予太多磨难。想想狂风暴雨之后才有彩虹；想想蚕要经历怎样的痛苦才能破茧成蝶。不要让悲观的情绪阻碍你前进的脚步，我们需要记住，梦想的大门是不会向悲观绝望的人敞开的，只要我们肯积极面对，从悲观的阴影中走出来，我们就一定可以寻找到实现梦想的有效方法。乐观地去面对吧，你会发现成功就在不远处。

PART

02

从容心态：心淡定，自从容

从容是一种内在的修行

以平常心看透宇宙一切事情，真正地把握住目前的一切，实实在在、平平淡淡地过有意义的生活，是一种轻松享受慢生活的意境。

三伏天，某禅院的草地枯黄了一大片，“快撒些草子吧，”徒弟说，“别等天凉了。”师傅挥挥手说：“随时。”

中秋，师傅买了一大包草子，叫徒弟去播种，秋风疾起，草子飘舞。“草子被吹散了。”小和尚喊。

“随性。”师傅说道，“吹去者多半中空，落下来也不会发芽。”

撒完草子，几只小鸟即来啄食，小和尚又急了。师傅翻着经书说：“随遇。”

半夜下了一场大雨，弟子冲进禅旁：“这下完了，草子被冲走了。”

师傅正在打坐，眼皮都没抬，说：“随缘。”

半个多月过去了，光秃秃的禅院长出青苗，一些未播种的院角也泛出绿意，徒弟高兴得直拍手。师傅站在禅房前，点点头："随喜。"

从小和尚和师傅对外界变化的不同反应我们可以看出，徒弟的心态是浮躁的，而师傅的心态是从容的。

故事中师傅的从容，也就是理性与平常心，尤其值得让患得患失、在狂喜与颓废之间震荡的人们思量。从预备撒草种到长出绿苗，徒弟的情绪大起大落，而师傅始终平和地面对。这种心态差别，源于两个人的阅历与素质。

生命是一种缘，是一种必然与偶然互为表里的机缘。有时候命运喜欢与人作对，你越是挖空心思去追逐一种东西，它越是想方设法不让你如愿。这时候，痴愚的人往往不能自拔，好像脑子里缠了一团毛线，越想越乱，陷在自己挖的陷阱里；而明智的人明白知足常乐的道理，他们会顺其自然，而不强求不属于自己的东西。

迪士尼乐园刚建成时，迪士尼先生为园中道路的布局大伤脑筋，所有征集来的设计方案都不尽如人意。迪士尼先生无计可施，一气之下，命人把空地都植上草坪就开始营业了。

几个星期过后，当迪士尼先生出国考察回来时，看到园中几条蜿蜒曲折的小径和所有游乐景点有机地结合在一起时，不觉大喜过望。他忙喊来负责此项工作的杰克，询问这个设计方案是出自哪位建筑大师的手笔。杰克听后哈哈笑道："哪来的大师呀，这些小径都是被游人踩出来的！"

任何一个在事业上成功的人，遇事都能保持轻松从容的心态。成功的人在遇到逆境的时候，也能保持沉着、冷静的心态，并随时准备着捕捉和发掘新机会，以及了解和对付新的问题。

成功者的那种心境轻松的情形，就像一个优秀的橄榄球运动员一样。当球员传球的时候，假如球意外地落到他的手中，他并不犹豫或惊慌。他会紧抱着球跑过去，或者警觉而放松地转个方向，以免对手扑过来。而成功者也是一样，面对突发的新情况，并不会手忙脚乱，他总能灵敏地作出反应。

生命中的许多东西是不可以强求的，那些刻意强求的东西或许我们终生都得不到，而我们不曾期待的灿烂会在我们的淡泊从容中不期而至。不管在何种场合，如果能够保持从容不迫、顺应自然的态度，那么，任何事情都能应付自如。

因此，面对生活中的顺境与逆境，我们应当保持“随时”“随性”“随遇”“随缘”“随喜”的心境，顺其自然，以一种从容淡定的心态面对，这样我们就会有意想不到的收获。

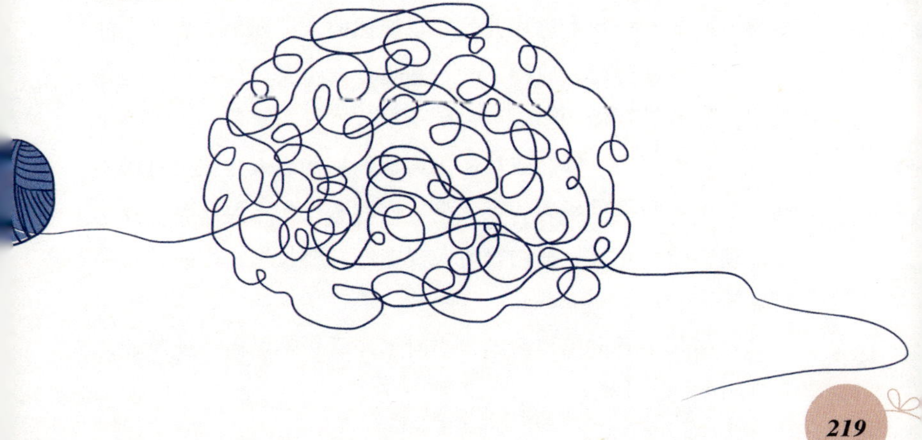

❀从容处世，心怀高远

能镇定且平静地注视一个人的眼睛，甚至在极端恼怒的情况下也不会有一丁点儿的脾气，这会让人产生一种其他东西所无法给予的力量。人们会感觉到，你总是自己的主人，你随时随地都能控制自己的思想和行动，这会给你品格的全面塑造带来一种尊严感和力量感，这种东西有助于品格的全面完善，而这是其他任何事物所做不到的。

一个人所处的环境无论多么不和谐，或者一个人的生活条件多么艰难，这都无关紧要。在每个人的体内都有着巨大的潜能，这使他能在每一次暴风雨和外在不利环境的重压下保持真诚和从容，他是自己的主人。他这样指导自己的思想，甚至达到了“不以物喜，不以己悲”的境界，这样，任何事物都无法破坏他对天赐的巨大潜能的开发和利用。

一个眼界宽广的人一定是善于安排自己的计划、善于处理自己眼前得失和长远利益的人；一个眼界宽广的人一定是能够容忍一时的挫折和失意，并处之以淡然的人；一个眼界宽广的人，一定会拿得起、放得下，是知道什么重要、什么不重要，懂得去做出正确取舍的人。

成功的人之所以会成功，因为他们和普通人往往会有所不同，这个不同很重要的一点就是他们心态比常人要从容，要淡然，他们的眼光一般都比普通人要宽广，要长远。李嘉诚就是这样的一个人。

1967年，香港出现暴动，当时不少富户都抛出土地物业，他趁机超低吸纳，随后地产业狂升使他进账以亿元计算。

1982年，中英关于香港交接谈判开始，香港爆发信心危机，楼、股市受挫，英资财团怡和更宣布迁址并对香港前途表示不信任，李嘉诚这时却发展大型住宅区，以此表示自己对香港的信心。此举不仅为长实带来了巨大利润，还改善了香港的人居环境。

在香港回归前期，李嘉诚不像其他富豪那样，移资国外、移民他乡。恰恰相反，他坚定地留下来，并大举进军内地投资。事实再次证明，他的选择是正确的。

为什么有的人轻轻松松就获得了成功，而有的人使出全身解数却仍旧不能如愿以偿呢？为什么有的人始终只能做一个很普通的人，而有的人却能够脱颖而出成为令人垂青的佼佼者呢？在这里面，眼界本身就是一项很重要的素质。从容面对世事变化，不被外界因素所影响，戒躁戒贪，人才能够立于不败之地。李嘉诚用实际行动验证了他的选择是对的。

当今飞速发展的现代社会，为人类提供了前所未有的物质的丰裕和生活的多样化，这已是无可辩驳的事实。然而，即使在刚刚开始步入现代化的中国，也有越来越多的人在享受比过去丰富的物质的同时，却感到平和、安宁和从容止越来越稀缺。本来，现代社会提供给人们最激动人心的许诺是：每一个人都可以有无限多样的充裕的选择。人们似乎应该利用各种机会去选择，去过一种更淡然、更惬意的生活。

然而，事实却恰恰相反，人们最终的选择结果，往往令自己更加忙乱不堪，得不到心灵的安宁。

曾有人这样说过："无论对任何人而言，忙乱不堪，没有定性，就意味着心理的某种失衡、虚弱和脆弱，这意味着无论他走到哪里，整个世界都是一团喧嚣。"一个人不具有心理弹性，内心不能在保持均衡的情况下活动，内心失衡，就意味着破坏性的东西，意味着混乱的状态，意味着整个生活中充满喧嚣和不安的气氛。

真正强大的人是不会为忙乱的琐事所困扰的。这样的人去任何地方，都不会遇到很大的烦恼，无论他错过了火车还是火车迟了，无论天下雨还是下雪了，无论他"不喜欢它"还是他的旅程因为某个预想不到的问题而被耽搁，这些琐事都不会影响到他。他会一声不响地调整自己的状态，或者对不利的处境提出解决问题的办法，或者干脆不理它，转而去做别的重要事情。

他们内心和谐、安宁、乐观和从容，他们身负很多事情，但他们能分清主次，有条不紊、从容自若地来应付。“天塌下来，还有高个子顶着。”他们什么都不怕，什么都不惧；他们优哉游哉、从从容容、游刃有余地应对一切。

和谐、安定、从容不迫是一种滋补剂，能全面提升我们的精神品位，也能滋养我们的身体。这种从容从内心而始，有效控制自己，是我们每个人都能做到的。

“就好像一片没有用的沼泽地，”一位作家说，“可以变成一块种满了黄金谷物的田地或一片富饶的果园，只要把池里的水抽掉，并且把那些水流引导到一条建造好的水渠中就可以了。而一个人也同样，他可以通过征服并引导这些思想水流，在自己身体内获得平静。于是，他拯救了自己的灵魂，使自己的心灵和生命开花结果。”

淡定从容，笑看人生

有一个美国旅行者在苏格兰北部过节。

这个人向一位坐在墙边的老人问道：“明天天气怎么样？”

老人看也没看天空就回答说：“是我喜欢的天气。”

旅行者又问：“会出太阳吗？”

“我不知道。”他回答道。

“那么，会下雨吗？”

“我不想知道。”

一番问答之后，旅行者已经完全被搞糊涂了。“好吧，”

旅行者最后无奈地问道，“如果是你喜欢的那种天气的话，那会是什么天气呢？”

老人看着旅行者，平静地说道：“很久以前我就知道我没法控制天气了，所以不管天气怎样，我都会喜欢。年轻人，我想以后你也会慢慢喜欢的，无论是什么天气，你都会的。”

旅行者看着老人从容淡定的神情，品味着老人所说的话，他觉得自己明白了。

如果我们都像这位老人一样淡定从容，那么我们的人生将会减少许多不必要的烦恼！

人人都会有烦恼的事情，但是，如果总是为一些无端的事情或自己无法操控的事情而烦恼，就是一种病态心理。烦恼由心产生，烦恼如同不良生活习惯导致的疾病，淡定从容的生活态度，是免于烦恼的健康生活习惯。烦恼是无缘无故的风，无法保持平静淡定或对任何事都深思不已、纠缠不休的人，心湖就会被烦恼的风掀起波澜。

人生若能从容淡定，便会远离烦恼，体验另一种生命、另一番境界。有句佛语叫“掬水月在手”，苍天的月亮太高，凡尘的力量难以企及，但是开启智慧，掬一捧水，月亮美丽的脸就会笑在掌心。人生总会有各种纷繁复杂的问题，面对这些问题，如果不能保持淡定从容，自然会烦恼不已。

日本著名的汽车推销大王奥城良治从学校毕业后，兴致勃勃地踏入汽车推销行业，他以为自己会很快就有一番作为的。令他难以接受的是，辛辛苦苦在外奔波了几个月，竟然毫无业绩可言，拜访客户的时候不是吃闭门羹，就是好不容易登门拜访，费尽唇舌，客户仍旧兴趣寥寥。

眼看着其他推销员业绩蒸蒸日上，自己却屡屡遭受无情打击，奥城良治逐渐心灰意冷，心里也开始打起了退堂鼓。

可是，他又不甘心这样放弃，最后，他决定给自己一个期限，如果到了最后期限，业绩还是不能有所突破的话，他就毅然离开汽车推销行业另谋生路。

不幸的是，这段期间，他仍然没有获得半张订单。好不容易熬到了期限的最后一天，他吃了几次闭门羹后，满脸疲惫地走过郊区的一处农田，准备回公司后就提出辞呈。

走着走着，他突然感到尿急，于是就走到田埂旁准备就地解决。

就在这时，他看见田埂旁边恰巧蹲着一只青蛙，当下决定将自己几个月来所受的满腹怨气宣泄在它身上。

于是，他故意朝着青蛙的头上尿尿。他原本以为这只青蛙被自己的尿液乱洒一通之后，会惊惶地跳走，没想到青蛙不但

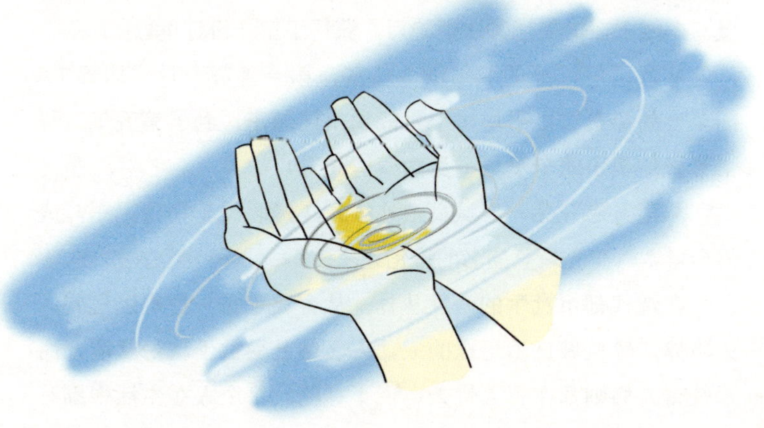

没有跳走，还若无其事地张着眼睛，简直是在享受一次大自然的沐浴一样。

青蛙无视羞辱、怡然自得的表现，给了奥城良治莫大的启示，让他领悟了想要推销成功，就必须要有“把坏人变贵人”的精神，心中不禁又燃起了旺盛的斗志。

奥城良治若有所思地对自己说：“如果我是顾客的话，那青蛙就犹如推销员，那些浇淋在它头上的尿液就代表着客户的种种拒绝和羞辱。想要在推销行业出人头地，就必须效仿这只青蛙，不论顾客多么无礼，遭遇多么难堪的拒绝、多么恶毒的羞辱，我都要像青蛙一样淡定从容地面对，而且要把它当作对自己的磨炼。”

这只青蛙改变了奥城良治的命运，他把自己的这番心得称为“青蛙法则”，并且奉行不渝。

在虚心检讨自己推销过程可能的缺失后，奥城良治放下害怕遭到拒绝、羞辱的悲观心理，勇敢面对各式各样客户的批评谩骂，终于在遭受1800次拒绝后，获得了第一份订单。

从此之后，他的业绩渐入佳境，第一年每个月平均卖出8部车，到了第二年平均每个月能卖出15部车，到了第五年，每个月平均卖出的车子数量竟然高达30部！

从第五年开始，奥城良治连续16年蝉联汽车销售冠军，成为全日本汽车界最负盛名的推销之王。

在现代都市竞争的人性丛林，从容淡定是一种难以达到的大境界，像奥城良治这样的成功人士就是受益于这份从容，而那些庸人们则都在杞人忧天、慌不择路。每个人在生活中都有不尽如人意的地方，关键在于你怎样看待。世事繁杂琐碎，然而这样的人生才是最真实的，烦恼根本没有必要，淡定从容、妄念不生地对待纷扰的人生才是最正确的。

心静如水，不为外物所扰

世界就像座城堡，城里的人想逃出来，城外的人想冲进去。身居繁华都市的人，往往追求悠闲平静的田园生活；身在林深竹海的乡人，却向往灯红酒绿的都市生活。其实，平静是福，真正生活在喧嚣吵闹的都市中的人们，可能更懂得平静的弥足珍贵。与平静的生活相比，追逐名利的生活是多么不值得一提。平静的生活在真理的海洋中，在波涛之下，不受风暴的侵扰，保持永恒的安宁。

人要活得轻松自在，就要做到心静如水，不为外界物语所左右。

这是一条古老的街，到处都是老旧的建筑物。老街上有一位老铁匠，由于早已没人需要打制的铁器，他便改卖铁锅、斧头和拴小狗的链子。

他的经营方式非常古老和传统。人坐在门内，货物摆在门外，不吆喝，不还价，晚上也不收摊。无论你什么时候从这儿经过，都会看到他在竹椅上躺着，手里是一个收音机，身旁是一把紫砂壶。

他的生意也没有好坏之说，每天的收入正好够他吃饭和喝茶。他老了，已不再需要多余的东西，因此他非常满足。

一天，一个古董商从老街经过，偶然看到老铁匠身旁的那把紫砂壶。因为那把壶古朴雅致，紫黑如墨，有清代制壶名家戴振公的风格，他走过去，顺手端起那把壶。

壶嘴内有一记印章，果然是戴振公的，商人惊喜不已。因为戴振公有捏泥成金的美名，据说他的作品现在仅存3件，一件在美国纽约州立博物馆里；一件在中国某博物院；还有一件在泰国某位华侨手里，是1993年在伦敦拍卖市场上以16万美元的拍卖价买下的。

商人端着那把壶，想以10万元的价格买下它。当他说出这个数字时，老铁匠先是一惊，后又拒绝了，因为这把壶是他爷爷留下的，他们祖孙三代打铁时都喝这把壶里的水。

壶虽没卖，但商人走后，老铁匠有生以来第一次失眠了。这把壶他用了近60年，并且一直以为是把普普通通的壶，现在竟有人要以10万元的价钱买下它，他转不过神来。

过去他躺在椅子上喝水，都是闭着眼睛把壶放在小桌上，现在他总要坐起来再看一眼，这让他非常不舒服。特别让他不能容忍的是，当人们知道他有一把价值连城的茶壶后，蜂拥而

至，有的问还有没有其他的宝贝，更有甚者，晚上来敲他的门。他的生活被彻底打乱了，他不知该怎样处置这把壶。

当那位商人带着20万元现金，第二次登门的时候，老铁匠再也坐不住了。他叫来老街上的街坊，拿起一把斧头，当众把那把紫砂壶砸了个粉碎。

后来，老铁匠一直卖铁锅、斧头和拴小狗的链子，据说他活过了百岁。

老铁匠打破了名利对心的束缚，便重新获得了宁静。宁静可以沉淀生活中许多纷杂的浮躁，过滤浅薄、粗陋等人性的杂质，可以避免许多鲁莽、无聊、荒谬的事情发生。宁静是一种气质、一种修养、一种境界、一种充满内涵的悠远。安之若素，沉默从容，往往要比气急败坏、声嘶力竭更显涵养和理智。因此，心静则万物莫不自得，心动则事象差别现前，我们常人之所以有分别，完全因为起心动念。如何达到动静一如的境界，关键就在吾人的心是否能去除差别妄想。

静是什么？是泰山崩于前而色不变，是大胸襟，也是大觉悟，非丝非竹而自恬愉，非烟非茗而自清芬。

其实，人生真的不必太急功近利，不如将心跳放缓，随青山绿水而舞，见鱼跃鸢飞而动。水流任急境常静，花落虽频意自闲。此心常在静处，荣辱得失，谁能差遣我？人生若常在静中，尘世再多喧嚣，也可以视若无睹，听若未闻。

静者，不是与孤独相依，与寂寞为伴。让自己去享受心灵的宁静，并不是让你放弃对梦想的坚持，而是当作一场惊险搏击之后的小憩，一次成功追求之后的深思，是饱经风霜后以虔诚的心去探寻生命的意义，是大起大落后以平和的方式去感悟人生的心态。

剔除喧嚣，荡尽繁华，宁静是种更本真的美。一个懂得适时让自己回归平静的人，他的思路会越清晰，他就会越发明白事物间的相互联系与作用，面对生活的波折和工作的艰难时他就会停止大惊小怪、动辄抓狂、忐忑不安或是忧伤痛苦，从而保持一种处变不惊、泰然自若的处世的态度，因为宁静本身就是一种积极的态度。

淡看生死，且笑且从容

“对酒当歌，人生几何？譬如朝露，去日苦多。”曹操这流传千古的诗于雄健之中透出了对人生短促的无奈。死亡不仅是英雄人物的归宿，也是每个普通人的宿命，因此，死亡是人生中的一个基本问题。

死和生同样都是人生的大事。然而，人们在对待“死亡”这一自然事件上的态度则是不同的。东方人把死亡当作一种忌讳；西方人大都把死亡作为一种人生的归宿，看得很平常。东方人的陵园种满参天松柏，郁郁葱葱的树木下掩映的是让人觉得阴冷诡异的陵园；西方人的墓地基本上没有高树，陵墓散落在绿色的草坪上，迎着阳光。东方人的墓碑多为黑底刻字，庄重阴森；西方人的墓碑多为白色，刻上有意义的墓志铭……

正如一位作家在读完童话《天蓝色的彼岸》后说：“人与人之间最大的区别其实是他们对待死亡的态度。”他们如何面对死亡的命题，决定他们如何选择对待生命的方式。但是要知道，死不是绝对的终结和虚无。它教导我们：要珍惜生，但并不必去畏惧死。

西方哲学家蓝姆•达斯曾讲了一个真实的故事。

一个因病而仅剩下数周生命的妇人，一直将所有的精力都用来思考和谈论死亡有多恐怖，以安慰自己的内心。以安慰垂死之人著称的蓝姆•达斯当时便直截了当地对她说：“你是不是可以不要花那么多时间去想死，而把这些时间用来活呢？”他刚对她这么说时，那妇人觉得非常不快。但当她看到蓝姆•达斯眼中的真诚时，便慢慢地领悟到他话中的诚意。“说得对！”她说，“我一直忙着考虑死亡，完全忘了该怎么活了。”一个星期之后，那妇人还是过世了。她在死前充满感激地对蓝姆•达斯说：“过去一个星期，我活得要比前一阵子丰富多了。”

不要被死亡遮住生的视线，你就能体验到生命的快乐。妇人不再把死放在心上，她就收获了人生中最丰富的一周的生命。

其实，死亡并不是一件坏事，著名哲学家海德格尔认为：生活本身是具有某种额外的肯定力量的，即使生活中的不幸不足以被其包含的好事所盖过，生活仍然是值得一过的。的确，死亡总是我的，别人不能把我的死拿过去，死亡是谁也替代不了的，是和别人毫无关联的，可以说死亡是世界上最私有的东西，每一个人都只能自己去承担自己的死，谁也帮不上忙。

海德格尔在《死亡》最后写道："拥有生命是好事，但生命的量没有限度，那么也许一种不好的结局真在等待着我们大家。"有死的世界并不可怕，可怕的是没有死的世界。没有死，生者何以知生？在人关于存在的意识中，生的意识与死的意识是统一的：死的意识强化生的意识。作为存在者而存在的人，其对自身存在事实的认定唯有通过强烈的生的意识来把握。把死的事实及人关于死的意识置于真实的存在之外，人还有什么生的意识可言？

人之生必然相伴于死，我们每个人从生下来的那一刻开始，便步入了走向死亡的过程。那么，我们在生的过程中就应该去体验生、去沉思生，通过对死的叩问而让自我的生命获得更为长足的发展，从而使我们的生命更加有价值。

既然死亡是必然的，那么，我们还有什么看不开，想不通的呢？用从容的心态，去看待生死，在我们活着的时候，好好体验生活所赋予我们的丰厚内容，面对死亡，我们就可以变得从容无惧。正如尼采所说："参透为何，才能迎接任何。"

跳出"名利场"

泰戈尔曾说："鸟儿翅膀上一旦系上黄金，它就再也飞不起来了。"意思是，一个人如果被名利所累，他就再难从容生活。一个人若将名利看得重于泰山，势必卷入追逐名利的漩涡，酿成悲剧。如果我们每个人面对名利，都能多一些从容，那么，我们的人生也会少了很多世俗烦恼，而轻松自如。

作为一代鸿儒，钱钟书向来淡泊名利。

1991年，全国十八家省级以上电视台联合拍摄《中国当代名人录》，钱钟书名列其中，友人告诉他将以钱酬谢，他淡淡一笑："我都姓了一辈子'钱'了，还会迷信这东西吗？"

又有一次，英国一家老牌出版社得知钱老有一本写满了批语的英文大辞典，派出两个人远渡重洋，叩开钱府的大门，出以重金，请求卖给他们，钱老说："不卖！"

国外曾有人表示，如果把诺贝尔奖颁给中国作家的话，只有钱钟书才能够当之无愧。而钱钟书则表示，萧伯纳说过，诺贝尔设立奖金比他发明炸药对人类的危害更大。

与钱钟书先生一样淡泊名利的，还有季羡林先生。2009年7月11日季老与世长辞。季老留给我们的不仅是那炉火纯青、登峰造极的学问，更多的是"三辞桂冠"、专心做学问的求实作风，是那种远离浮躁、甘为人梯的淡泊操守。季羡林在《病榻杂记》一书中提出"三辞"，第一次廓清了他是如何看待这些年外界"加"在自己头上的"国学大师""学界泰斗""国宝"这三项桂冠的，他表示："三顶桂冠一摘，还了我一个自由自在身。身上的泡沫洗掉了，露出了真面目，皆大欢喜。"

无论是钱钟书还是季羡林，我们所看到的都是淡泊名利，专心学问的情操。无论是治学、立身还是工作，我们都需要这种甘于淡泊的精神。

名与利，是伤及世人生命的两件凶器。关于名利，庄子也有一句名言叫作，“名也者，相轧也；知也者，争之器也。”意思是名与利，导致人们相互倾轧，知识谋略，成了人们争名夺利的工具。可见名利之误人误身不浅。古往今来，读书人为了金榜题名而发奋苦读，并非为了真正的学问，这就是争斗心理的开始。人类的历史，尤其是中国的历史，数千年来每个朝代，在皇帝面前党派意见的纷争，都是因“名、利”而引发的。

虚荣是虚妄不实的，然而一般人却往往看不破，执虚为有，并为之驰驱，劳苦不停。虚荣之假难见，虚荣之大，也难以舍弃，正如一句话所言，只身困在名利场，跳入容易抽身难。人们往往贪慕名利虚荣的强大表象，置身险境而不觉。

在太平洋的布拉特岛生活着一种王鱼。王鱼是天生的魔幻大师，它有一种本领，只要它愿意，就能吸引一些较小的动物贴附在自己的身上。它先给它们一点好处，一点自身的分泌物。

当这些小动物被吸引后，王鱼便要千方百计地把这些小动物身上的物质吸干，慢慢地吸收为自己身上的一种鳞片，其实那不是鳞，只是一种附属物。当王鱼有了这种附属物后，便会变成另一种形态，满身像个大气球，比没有鳞的王鱼，最少大出四倍，简直威风极了。而没有吸附小动物的王鱼，还会是老样子，看起来比较渺小，远不如吸附了外界物质的王鱼那样“气宇轩昂”。

可惜好景不长，吸附了外界物质的王鱼，当生命进入到后半生时，由于身体机能的退化，这种附属物会慢慢脱离它的身体，使它重新回到原本的面目，那个较小的外形。

失去了鳞片的王鱼，就会变得痛苦不堪，因为失去了盔甲，它再也无法适应眼前的水域世界。在这种情况下，它会变得异常烦躁。甚至它会去无端地攻击别的鱼类，以解脱自我。可惜，在攻击别人的时候，它又没有了往日的自保能力，反过来被别的鱼撕咬得遍体鳞伤。

绝望的王鱼，就去自残，往岩石上猛撞，撞得血肉模糊，惨不忍睹。它往日主宰的一切，包括自己的生命，都不再属于它。

虽然这是一个关于鱼的故事，但与我们的人生何其相似。虚荣害人。为了求名成功，为了好胜而求知识，这两样都是杀生的武器，杀人不见血，最终破坏自己的生命。外界的浮华和虚荣是不会长久的，任何不切实际的幻想只能带来无穷的痛苦和烦恼。一个成熟的人应当努力追求自我生命的价值，看重自己在工作中的贡献，而不是贪慕名利。

从容不是天生的，作为人的一种性格特征，虽然同气质有一定关系，但主要还是取决于自己的胸怀、修养。“心底无私天地宽”，心中经常想着别人，少计较个人的利害得失，我们就能成为一个从容豁达的人。

名利场是一个浮华的世界，处处弥漫着尘埃。它蒙蔽了人们的眼睛，禁锢了人们的心灵，最能够束缚自己的是名利，最能够误导自己的也是名利，“淡泊明志，宁静致远”，只有淡泊名利的人才能坚守自己的选择，安于自己的位置。

PART

03

感恩心态：有一种幸福叫感恩

感恩带来机遇

“滴水之恩，当涌泉相报”“谁言寸草心，报得三春晖”“谁知盘中餐，粒粒皆辛苦”“吃水不忘打井人”……我们小时候背诵的名言诗句，讲的就是要感恩。滴水之恩，涌泉相报；衔环结草，以报恩德，中国绵延多少年的古老成语，告诉我们的也是要感恩。但是，这样的古训并没有渗进我们的血液，有时候，我们常常忘记了，无论生活还是生命，都需要感恩。

心存感恩，你才能收获更多的温暖。机遇通常青睐那些懂得感恩的人。

江城是一名程序员，在一家软件公司工作了六年，他一直以为自己将在这里工作直到退休，然后拿着优厚的退休金颐养天年。计划总是赶不上变化，不幸的是，这一年公司倒闭了。

作为家里的顶梁柱，江城意识到，重新找工作迫在眉睫；身为丈夫和父亲，他很清楚自己的义务和责任。他在心里向妻子和孩子承诺，一定要让他们过得更好。

江城每天都要参加很多面试，生活也开始变得凌乱不堪。可是，一个月过去了，他没找到工作。除了编程，他一无所长。

终于，他在报上看到一家软件公司要招聘程序员，待遇不错。江城揣着资料，满怀希望地赶到公司。刚到那家公司门口，他就看到应聘的人已经排起了长队，人数超乎他的想象，江城深知这次竞争将会异常激烈。

凭着过硬的专业知识，笔试环节，江城轻松过关。之后将要面临的就是两天后的正式面试了，但江城一点儿也不感到恐慌，他对自己六年的工作经验无比自信，坚信面试不会有太大的麻烦。

让江城想不到的是，到了正式面试的时候，考官的问题是关于软件业未来的发展方向，这些问题，他竟从未认真思考过。

江城觉得公司对软件业的理解，令他耳目一新，虽然应聘失败，可他感觉自己收获不小，所以，他认为有必要给公司写封信，以表示感谢。回到家后，他就立即提笔写道：“贵公司花费人力、物力，为我提供了笔试、面试的机会。虽然没有得到录用，但通过应聘经历使我大长见识，获益匪浅。真诚地感谢你们为之付出的劳动，谢谢！”

这是一封与众不同的信，落聘的人没有不满，毫无怨言，竟然还给公司写来感谢信，真是闻所未闻。这封信被层层上递，最后送到总裁的办公室。总裁看了信后，一言不发，把它锁进抽屉。

一个月后，新年来临，江城收到一张精美的新年贺卡，上面写着：尊敬的江城先生，如果您愿意，请和我们共度新年。江城看着寄信地址，一时间感动极了，原来这张贺卡是他上次应聘的公司寄来的。

感恩，是一种发自内心的情感，它具有很强的感染力。一封感谢信，说来并不是什么重要的物件。但是，一个前来应聘未被录用的人，不仅不抱怨，反而诚挚地道谢，对于这家公司来说，他们更能看到这个应聘者的自身质素。因为，感恩，是一个人良好人生态度的极大体现。江城用自己的感恩之情，为自己赢得了一个难能可贵的工作机会。

存有一颗感激之心，时时对自己的现状心存感激，同时也要对别人为你所做的一切怀有敬意和感激之情。懂得感恩，感激别人，感激社会，个人容易获得满足，比较容易获得幸福。同样，你感激别人，别人也会感激你，让你获得幸福。心是相互传染的，自己感恩会引发更多感恩，自己付出会引发别人付出。相反，自己计较也会引发别人计较，自己索取也会引发别人索取。

所以，种下一粒感恩的种子，让它发芽结果，繁衍传播。

这个世上没有谁能够随随便便成功，许多成功的企业家在成功之初，都经受过许多挫折和失败。不同的是他们不会盲目地抱怨命运、抱怨他人，而是怀着一颗感恩的心来检视自己，对自己做出正确的评估，之后，他们会感谢曾经的失败带给他们的经验。如果你现在正饱受折磨，不要抱怨，而应该学会感谢，感谢它们促进你不断进步，并将你推向成功。

仁爱的人，更懂得感恩

“人之初，性本善”是《三字经》的开篇语。两万多字的《论语》里，仅“仁”这个字，就被提到100多次。千百年来，仁爱思想被历代贤哲智士不断发扬光大，成为社会和谐发展的重要思想基础。

儒家思想的创始人孔子认为“仁”即“爱人”，提出了“己所不欲，勿施于人”“己欲立而立人，己欲达而达人”的“忠恕”之道。而孟子则说：“老吾老以及人之老，幼吾幼以及人之幼”，宣扬“推己及人”的仁爱之道。

一个懂得感恩的人必是心怀仁爱的人。在我国，仁爱一直被作为一种重要的社会公德而被大力弘扬。

被称为“万婴之母”的林巧稚大夫的一生，是仁爱奉献的一生，下文的故事就采自关于她的纪录片中的解说词。

1949年10月1日，开国大典。欢呼声排山倒海。离天安门广

场不远的协和医院里，著名妇产科医生林巧稚静静地工作了一天。其实，当天她也收到了到天安门观礼的邀请。但在林巧稚的心中，病人永远是最重要的。这一点在她的从医生涯中从未变过。因此，那一天林巧稚听到了两种声音：新中国诞生时人们山呼海啸的欢呼声和新生婴儿诞生时的啼哭声。

1921年夏天，刚满20岁的林巧稚离开了家乡鼓浪屿，乘船来到上海，报考北京协和医学院。在中国传统社会里，女性的地位远远不及男性，即使到了20世纪初，职业女性仍然凤毛麟角。从小接受西式教育的林巧稚很早就确立了一个理想：怀着非凡的爱，做平凡的事。

7月的上海酷热难耐，考场上一位女生突然中暑晕倒，此时监考的男老师不方便施救，林巧稚二话没说，放下手中没有答完的考卷，离开考场去照顾病人。十多分钟后，当她回到考场，考试已经结束了，林巧稚最有把握的英语试题没能答完。这次考试全国只招收25名学生，录取率很低，女生要被录取就更难，没有答完题的林巧稚认为自己一定落榜了。考完回来之后，她难过地对爸爸说，我可能考不进了。爸爸告诉她："在人生考场上，你很优秀，你懂得关心人，懂得爱人，这样，你不论当医生、当别的，你都具备了条件。"爸爸的话给了林巧稚很大的安慰。

一个月后，林巧稚收到了协和医院的录取通知书。她没有答完试卷，但仍然得了高分。毕业以后，林巧稚留在了协和，成为协和第一位毕业留院的中国医生。林巧稚从在协和做见习医生起，见到产妇疼痛，就会主动伸出双手抚慰产妇。有时候宫缩来了，产妇屏住气，会把林巧稚的手捏得青紫肿胀，而她一声不吭。当时，一位美国教授对此不以为然，有一次他居然对林巧稚说："林大夫，你难道以为为病人拉拉手，擦擦汗，就会成为妇产科的专家吗？"但是林大夫坚信这是一个医生、一个妇产科大夫最起码、最重要的品质。

林巧稚在产房里度过了五十多个春秋，她亲手迎接了五万多条小生命来到人间，这个不曾做过母亲的伟大女性被人们尊称为"万婴之母"。有人说，林巧稚身上有一种神奇的力量，不管产妇和新生儿怎样地焦躁痛苦，只要她走过去，拉着手说上几句话，他们就都会平静下来。长时间高负荷的工作耗尽了她所有的精力，林巧稚终于病倒了。

1983年4月22日清晨，林巧稚在昏睡中发出呓语，急促地叫喊："产钳，产钳，快拿产钳来！"她慢慢平息下来，过了一会儿，她的脸上露出一丝微笑："又是一个胖娃娃，一晚上接生了3个，真好！"

这是林巧稚留下的最后的话。虽然没有自己的孩子，但她被称为"万婴之母"。正是因为这份仁爱之心，林巧雅被千千万万的人看作是最伟大的母亲。她的仁爱得到了回馈，她在付出的同时，也在人们的心灵深处植下了一颗感恩的种子。

我们不能改变生命的长度，却可以改变生命的宽度。这句话常常被用来激励失意之人。其实用在这里，却是再恰当不过的。我们如果在有限的生命中注入无限的仁爱和激情，如此，我们的人生该是怎样的厚重和宽阔。当我们要在一个蓄水池中注满清澈的河水时，蓄水池已经固定，增加输水管道的长度也只是拉长了水流的距离，我们需要去做的是将管道拓宽，这样才能更快地将水池注满，而拓宽管道的工具就是我们的仁爱之心。

事实上，当我们真正改变了生命的宽度时，生命的长度也会悄然增加。以一颗仁爱之心看待我们所生活的世界，参与到爱心传递的活动中，让更多的人感受到仁爱的魅力，我们才会懂得向这个世界回馈爱，才会感恩生活所赐予的种种，并将感恩的优良传统发扬光大，这就是仁爱的力量。只有仁爱的人，才更懂得感恩的真谛。

播下一粒感恩的种子

2008年5月13日早晨，在地震发生十余小时后，一位满脸是血的北川男孩从废墟中被武警官兵救出。就在武警官兵准备把小男孩转移到安全地带时，他艰难地举起还能动弹的右手，虚弱地向8位抬着他的解放军战士做出敬礼的姿势。

这个敬礼的男孩只有3岁，他的名字叫郎铮，是北川县曲山幼儿园的小朋友。

这个令人动容的瞬间被记者拍下，照片公布后，一个3岁小男孩敬礼的动作打动了全国人民的心。23日，温家宝总理专程到医院看望了小郎铮，称赞他“坚强、勇敢”。

小郎铮稚嫩的小手仰天一举——一个怀着感恩的敬礼，这一永恒的“感恩之美”在一夜间迅速传遍神州大地，这么小的男孩就懂得感恩，无数人因此而感动。

一个懂得感恩并知恩图报的人，才是天底下最富有的人。感恩是一份美好感情，是一种健康心态，是一种良知，是一种动力。人有了感恩之情，生命就会得到滋润，并时时闪烁着纯净的光芒。永怀感恩之心，常表感激之情，原谅那些伤害过自己的人，人生就会充实而快乐。

感恩就如同阳光一样，能给我们带来温暖与美丽。不管我们从事什么工作，只要常存一颗感恩之心，我们就能发现工作和生活中每一处动人的风景。在网络上有一个知心的“网络妈妈”，她借助网络帮助无数的青少年摆脱了网瘾，重拾生活的信心，使他们心底重新充满阳光，这个人就是——刘焕荣。但是谁也不曾想到，帮助别人摆脱困境的人，自己却也是一个不曾得到上天眷顾的人。

刘焕荣童年时期遭遇的一场意外大火，不仅使她失去了美丽的容颜，还给她留下了终身的残疾。但每天晚上，她坐在电脑前，用她伤残的手夹着笔艰难地敲打着键盘，在QQ里和网友谈人生、谈理想，无怨无悔地帮助一个个在网络世界里迷失了方向的年轻人走出了困惑，重燃起生活的希望。

江苏连云港市一名高三的学生，由于学习成绩不好，经常遭到姑姑的责骂。刘焕荣在聊天中给予他许多关心和爱护，使他越来越信任并依赖她。在一次聊天中，刘焕荣向这个孩子讲述了自己的真实故事，孩子深受感动，当即向她保证不再沉迷于游戏。在刘焕荣耐心地劝说和鼓励下，这名学生成绩渐渐地好了起来。刘焕荣说：“‘救救孩子’的呼唤，让我真切地感受到肩上沉甸甸的责任，我将尽最大的努力帮助那些沉迷于网络不能自拔的孩子。”

刘焕荣救助的孩子——南昌市初二学生小强说：“‘网络妈妈’就像我的亲人一样！”小强由于沉迷于网络游戏而被学校开除，父母都对他失去了信心，但是刘焕荣并没有放弃。在刘焕荣的鼓励和支持下，小强决心重返学校上课，但遭到了学校的拒绝。得知此事之后的刘焕荣顾不得自己腿疾未愈，亲自赶到南昌帮助小强重返校园。刘焕荣曾说：“网络使我变得充实而美丽。尽力去帮助那些需要帮助的人，让我体会到内心异常地快乐。”

2003年以来，刘焕荣在“网络妈妈”论坛发帖1400余篇，发电子邮件100多封，写书信152封，成功地帮助了340余位青少年解除了网瘾。从这之后，越来越多的人加入到“网络妈妈”志愿者行列，她的事迹在全国引起了强烈反响，被人们誉为“网络妈妈”。

刘焕荣说：“社会给予我一份爱，我就把它作为扬起生命风帆的动力，把它化为一份力量，回报社会。”

感恩是生活中的大智慧。一个智慧的人，会为自己已有的而感恩，感谢生活的赠予。学会感恩，这样我们才会有一个积极的人生观和健康的心态。感恩是我们赖以生存的精神食粮，我国民间也有“羊有跪乳之恩，鸦有反哺之义”“投之以桃，报之以李”“谁言寸草心，报得三春晖”的说法，可见，世界因人懂得感恩而美好。

感恩是一种睿智的生活态度，更是我们需要培养的一种积极向上的心态。也许你会觉得工作和生活有太多的抱怨，你会抱怨岗位的平庸不起眼，你会抱怨薪水微薄不够花，你会抱怨居住环境太差，你会抱怨得不到别人的尊重，等等，似乎有太多理由值得我们去抱怨。然而，当你抱怨的时候，工作经验的累积、工作乐趣的体验、人生机遇的获得都在你“理所当然”的抱怨声中离你远去，一个人不懂感恩便无法品尝工作和生活带给他的甜美果实。

❀ 学会感恩，你将拥有更多

在一个小镇上，饥荒让所有贫困的家庭都面临着危机，因为对于他们来说，最起码的温饱问题都难以解决。小镇上最富有的人要数面包师卡尔了，他是个好心人。为了帮助人们渡过饥荒，他把小镇上最穷的20个孩子叫来，对他们说："你们每一个人都可以从篮子里拿一块面包。以后你们每天都在这个时候来，我会一直为你们提供面包，直到你们平安地渡过饥荒。"

那些饥饿的孩子争先恐后地去抢篮子里的面包，有的为了能得到一块大点的面包甚至大打出手。他们心里只想着要得到面包，当他们得到的时候，立刻狼吞虎咽地把面包吃完，甚至都没想到要感谢这个好心的面包师。面包师注意到一个叫格雷奇的小女孩儿，她穿着破旧不堪的衣服，每次都在别人抢完以后，她才到篮子里去拿最后的一小块面包，她总会记得亲吻面包师的手，感谢他为自己提供食物，然后才拿着它回家。面包师想："她一定是回家和自己的家人一起分享那一小块面包，多么懂事的孩子呀！"

第二天，那些孩子和昨天一样抢夺较大的面包，可怜的格雷奇最后只得到了昨天一半大小的面包，但她仍然很高兴。她亲吻过面包师的手后，拿着面包回家了。到家后，当她妈妈把面包掰开的时候，一个闪耀着光芒的金币从面包里掉了出来。妈妈惊呆了，对格雷奇说："这肯定是面包师不小心掉进来的，赶快把它送回去吧。"

小女孩儿拿着金币来到了面包师家里，对他说：“先生，我想您一定是不小心把金币掉进了面包里，幸运的是它并没有丢，而是在我的面包里，现在我把它给您送回来了。”

面包师微笑着说：“不，孩子，我是故意把这块金币放进最小的面包里的。我并没有故意想要把它送给你，我希望最文雅的孩子能得到这块金币，是你选择了它，现在这块金币是属于你的了，算是对你的奖赏。希望你永远都能用感恩的心去面对每一件事。”

要想拥有幸福的生活，首先要怀有一颗感恩的心。一个不知道感恩的人，他的生活会因此而缺少快乐，他将无法融入社会大家庭，甚至会做出危害社会的行为。有一颗感恩的心，才更懂得尊重，尊重生命、尊重劳动、尊重创造。感受和感激他人恩惠的能力，是个人维护自己的内心安宁感、提高自己的幸福充裕感必不可少的心理能力。

李嘉诚早年由于生计所迫，14岁时就到港岛西营盘的春茗茶楼当了一名小伙计。在这间茶楼，发生了一次使李嘉诚终生难忘的“饭碗危机”。一位生意人在大谈生意经，李嘉诚听得入迷，竟忘了伺候客人茶水。待听到大伙计叫唤，才慌里慌张地持茶壶为客人冲开水，结果不小心洒到茶客的裤脚上。老板立即跑过来，正待斥责李嘉诚，不料那生意人茶客却为李嘉诚开脱说：“不怪他，是我不小心碰了他。”

茶客走后，老板对李嘉诚说：“我知道是你把水淋到了客人的裤脚上。以后做事千万得小心，万一有什么错失，要赶快向客人赔礼，说不定就能大事化小。这客人心善，若是恶点，不知会闹成什么样子。开茶楼，老板伙计都难做。”李嘉诚的母亲知道后，说：“菩萨保佑，客人和老板都是好人。”她又告诫儿子，“种瓜得瓜，种豆得豆”“积善必有善报，作恶必有恶报”。

李嘉诚从此再也没见过那位好心的茶客，他成为巨富后对友人说：“这虽然是件小事，在我看来却是大事。如果我还能找到那位客人，一定要让他安度晚年，以报他的大恩大德。”

感恩，让我们收获了快乐。你很难想象一个小肚鸡肠，经常为一点小事斤斤计较的人会与快乐结缘。在这个世界上没有不幸福的人，只有自己不肯快乐的心。快乐的秘诀是什么呢？就是付出的多一些，收回的少一些；奉献的多一些，计较的少一些。

这世间难免有不平事，但你若是忽略不计，那它怎会在你的心间留下痕迹？尝试着用感恩的心去填充你快乐的背囊吧，当你的背囊渐渐充实，也预示着你找到了快乐的根源。

人们常说要懂得感恩，感恩是一种心态，是对生活发自内心的热爱。无论处在多么恶劣的境地，感恩者都会记住自己拥有的那份爱，人生旅途繁杂，不要忘记带上一颗感恩的心上路，这样你才会珍惜生命里拥有的东西，使内心得到安宁，使精神得享愉悦。

感恩，让你的内心感受快乐

米卢在我国执教国家足球队时曾大力倡导“快乐足球”，他经常引用的一句话就是“态度决定一切”。是的，世界不会因谁而改变，需要改变的是我们改造世界的“心”。人们常说“一个人要学会感恩，才能真正快乐。”感恩是爱的根源，也是快乐的必要条件。如果我们对生命中所拥有的一切能心存感激，便能充分体会到人生的快乐、人间的温暖以及人生的价值。本尼迪克特说：“受人恩惠不是美德，报恩才是。当他积极投入感恩的工作时，美德就产生了。”一个真正拥有感恩之心的人，才能深刻体会到快乐的真谛。

每一份感恩的情怀，都可以收获满心的快乐。只有常怀一颗感恩的心，我们的心态才会更平和。在一种平和的心境下，我们自然会感觉内心是充实的，生活是快乐的，我们就会觉得时间如白驹过隙，绝不会再感到度日如年。

学会感恩，享受生活。我们对待工作也应如此，用一颗感恩的、快乐的心投入到你的工作中，学会发掘自己蕴藏着的内在活力、热情和巨大的创造力，就是学会享受每一天的幸福。

如果说良好的心态是前提，适当的压力是促进，工作业绩是激励，那么快乐的工作就应该是贯穿始终的主旋律。没有好的心情，很难谈得上工作效率与成绩。

也许你会说自己的工作是平淡乏味的，也许你认为你的工作是琐碎繁重的，也许……其实只要你愿意怀着感恩的心，快乐地投入工作，那么你的天空将不再是阴霾，你就可以体验到平凡与精彩、烦恼与快乐、腐朽与神奇原来是如此容易转换，你会发现启迪你力量和智慧的、给予你灵感和快乐的东西，原来离你那么近，并唾手可得。

快乐源于一颗感恩的心。

生活百味。每个人遇到挫折或抑郁愤怒或捶胸顿足本无可厚非，在所难免。但即使如此又于事有补吗？这不得不让我们深思。海伦·凯勒在失明的黑暗国度里却能优雅自如地享受心灵的光明。她乐观地感恩苦难，是苦难催促她坚强成长，她骄傲地将困难比喻成浩瀚无垠的大海，而她独自驰骋在波涛汹涌的海浪上，凭借自己的智慧和毅力欣赏因搏击成功而激起的朵朵绚丽的浪花。

感恩就像一棵树，你感恩他人，树上就结出一个感恩之果，你吃了，将甜到你心底。感恩就像一位天使，你感恩了他人，天使会把快乐洒给你。

一杯牛奶的价值

你无意间的一次善举，就会让世界多一个懂得感恩的人，有位名人说：人活着应该让别人因为你活着而得到益处。的确，学会给予和付出，你会感受到舍己为人，不求任何回报的快乐和满足。一位儿童教育家说："只知索取，不知付出；只知爱己，不知爱人，是当前独生子女的通病。"学会付出是人类光辉灿烂人性的体现，同时也是一种处世智慧和快乐之道。

即使你拥有金钱、爱情、荣誉、成功和刺激，也许你还不会有快乐。快乐是人生的至高追求，只有给予和付出，你才能实现这一追求。

海伦•凯勒曾说："任何人出于他的善良的心，说一句有益的话，发出一次愉快的笑，或者为别人铲平粗糙不平的路，这样的人就会感到欢欣是他自身极其亲密的一部分，以致使他终生去追求这种欢欣。"的确，在生活中，从一个表情、一句问候、一个眼神、一件小事开始，学会付出，善意地看待这个世界，快乐会时时与我们相伴。因为，我们的每一次付出，都让世界变得更有希望，在付出和接受之间，感恩的心理就已经建立了。说到底，拥有快乐其实很简单。对此，还是罗曼•罗兰说得精彩：“快乐不能靠外来的物质和虚荣，而要靠自己内心的高贵和正直。”

付出爱心的同时，你就已经种下了希望。其实，这是每一个人都明白的道理，帮助自己的唯一方法就是去帮助别人。爱心就像是一颗种子，在你选择播种的时候，就注定会有硕果累累的一天，就能品尝到丰收的喜悦。

一天，一个贫穷的小男孩为了攒够学费正挨家挨户地推销商品。劳累了一整天的他此时感到十分饥饿，但摸遍全身，却只有一角钱。怎么办呢？他决定向下一户人家讨口饭吃。当一位美丽的女孩打开房门的时候，这个小男孩却有点不知所措了，他没有要饭，只乞求给他一口水喝。这位女孩看到他很饥饿的样子，就拿了一大杯牛奶给他。

男孩慢慢地喝完牛奶，问道：“我应该付多少钱？”女孩回答道：“一分钱也不用付。妈妈教导我们，施以爱心，不图回报。”男孩说：“那么，就请接受我由衷的感谢吧！”说完男孩离开了这户人家。此时，他不仅感到自己浑身是劲儿，而且还看到上帝正朝他点头微笑。其实，男孩本来是打算退学的。

数年之后，那位女孩得了一种罕见的重病，当地的医生对此束手无策。最后，她被转到大城市医治，由专家会诊治疗。当年的那个小男孩如今已是大名鼎鼎的霍华德•凯利医生了，他也参与了医治方案的制定。当看到病历上所写的病人的来历时，一个奇怪的念头霎时间闪过他的脑际。他马上起身直奔病房。

来到病房，凯利医生一眼就认出床上躺着的病人就是那位曾帮助过他的恩人。他回到自己的办公室，决心一定要竭尽所能来治好恩人的病。从那天起，他就特别地关照这个病人。经过艰辛努力，手术成功了。凯利医生要求把医药费通知单送到他那里，在通知单的旁边，他签了字。

当医药费通知单送到这位特殊的病人手中时，她不敢看，因为她确信，治病的费用将会花去她的全部家当。最后，她还是鼓起勇气，翻开了医药费通知单，旁边的那行小字引起了她的注意，她不禁轻声读了出来："医药费——一满杯牛奶。霍华德•凯利医生"。很普通的一杯牛奶，在给予的人心里，它或许是微不足道的举手之劳；在被给予的人心里，它却是世间最珍贵的无价之宝。

人的一生，不可能都一帆风顺，不需要任何人的帮助。对于那些帮助我们的人，我们要懂得感恩；对于那些需要我们帮助的人，我们要懂得悲悯。佛家讲究善恶轮回，因果报应。其实在现实生活中，这种所谓的因果报应只不过是心存感激的受惠者对施惠者的一种报偿而已。对他人施予善行，往往能收获比别人更加丰厚的回报。明智的父母都懂得让孩子奉献自己的爱心，帮助别人。帮助别人，就是帮助自己，而我们为别人付出的时候，本身就体验到了生命的快乐和富足。

只有你付出爱心，你才能收获希望。只有在别人困难的时候，毫不犹豫地伸出你救援的双手，在你困难时，你才能得到更多的帮助。

PART

04

务实心态：每天进步一点点

务实是对自己的一种“诚信”

人最可怕的是不知道自己有什么不知道，以为自己什么都懂。这样的人就永远不会进步，就像老爱欣赏自己脚印的人，只会在原地绕圈子，步井底之蛙的后尘。

一次，苏格拉底的弟子聚在一块儿聊天，一位出身富有的学生，当着所有同学的面夸耀他家在雅典附近拥有一片广阔的田地。

当他在吹嘘的时候，一直在旁边不动声色的苏格拉底，拿出一张地图说：“麻烦你指给我看，亚细亚在哪里？”

“这一大片全是。”学生指着地图洋洋得意地说。

“很好！那么，希腊在哪里？”苏格拉底又问。

学生好不容易在地图上找出一小块来，但和亚细亚相比，实在是太微小了。

“雅典在哪儿？”苏格拉底又问。

“雅典，这就更小了，好像是在这儿。”学生指着一个小点说道。

最后，苏格拉底看着他说：“现在，请你指给我看，你那块广阔的田地在哪里呢？”

学生满头大汗也没找到，他的田地在地图上连一丝影子也没有。他很尴尬地回答道：“对不起，老师，我错了！”

自大的“井底之蛙”，对于世界的看法往往是局限而肤浅的，他们仅仅通过感觉、知觉、表象等不可靠的感性认知，对事物或形势进行表面性的判断，盲目地、自以为是地相信自己，最后的结果往往与预期的相去甚远，甚或截然相反。

自大是对自我的片面认识。他们缺乏自知之明，把自己的长处看得十分突出，对自己的能力评价过高，对别人的能力评价过低，自然产生自大心理。自大的人往往好大喜功，取得一点小小的成绩就认为自己了不起，成功时完全归因于自己的主观努力，失败时则完全归咎于客观条件的不合作，过分地自恋和以自我为中心，让他们跳不出自己的“浅井”。这其实是一种自欺欺人的行为，是对自己的不诚实。

对自我都缺乏诚信的人，他在精神和心灵上是盲目的，就像失去了双眼一样。

要摆脱盲目的自大，跳出自己的“井底”，首先就要有务实的心态。也许你还未真正认识自己，接纳别人，但与他们不同的背景将使你接纳许多不同的事物，试着改变自己，这样你就能更冷静地面对这个世界了。

比尔•盖茨说：“如果我们有了一点成功便觉得了不得，这是很不好的。但是假如在我们为自己的成功自鸣得意时，有一个人来教训我们一番，那我们就很幸运了。”

与人交往时，要平等相处。如果一味地把自己看成世界主宰者，无论在观念上还是行动上都无理地要求别人服从自己，就很难取得成功。平等相处就是要求自大者能够踏实下来，在人生之路上一步一个脚印，降低自己的身段与人平等交往。

认清自我，这是自大者最需要了解和办到的事情。要全面地认识自我，既要看到自己的优点和长处，又要看到自己的缺点和不足，不可一叶障目，不见泰山，抓住一点不放，未免有失偏颇。认识自我不能孤立地去评价，应该放在社会中去考察，每个人生活在世上都有自己的独到之处，都有他人所不及的地方，同时又有不如人的地方，与人比较不能总拿自己的长处去比别人的不足，把别人看得一无是处。

认清自我，还要以发展的眼光看待自我。既要看到自己的过去，又要看到自己的现在和将来，辉煌的过去可能标志着你过去是个英雄，但它并不代表着现在，更不预示着将来。

跳出夸张的自我意识，不要让不切实际的想法遮蔽自己的眼睛，用务实的心态面对自己、面对世界，给自己一份诚信，你就可以站得更高、走得更远。

❀ 认清自我：知道自己能做什么

有些人在安排工作时，或急于出成绩，或急于树形象，或心情浮躁，或好大喜功，因此往往只注重喊一些激动人心的“口号”，做一些引人注目的“宣传”，发一些空洞无物的“指示”，而对于工作落实的具体方法、关键措施、意见建设，往往很少花心思、动脑筋、费精力，在“口号”上雷声大，在落实上雨点小，必然导致结果上的不尽如人意，最终走向失败的结局。

创建于1995年的“红高粱”在郑州开出第一家中式快餐店获得成功以后，创始人乔赢便以“挑战麦当劳”的口号一夜成名，被冠以“中国连锁快餐领头羊”的名号。伴随着知名度的上升，“红高粱”开始了高速的连锁扩张，在资金不足的情况下，两年中先后在深圳、上海等20多个城市发展了50多家连锁店。由于企业扩张太快，资金和管理能力却准备不足，“红高粱”陷入资金危机，管理上也趋于失控，各地的连锁店已经无法统一管理，产品质量无法保证，最终导致“红高粱”在客源流失和资金缺乏的情形下，于1998年倒闭，乔赢也因为被控非法集资而锒铛入狱。

除了“红高粱”的惨败之外，“荣华鸡”的退出也同样引人注目。“肯德基开到哪儿，我就开到哪儿”是1994年“荣华鸡”在北京开第一家分店时的豪言壮语。它在成立之初的两年内达到了单店150万元的单月销售额纪录，但由于扩张速度太快，管理上缺乏标准化，很多工作无法落实到位，最终失去了消费者。

6年后，北京的最后一家“荣华鸡”在安定门歇业。一些专业人士在对“荣华鸡”的失败找寻原因时曾指出，“荣华鸡”的失败源于在管理上缺乏标准化，当“荣华鸡”在初期进行大规模扩张时，一方面在产品标准化上，对原料质量、食品加工方法等没有严格的限定；另一方面在服务标准化上，对员工的文明规范以及店堂环境设置等没有具体的标准要求和严格的质量监控体系，结果导致每家店的产品和服务质量参差不齐，最终失去了原有的顾客。

通过以上的两个例子，我们可以看出，仅仅停留在喊口号上，是绝对不行的，不管做什么事情，必须在落实上下功夫，这才是成功的关键。

但很多时候，人们总是会对自己的能力做出超额的评估，认为自己的能力强，眼光独到，一定可以做出一番大事业来。当然，我们不能说这样的人就一定不行，有自信固然是好事，但是自信也要建立在坚实的基础条件上，要清楚自己的能力范

围在哪里，然后再量力而为，而不是盲目地往前走，跌入深渊都不自知。

成功既需要激情和梦想，同时也需要将梦想转化为现实的实干精神。

欧莱雅中国工业集团苏州尚美国际化妆品有限公司的人事经理王先生说：“什么样的员工是欧莱雅中国工业集团的最爱？简而言之是‘诗人＋农民’的完美结合。”对此，他这样解释：“一方面，作为百分之百的化妆品公司，我们强调创造性和前瞻性。化妆品是介于个人护理和时尚之间的一个行业，从引领时尚的角度考虑，要求我们的员工对美、对人文有深刻的理解，要有丰富的想象力和创造力，挑战现有的观念。这并不仅仅是在营销上，还包括产品的研发上，想象力与创造力以及对艺术本身的爱好会转化为对产品创新的一种驱动。所以这一素质是我们必须要的。欧莱雅要求员工，特别是市场营销人员要有这一方面的素质。这就是我们所说的‘诗人’素质。

“另一方面，化妆品市场竞争激烈，不仅需要想象力，还要脚踏实地，就是能够接近客户，非常谦虚地倾听客户的需求，发现他们的需求，理解他们的需求，要能够非常勤劳地工作。这个行业跟零售业息息相关，有时要求员工周末去站柜台，这是很辛苦的。这种勤奋、能够解决问题和接近客户的素质，我们叫作‘农民’素质。”

可以看出，激情和务实勤奋相结合的员工是企业最需要的“完美”人才，成功者既要有诗人般的想象力，又要像农民那样吃苦耐劳，只有这样二者完美合一的竞技状态，才能成就绚烂、辉煌的事业。

自知者方为智者。有大智慧的人，必定是一个能够认清自我，知道自己能做什么的人，一味地把梦想挂在嘴边而不付诸行动的人，或者把梦想建立在不切实际的行动上的人，是永远无法获得成功的。

务实进取，摒弃空想

追求知识、喜欢思考，是一种很积极的态度。生活中，有很多这样的人，但是他们大多数喜欢钻进理论的象牙塔，而忽略了外在世界的真实情景。殊不知，理论世界就好像一个迷宫一样，越是深入便越难找到出路，最后，他们发现与现实世界脱了节，根本不知道真实的世界是什么样子，只是搬弄一个架构或系统，将现实套在这些观念结构中，以思想代替现实，闭门造车，也就使他们花大量时间研究出来的成果成了“空想”。

没有实际意义的想法，或者是只有想法而不付诸行动的人，都属于“空想主义者”。试想一下，如果没有工人的艰苦工作去使之实现，那么设计师的蓝图也不过是一张废纸而已，由此可见，务实的重要性。

多多是一个可爱的小姑娘。和她住在同一个村子里的王先生有一家水果店，主要出售本地产的水果。一天，王先生对正在玩耍的多多说：“你想挣点钱吗？”

“当然想，”多多回答，“镇子上有一家卖洋装的服装店，我很喜欢里面那件粉色蕾丝边的裙子，可是我买不起。你如果能给我一份工作，我就能够攒钱去买下它了。”

“是这样啊，好吧，多多。”王先生说，“我承包了一片果园，现在正是果实成熟的时候，你来帮我摘苹果吧，每摘一个我就付你1角2分钱，你觉得怎么样？”

多多听了，想想可以这么轻松地赚到钱，非常高兴。于是她迅速跑回家，拿上一个篮子，准备马上就去摘苹果。

刚跑了没几步，她不由自主地想到，先算一下采30个苹果挣多少钱比较好。于是她拿出一支笔和一块小木板认真地算起来。“哇，可以赚3元6角。”

“如果100个的话，我就有12元了。”

“我如果能摘到200个，就有24元，天哪，我很快就可以买到那件粉色蕾丝边的裙子了！”

多多越想越高兴，小木板上慢慢就写满了数字。她把大量的时间都花费在这些计算上，不知不觉已经到了中午吃饭的时间，她只好提着空篮子回家，心想等到下午再来也不迟。

多多吃过午饭后，急急忙忙地拿起篮子向果园赶去。一进果园，多多就傻眼了。原来，果园里来了许多男孩子，他们已经把苹果摘得差不多了，可怜的多多最终只摘到了十几个苹果。

多多懊悔极了。

只有行动才能赋予生命力量。多多就是一个典型的空想家的例子，她因为忙着思考、计算可能赚到的钱，而忽略了时间的流逝，也就错失了采摘苹果的好时机，她的财富梦想也就落了空。

一个人如果在一扇门外站得太久，就会在想象中无限放大房间内的困难，最后再也没有力气抬起敲门的手。事实上，最好的方法是推门就进，不给自己犹豫、彷徨的机会。不管怎样，先进去再说。

一只鸟的翅膀再大，如果不努力振动，又怎能展翅高飞呢？一个人的才能再高，如果不努力拼搏，又怎能走向成功呢？一个国家的物产再丰富，如果不努力发展，又怎能屹立于世界民族之林呢？这一切都说明：务实进取胜于空想。

“务实进取”不是一个抽象空洞的词语，它需要你用坚定的信念，顽强拼搏的精神与必胜的信心来实现。及时将自己的财富梦想付诸行动，并为之去努力，才能赢取财富，取得最终的胜利。

定位自我，务实工作

胡锡兰是联想公司创业元老之一，早在进入联想公司之前，她就已经是中科院计算所里的一位副研究员了。1985年，在那个广大群众对于“下海”“经商”还不是很理解的年代里，她毅然放弃了无数人羡慕的中科院研究员的工作来到联想公司，然而她没想到的是，初来乍到接受的第一个任务竟然是去站柜台……

1985年，胡锡兰刚来到联想公司就赶上北京展览馆要举办全国科技成果展览。因此，联想公司派给她的第一件事就是到北京展览馆办展览。当时有人说，一个副研究员，跑到展览会去站柜台，像什么话！不过想想也是，堂堂一个中科院的副研究员，竟然来这里站柜台，搁谁谁也不甘心，心态很容易会受到影响而摆不正自己的位置。但胡锡兰没考虑那么多，她觉得自己刚到一个新环境，要学习的东西还有很多，不应该拿以前的定位来框住自己。她说：“我关在机房好多年了，还真想到展览会上去看看人家到底发展成什么样了。”

关于这段站柜台的经历，胡锡兰是这样回忆的：

“展览会开始了，一进门就是我们联想公司的摊位，把着大门，挺显眼。可是四周一看，就有点难为情了。人家公司讲解员都是年轻的小姑娘，穿得漂漂亮亮的，站在那儿也挺漂亮。我们这摊，我和张品贤，他是正研究员，我是副研究员，两个干巴老头老太太，咋看咋不吸引人。但是后来就不同了，别的摊位都冷冷清清的，唯独我们摊位周围围着一大堆人……我记得当时我介绍的就是“联想汉卡”。

那时我们国家计算机应用水平确实很低，很多人不停地向我问这问那，我一概耐心给人家解释。可能是我态度好，人看上去踏实，又精通技术的原因吧，再加上参加展览会的人大都是大老远从全国各地来到北京的，就是希望多多了解技术。因此，慢慢地，到我们展台的人逐渐多了起来，很多顾客围着我问，把会场围得水泄不通。每次展览会要散会时，我们这儿顾客还是一点没动，所以总是惹得工作人员拿大喇叭喊：‘计算所公司的，快收摊儿啦！’然后就把我们赶出来了，于是，大伙儿又把我围在展览馆门前的水池子那儿继续问……一天下来，我虽然说得口干舌燥，非常累，但是心里还是挺高兴的，因为我觉得我还是有一点价值的……”

“我还是有一点价值的……”这是胡锡兰对自己的评价。正是因为胡锡兰能够对自我定位，务实求全，才能为自己的事业打下坚实的基础。

著名哲学家尼采曾说过：“一棵树要长得更高更壮，接受更多的光明，那么它的根就必须更深入黑暗。”正像树一样，一个人要想成功，就得把志向放在高处，把根深扎在土地中，踏踏实实、认认真真地通过一个个具体的行动去实现自己的远

大志向。

现实中很多人，他们一心想找到高薪和好的发展机会，看不上一些太普通的职位，因此总是高不成低不就。从辩证的角度上来看，低是高的铺垫，高是低的目标，只有“低就”，才能“高成”，如果研究一些有着显赫成功经历的人，你就会发现，他们中的很多人一开始并不是这么风光的，他们和很多普通人一样，也曾有过艰难曲折的“爬行”经历，然而不同的是，他们往往能够找到自己的定位，端正心态，不妄自菲薄，不怨天尤人。他们能够忍受这段“低微卑贱”的经历，并在低微中养精蓄锐、奋发图强，所以，最终他们才能登上人生的巅峰。

成大事者从小事做起

小事情做不好，大事情也不会成功。成功不一定是做大事，做好每一件事，是成功的基本要素。成功就是简单的事情重复做，只要持之以恒地坚持下去，成功就会走向你。卡菲瑞先生在回忆起比尔•盖茨小时候的故事时，曾写下这样一段文字：

1965年，我在西雅图景岭学校图书馆担任管理员。一天，有同事推荐一个四年级学生来图书馆帮忙，并说这个孩子聪颖好学。不久，一个瘦小的男孩来了，我先给他讲了图书分类法，然后让他把已归还图书馆却放错了位的图书放回原处。小男孩问：“像是当侦探吗？”我回答：“那当然。”接着，男孩不遗余力在书架的迷宫中穿来插去，小休时，他已找出了三本放错地方的图书。第二天他来得更早，而且更不遗余力。干完一天的活后，他正式请求我让他担任图书管理员。又过了两个星期，他突然邀请我上他家做客。吃晚餐时，孩子母亲告诉我他们要搬家了，到附近一个住宅区。孩子听说转校却担心起来："我走了谁来整理那些站错队的书呢？"……

我一直记得这个孩子。结果没过多久，他又在我的图书馆门口出现了，并欣喜地告诉我，那边的图书馆不让学生干，妈妈把他转回我们这边来上学，由他爸爸用车接送。"如果爸爸不带我，我就走路来。"其实，我当时心里便应该有数，这小家伙决心如此坚定，又能为人着想，则天下无不可为之事。不过，我可没想到他会成为信息时代的天才、微软电脑公司大亨、美国巨富——比尔•盖茨。

成功与否，和一个人的心态有着密不可分的关系，从上面这段文字中我们可以看出，许多伟大或杰出人物身上，总会或早或迟地显现出优于常人之处。比尔•盖茨对待图书馆工作这样的小事，就已经表现出一种超乎同龄人的责任心，难怪他能在信息时代叱咤风云。

毋庸置疑，想成就一番事业，必须从小的事情做起，从细微之处入手。暂且不去谈论影响比尔•盖茨成功的其他因素，单从他从小就显露出来的做事态度，我们就能窥见他获得人生成功的端倪。

生活中有很多人总觉得自己可以做一番惊天动地的大事业，那些细琐小事不应该去理会，而且连替自己开脱的理由也显得理直气壮，"成大事者不拘小节"。但是，这些人似乎忘记了一点，聚沙成塔、积水成渊，很多叱咤风云的人物，当年都是从简单的小事开始做起的。而他们与我们所不同的只是面对小事的态度，在他们看来，他们所做的事并非小事。

在第二次世界大战中，有一条船在苏格兰附近沉没，沉没的原因是鱼雷袭击还是触礁，一直没有结论。罗斯福则认为触礁的可能性更大，为了支持这种立论，他滔滔不绝地背诵出当地海岸涨潮的具体高度以及礁石在水下的确切深度和位置。

这一行为令当时许多人暗中折服。罗斯福就是这样一个能够记得住每一件在我们看来很小的事情。他曾经表演过这样的绝活：他叫客人在一张只有符号标志而没有说明文字的美国地图上随意画一条线，他能够按顺序说出这条线上有哪几个县。

作为政治领袖，他获得了广大人民的尊重，人们坚信，这样一位对小事都如此关注的人，必定是一个能时刻将民众和国家的利益装在心里的人。

人们可能不会去关心一个国家未来发展的宏伟规划，但他们会注意到一个国家代言人是否在细节和小事上下功夫。试想，总统连全国每个县的县名和地理位置、不为人知的建议都注意到了，还有什么东西会落在总统的视野之外呢？

古语有云：“不积小流，无以成江海；不积跬步，无以至千里。”从中我们明白到，成功源于小事的积累，小事不小，需要我们高度重视。

做好小事是获得成功的基础。人不可以一步登天，再高的大厦，也是由一块块小砖头累砌而成。再大的伟业也得从一点一滴的小事做起，只有把小事做好了，才有可能做大事。

浩瀚的大海是由一滴滴雨水积成的，广阔的沙漠也是由一粒粒的小沙聚成的。故要成大事，先从小事做起。

不做好高骛远的人

为什么同样的环境和条件、差不多的基础，有的人业务进步明显，三两年就成了公司的骨干，而有的人却频繁跳槽，应聘的工作单位一个接一个，能力却没有太大的提高？这其中的差别主要就在心态上。

真正的进取心是要体现在脚踏实地上，离开了脚踏实地的精神，进取心就成了一句空话。只有务实的人才能够在成功的路上走得更远。一个人即便是名校毕业，学识和能力都很强，如果不能够安于岗位，为企业创造价值，也很难在事业上有所成就。

1999年9月，阿里巴巴网站建立起来了。马云立志要使之成为中小企业敲开财富之门的引路人。同年10月，阿里巴巴获得以高盛牵头提供的500万美元风险资金，马云立即着手的一件事情就是引进大量的外部人才。

马云对外宣称“创业人员只能够担任连长及以下的职位，团长级以上职位全部由MBA（工商管理硕士）担任。”当时，在阿里巴巴12个人的高管团队成员中除了马云自己，全部都来自海外。接下来几年，阿里巴巴聘用了更多的MBA，包括哈佛、斯坦福等学校的MBA，还有国内知名大学毕业的MBA。但是，后来这些MBA中90％以上都被马云开除了。

后来，谈及这次人才引进，马云认为，这批毕业于名校的MBA素质并不十分让人满意。“很多MBA进了阿里巴巴之后，基础的礼节、专业精神、敬业精神都非常缺失，认为自己是精英及高级管理者，不肯虚下心来，脚踏实地，一进来就要求年薪至少十万元，一开口全都是战略，往往是讲的时候热血沸腾，但做的时候不知道从哪儿做起。”

由此，马云总结出一个关于人才使用的理论：只有适合企业需要的人才是真正的人才。他把当初引进MBA的事情做了一个比喻：就好比把飞机的引擎装在了拖拉机上，最终还是飞不起来。

企业引进人才是为了更好地发展，获得更大的效益，而不是为了装点门面。如果引进的MBA不能为企业带来效益，什么企业会欢迎这样的人呢？一个人无论有再大的才能和志向，只有脚踏实地，才能够做出成绩来。对于那些不能够安下心来的高学历人才来说，显赫的学历反而成了成功路上的绊脚石。同等条件下，安静的人比浮躁的人在人生和事业上走得更远。某公司的董事长黄先生，在员工大会上讲过这样一件事：

在黄先生的公司里，有两位很出色的员工——袁先生和高小姐，均被另外一家公司看上，想以高价挖走他们。袁先生看到对方提出的薪酬标准比黄先生的高，于是很快就递交了辞职信。黄先生对他说：“你再考虑一下，那家公司很可能只是要利用你。”但袁先生没有听从黄先生的劝告，坚决地投奔了那家公司。

而高小姐却拒绝了那家公司的高薪聘请，选择继续留在黄先生的公司，一直勤勤恳恳地工作。事情发展到后来，跳槽的袁先生果真如黄先生所料的那样，并没有得到重用。没过多长时间，当那家公司利用完袁先生以后，就把他“踢”出门外。

而选择留下的高小姐，却已经是黄先生公司某区的总经理了。

黄先生最后总结道：“你来工作，并不是为了薪水这个目标，而是谋求将来的发展。那位袁先生看到的只是眼前的小利，而高小姐看得却很长远，她选择的是发展，像这种员工就值得去栽培。尽管发展之路开始时可能很艰难，但走到后面却是一条黄金之路。如果连路都是黄金铺成的，那还怕没钱吗？”

故事中的高小姐，面对竞争对手公司的高薪聘请，不为所动，仍能够安于岗位，脚踏实地，因此她取得了比袁先生更好的发展机会。

在我们的工作生活中，袁先生的例子并不少见，有些人很容易被一些眼前的利益所吸引，见异思迁，好高骛远，最终落得事与愿违的下场。纵观古今中外，凡成大事业者，无一不是具备沉稳的性格，经得起诱惑，耐得住寂寞，无论在什么环境中都保得住操守，不忘记自己的方向。我们要有所成就，就要避免心浮气躁，一步一步踏踏实实地走出自己的成功之路。

PART

05

独立心态：靠天靠地不如靠自己

依赖，是一副拐杖

毕业于哈佛大学的肯尼迪一直是美国人民的骄傲，同时他也是哈佛人自己的骄傲。哈佛大学为了纪念这位伟人，建了肯尼迪政治学院。

美国总统约翰•肯尼迪之所以取得如此非凡的成就，和他父亲的悉心培养是分不开的。在肯尼迪很小的时候，父亲就特别注意对儿子独立性格的培养。

有一次他赶着马车带儿子出去游玩，在一个拐弯处，因为马车速度很快，猛地把小肯尼迪甩了出去。当马车停住时，儿子以为父亲会下来把他扶起来，但父亲却坐在车上悠闲地掏出烟吸起来。

儿子叫道：“爸爸，快来扶我。”

“你摔疼了吗？”

“是的，我自己感觉已站不起来了。”儿子带着哭腔说。

“那也要坚持站起来，重新爬上马车。”

儿子挣扎着自己站了起来，摇摇晃晃地走近马车，艰难地爬了上来。

父亲摇动着鞭子问："你知道为什么让你这么做吗？"

儿子摇了摇头。

父亲接着说："人生就是这样，跌倒、爬起来、奔跑，再跌倒、再爬起来、再奔跑。在任何时候都要全靠自己，没人会去扶你的。"

从那时起，父亲更加注重对儿子的培养，经常带着他参加一些大型社交活动，教他如何向客人打招呼、道别，与不同身份的客人应该怎样交谈，等等。

其中一位客人这么问肯尼迪的父亲："他还这么小，您这么要求他，是不是太难为他了？"谁料肯尼迪的父亲立刻回答："哦，我这是在训练他当总统呢！"

人们经常持有的一个误解，就是以为他们永远会从别人不断的帮助中获益，却不知一味地依赖他人只会导致懦弱。如果

一个人总是依靠他人，那他将永远也坚强不起来，永远也不会有独创力。人活一生，要么独立自主，要么埋葬雄心壮志，一辈子老老实实做个普通人。

依赖心理在求职择业中又具体表现为两种倾向：

一种是依赖大多数的从众心理。自己缺乏独立的见解，不是从自己的实际情况做出切合实际的选择，而是人云亦云，见别人都往大城市、大机关挤，自己也跟着凑热闹，这种心态也是与激烈竞争的社会现实格格不入的。作为一名大学生，不免会想有一番大作为，但是当自己的豪情被人漠视时，也许会无力承受打击。当断不断、患得患失，人云亦云、盲目跟风，不能正确看待自己，不能面对职场行情，这山望着那山高，这也是导致许多毕业生陷入择业误区的一种心理障碍。

另一种是过分依赖别人，失败的是自己。一味地把希望寄托在别人身上，而不积极地创造条件改变自己的命运，情愿让自己的一切都掌握在别人手里。

我们要清醒地面对自己，对于想成大事者而言，拒绝依赖他人是对自己能力的一大考验。依附于别人，就是把命运交给别人，放弃做大事的主动权。

摆脱一份依赖，就多了一份自主，也就向自由的生活前进了一步，向成功的目标迈近了一步。因此，要成为生活的强者，我们就要摆脱依赖的心理，一切靠自己，用独立与坚强的翅膀为自己建造幸福的家园。

❀ 摆脱依赖心理

依赖心理是日常生活中较为常见的一种心理表现，其主要特征是在自立、自信、自主方面发展不成熟，经常需要他人的帮助和指导，遇事往往犹豫不决，缺乏自信，很难单独进行自己的计划或做自己的事，总是依赖他人为自己作出决策或指出方向。

据心理学专家研究，产生依赖心理的主要原因有两个方面：

一是教育不当引起的心理依赖。

现在的青年人，普遍都有依赖心理。他们从小受到父母的过度溺爱和娇纵惯养，自己生活的一切均由父母包揽，生活中从没有为自己的事情考虑过，他们习惯了让父母帮自己做选择，久而久之，就养成了做事靠父母的依赖心理，缺乏独立生活和处理问题的能力。

二是自卑衍生出来的心理依赖。

有的青年人有较严重的自卑心理，他们对自己缺乏信心，认为自己不如他人，如知识贫乏、能力不强、笨嘴拙舌，因此他们在日常交往中，不自觉地就会把自己放在配角位置，心甘情愿地受他人的支配。

依赖他人得以生存的人，是可悲的。我们要清醒地认识到依赖心理给我们的人生造成的巨大危害，要知道，依赖心理就像是毒品一般，它会让人上瘾，一直无法摆脱，渐渐失去自主能力。

雅芳公司女总裁钟彬娴的母亲是一位非常优秀的独立女

性。她早年曾就读于加拿大的多伦多大学，当时，她是班上唯一读化学专业的女生。

钟彬娴的母亲希望女儿也能像她一样，自强自立。因此，她经常教导钟彬娴说："男孩子能做的事，女孩子也绝对都能做。只要努力，女人无论在哪个领域都能到达顶峰。"

钟彬娴牢牢记住了母亲的这句话。

在雅芳公司，她靠着自己的自强自立，一步步地走向成功，并最终成为《财富》500强企业中的6位女总裁之一。美国《新闻周刊》在2004年12月20日出版的最新一期周刊中，提名了2005年的十大新闻风云人物，其中包括雅芳公司董事长钟彬娴女士。

《新闻周刊》指出，雅芳公司执行官钟彬娴自1999年接掌经营权后，使雅芳的营业额从53亿美元蹿升至今年的77亿美元，足足增长了45%。钟彬娴投入高额研发经费，把雅芳公司产品的颜色、质感及包装改头换面；又开发出专为年轻女性设计的产品线，并将其扩大至海外市场。现在钟彬娴已成为许多更大型公司执行官的热门候选人。

当然，在前进的道路上，钟彬娴也曾遇到过许多困难与阻力，如因为她的年轻和性别而被轻视等。但母亲对她自己、对女儿以及对所有女性的坚定的信心，总是支撑着钟彬娴去克服这些障碍，勇往直前。钟彬娴很庆幸自己能够拥有这样一份宝贵的家庭财富。

这个故事告诉我们，一个人要想获得成功，首先要有独立的人格，能够把握自己，做自己的主人，而不是一味地依赖他人。

其实，要摆脱依赖心理，并不是一件非常难的事情。在心理学上，依赖心理常表现出以下主要特征：

（1）如果没有他人的建议和保证，通常对日常事情无法下决定。

（2）由于害怕被别人遗弃，明知他人错了，也随声附和。

（3）独立行动能力很差，很难单独进行自己的计划或做自己的事。

（4）为讨好他人过度容忍，甚至放弃原则和自尊做自己不想做的事。

（5）害怕孤独，独处时有不安和无助感。

针对依赖心理的这些特点，心理学家经过分析研究，总结出了摆脱依赖心理的有效方法，如下：

1.克服依赖习惯

当依赖成为一种习惯时，对人心理的影响就会达到根深蒂固的地步。你应该分析一下自己的行为中哪些应当依靠他人，哪些应由自己决定和把握，从而自觉减少习惯性依赖心理，增强自己做出正确主张的能力。

2.有自信，勇于接纳自己

有依赖心理的人往往缺乏自信，自我意识低下。一个人要在事业上有所作为，首先要正确地认识自己，对自己采取接纳的态度。生活中的每一个人都有优点，也都有弱点。有的人发现了自己的缺点和缺陷，就当成包袱背起来，老是压在心头，连自己的优点和长处也看不到了。

于是，自己的精神优势被自身的弱点与缺陷所压垮；自身的潜在能力与智慧被自身的弱点与缺陷所泯灭，从而为自己设置了障碍。事实上，许多事情别人能做到，你也一定能做到，关键在于应该充分、准确、客观地认识自己。要做到这一点，则必须先在心理上接纳自己。

3.树立奋发自强精神

当今社会是开放竞争的社会，每个人都要在激烈的竞争中求生存、谋发展。要及时调整自己的心态，拥有健全的人格和良好的社会适应能力。

4.培养独立的人格

每个人都需要他人的帮助，但是接受他人的帮助也必须发挥自己的主观能动性。对大事可征求他人的意见，但必须把握一点，他人的意见仅供参考。一旦从对他人的依赖关系中解脱出来，自己就会有一种踏实的感觉，感到了自信的力量，享受了自主、自立给自己带来的好处，那么，依赖心理也就无立锥之地。

德国诗人歌德曾说过，“谁若不能主宰自己，谁就永远是一个奴隶。”独立自主的人格是克服依赖心理的重要保证。

心理学教授亨利•詹姆森说：“如果一个人不能自立，那么他将永远匍匐在别人的脚下，毋庸置疑，他永远与成功无缘。”这话很有道理。依赖心理使人失去自主、自信、自立、自强的意识，因此要力戒依赖，培养自主意识。在生活中，会遇到各种各样的事情，不要没有主意时就去请教他人，要学习自己独立思考。

依赖心理的形成是一个长期的过程，是多种因素相互作用的结果。它是一种消极的心理状态，影响个人独立人格的完善，制约人的自主性、积极性和创造力。要克服自己的依赖心理，也并非朝夕之事，而要多角度、长时间地去攻克它。

能帮你的只有自己

有些人一遇到事，首先想到的是求人帮忙；有些人不管是有事还是没事，总喜欢跟在别人身后，以为别人能解决他的一切疑难，在他们的心里，始终渴望着一根随时可以依靠的拐杖。但实际上，在绝大多数时候，自己才是最可靠的。

把自己的幸福寄予在别人身上是很难获得安全感的。并不是每个人都能像凌霄花那样攀缘高枝炫耀自己，因为这个世界上没有那么多供你依靠的大树。即使有，也是不可靠的，如果大树倒了，你该怎么办？

清代画家郑板桥老年得子，他临死前让儿子自己去做馒头，并留给儿子这样的遗言：“淌自己的汗，吃自己的饭，自己的事自己干。靠天靠人靠祖宗，不算是好汉。”

靠自己，用自己勤劳的双手与聪明的大脑才是最永久的保障。

美国一位著名商人说起他对孩子的教育时讲到一个故事，有一次他曾张开怀抱鼓励孩子从桌子上跳下来，可当孩子跳下来的时候，他并没有去接住孩子，而是让孩子记住：“凡事要靠自己，不要指望别人，有时连爸爸也是靠不住的！”

站起来走路，让猿终于成为万物灵长；扔掉手中的拐杖，你才可以走出属于自己的路。人生的轨迹不需要别人定夺，只有自己才能为自己的人生画布着色。去除依赖，独立完成人生的乐谱，相信你定能奏响生命雄壮的乐章。

力量是每一个志存高远者的目标，而依靠他人只会导致懦弱。力量是自发的，不依赖他人。世上有一种人，总是存在极强的依赖心理，习惯依靠拐杖走路，尤其是依靠别人的拐杖走路。坐在健身房里让别人替我们练习，是无法增强自己肌肉的力量的。没有什么比依靠他人更能破坏独立自主精神的了。如果你依靠他人，你将永远坚强不起来，也不会有独创力。而且，依赖心理还会剥夺一个人本身具有的独立的权利，使其依赖成性，靠拐杖而不想自己一个人走。有依赖，就不会想独立，其结果是给自己的未来挖下失败的陷阱。

雨果曾经写道："我宁愿靠自己的力量打开我的前途，而不愿求有力者的垂青。"只要一个人是活着的，他的前途就永远取决于自己，成功与失败，都只系于他自己身上。而依赖作为对生命的一种束缚，是一种寄生状态。英国历史学家弗劳德说："一棵树如果要结出果实，必须先在土壤里扎下根。同样，一个人首先需要学会依靠自己、尊重自己，不接受他人的施舍，不等待命运的馈赠。只有在这样的基础上，才可能做出成就。"将希望寄托于他人的帮助，便会形成惰性，失去独立思考和行动的能力；将希望寄托于某种强大的外力上，意志力就会被无情地吞噬掉。

为了训练小狮子的自强自立，母狮子总是故意将它推到深谷，使其在困境中挣扎求生。在残酷的现实面前，小狮子挣扎着一步一步从深谷之中走了出来。它体会到了"不依靠别人，只能凭借自己的力量前进"，它逐渐成熟了。

抛开拐杖，自立自强，这是所有成功者的做法。其实，当一个人感到所有外部的帮助都已被切断之后，他就会尽最大的努力，凭借坚韧不拔的意志去奋斗，而结果，他会发现：自己可以主宰自己命运的沉浮。

真实人生的风风雨雨，只能靠自己去体会、去感受，任何人都不能为你提供永远的荫庇。你应该掌握前进的方向，把握目标，让目标似灯塔般在高远处闪光；你应该独立思考，有自己的主见，懂得自己解决问题。你不应相信有什么救世主，不该信奉什么神仙或皇帝，你的品格、你的作为，你所有的一切都是你自己行为的产物，并不能靠其他什么东西来改变。

要记住，真正能帮你的，只有你自己。

别让依赖成为你的致命弱点

在古时候的战争年代，有一个小伙子要出征打仗，临行前，父亲庄严地拿出一个箭囊，然后郑重地对儿子说：“这是家传宝箭，佩带身边，力量无穷，但千万不可抽出来。”

儿子心里有了底气，他激动地猜想箭杆、箭头的模样，耳旁仿佛有嗖嗖的箭声掠过，敌方的主帅应声坠马而毙。在战场上，佩带宝箭的儿子英勇非凡，所向无敌，打了一个漂亮的胜仗。

儿子完全沉浸在快乐之中，一时忘记了父亲的叮嘱，他迫不及待地拔出宝箭，但眼前所见让他惊呆了，箭囊里装着一支折断的箭。他吓出了一身冷汗，心里的防线也倒塌了。

在第二场战争中，由于没有了精神上的依靠，他惶惶不可终日，最后惨死于乱军之中。

儿子把胜败寄托在一支宝箭上，由于他对宝箭的依赖性太强，而受不了断箭的打击，最终使自己丢了性命。

在人的一生中，不能过分地依赖任何人、任何物，要学会自强自立，唯一可以拯救你的人只能是你自己。

有人说：事事都有“靠山”，有可以依赖的人做什么事都不惧怕。不可否认，谁都不是天生的“全能冠军”，都需要别人的扶持、保护、指引，否则人无法长大。

即使到了成年之后，人也不可能全知全能，有的时候、有些方面必然需要别人的帮助。从这个意义上说，依赖是不可避免的，而且对人的确有好处。

但是，一个人不可能永远依赖别人，也不可能时时、处处都能得到别人的帮助。生命中注定有一些抉择是要自己去面对的，也注定有一些困苦是要独自去承受的。

如果在年轻的时候养成了过分依赖别人的习惯，那么在今后的岁月中，就难免在需要自己做抉择的时候六神无主，在需要自己承受困苦的时候不堪一击。

古训有“天行健，君子以自强不息”。世界不断地向前发展，社会不断地前进，因此有志者必须自立自强，不断地更新自己，才能有所作为。

所以，过分依赖别人是意志薄弱的表现，是妨碍个人发展的一种不良的心理品质。

从另一个角度来看，独立、自主、自强、自立是衡量一个人心理成熟水平的重要指标。假如有人真的可以一辈子依靠别人，那么他的生命也是不完全的、价值不高的。即使他经过了童年、少年、青年、中年或老年，也仍然类似于一个幼儿，因为他没有用自己的头脑去思考，没有用自己的双手去创造。

这样的人可能拥有成熟的身体，却只具有极其幼稚的心理。他仿佛是操纵在别人手里的玩偶，并没有真正成为他自己，也就没有成为一个完整的人。因此，克服依赖性，走向独立，是心理成熟的必要条件。

第五篇

做情绪的主人，
做生活的主宰

PART
01

情绪调节：别让坏情绪绑架你

做情绪的调节师

情绪可能会给我们带来伟大的成就，也可能带来惨痛的失败，我们必须了解、控制自己的情绪，千万不要让情绪左右了我们自己。能否很好地控制自己的情绪，取决于一个人的气度、涵养、胸怀、毅力。气度恢宏、心胸博大的人都能做到不以物喜，不以己悲。

激怒时要疏导、平静，过喜时要收敛、抑制，忧愁时宜释放、自解，思虑时应分散、消遣，悲伤时要转移、娱乐，恐惧时寻支持、帮助，惊慌时要镇定、沉着……情绪修炼好，心理才健康，身体便也能够健康。

被人津津乐道的“空嫂”吴尔愉是个控制情绪的高手。她的优雅美丽来自一种健康的心态。她认为，心里不畅快，一定要与人沟通、释放不快。

如果一个人习惯用自己的缺点和别人的优点比，对什么都不满意，却对谁都不说，日积月累，不但她的心情很糟糕，就是她的皮肤也会粗糙，美貌当然会减半。所以，有不开心、不顺心的，她一定找一个倾诉的伙伴。不但自己能一吐为快，朋友也能从旁观者的角度给她建议，让她豁然开朗。

在工作中，她更善于控制情绪，让工作成为好心情的一部分。飞机上常常遇见刁钻、挑剔的客人。吴尔愉总是能够让他们满意而归。她的秘诀就是自己要控制好情绪，不要被急躁、忧愁、紧张等消极情绪所左右，换位思考，乐于沟通。

有一位患上皮肤病的客人在飞机上十分暴躁，一些空姐都被他惹得生起气来。此时吴尔愉却亲切地为他服务，并且让空姐们想想如果自己也得了皮肤病，是否会比他还暴躁。在她的劝导下，大家都细心照顾起这位乘客。

做情绪的调节师，人的情绪无非两种：一是愉快情绪，二

是不愉快情绪。无论是愉快情绪还是不愉快情绪，都要把握好它的“度”。否则，“愉快”过度了，即要乐极生悲。人有喜怒哀乐不同的情绪体验，不愉快的情绪必须释放，以求得心理上的平衡。但不能过分发泄，不然既影响自己的生活，又加剧了人际矛盾，于身心健康无益。

当遇到意外的沟通情景时，就要学会运用理智和自制，控制自己的情绪，轻易发怒只会造成负面效果。

面临困境，不要让消极情绪占据你的头脑。保持乐观，将挫折视为鞭策前进的动力，遇事多往好处想，多聆听自己的心声，给自己留一点时间，平心静气地想一想，努力在消极情绪中加入一些积极的思考。

累了，去散一会儿步。去野外郊游，去深山大川走走，散散心，极目绿野，回归自然，荡涤一下胸中的烦恼，清理一下浑浊的思绪，净化一下心灵尘埃，唤回失去的理智和信心。

唱一首歌。一首优美动听的抒情歌，一曲欢快轻松的舞曲或许会唤起你对美好过去的回忆，引发你对灿烂未来的憧憬。

读一本书。在书的世界遨游，将忧愁悲伤统统抛诸脑后，让你的心胸更开阔、更豁达。

看一部精彩的电影，穿一件漂亮的新衣，吃一点最爱的零食……不知不觉间，你的心不再是情绪的垃圾场，你会发现，没有什么比被情绪左右更愚蠢的事了。

生活中许多事情都不能左右，但是我们可以左右我们的心情，不再做悲伤、愤怒、嫉妒、怀恨的奴隶，以一颗积极健康的心去面对生活每一天。

❀走出情绪的死角

正确认识情绪，对情绪反应仔细分析，因为，有时候情绪会把我们带进一个越走越窄的胡同，如果我们不仔细看后面，很可能会误以为已经无路可走。

一个人在森林中徒步行走，他眼角的余光突然发现了一条长而弯曲的东西，他脑子里蓦地窜出蛇的样子，下意识地跳到了一块石头上。但他仔细察看这个东西后，紧张的心情释然了，原来那是一根青藤而不是蛇。

这个人在刚看到青藤时的反应被称为应激反应，是大脑的情绪反应与智力反应的通路。在应激状态下，出现于大脑中的情绪与智力的通路是正常的、可以理解的。然而，有些人稍遇情绪波动，就产生这种通路，产生感情冲动，以感情代替理智、以感情冲击理智。这类人很难调节自己的情绪。

苏珊娜最近的精神状态很糟糕，她不得不去咨询心理医生。

她第一次去见她的心理医生时，一开口就说："医生，我想你是帮不了我的，我实在是个很糟糕的人，老是把工作搞得一塌糊涂，肯定会被辞掉。就在昨天，老板跟我说我要调职了，他说是升职。要是我的工作表现真的好，干吗要把我调职呢？"

可是，慢慢地，在那些泄气话背后，苏珊娜说出了她的真实景况。原来她在两年前拿了个MBA学位，有一份薪水优厚的工作。这哪能算是一事无成呢？

针对苏珊娜的情况，心理医生要她以后把想到的话记下来，尤其在晚上失眠时想到的话。在他们第二次见面时，苏珊娜列下了这样的话：“我其实并不怎么出色，我之所以能够冒出头来全是侥幸。”“明天定会大祸临头，我从没主持过会议。”“今天早上老板满脸怒容，我做错了什么呢？”

她承认说：“单在一天里，我列下了26个消极思想，难怪我经常觉得疲倦，意志消沉。”直到苏珊娜自己把忧虑和烦恼的事念出来后，才发觉自己为了一些假想的灾祸浪费了太多的精力。

烦恼是一种不良情绪，忘掉这些，专心投入你当前要做的事情上，可以让你克服紧张情绪，保持一种泰然自若的心态。许多事情过后，你会发现那不过是庸人自扰，根来没有你原先想象的那么复杂、困难。何苦非要与自己过不去呢？

世上本无事，庸人自扰之。有些时候，并不是烦恼在追着你跑，而是你追着它不放，就像故事中的苏珊娜一样。大凡终日烦恼的人，实际上并不是遭到了多大的不幸，而是自己的内心对生活的认识存在着片面性。因此，要学会摆脱烦恼。

真正聪明的人即使处在烦恼的环境中，也往往能够自己寻找快乐。谁都会有烦恼的事情，但是，如果总是为不期而至的意外烦恼不已或悲观失望，结果让自己的生活变得更糟糕，这样做不是很愚蠢吗？既然我们不能改变既成事实，为什么不改变面对事实，尤其是坏事的态度呢？

“装”出来的好心情

我们都知道“开心是一天，不开心也是一天”的道理，但“天天好心情”还真不是件容易事。喜怒哀乐乃人之常情，任何人都无法避免，但是长时间情绪低落会侵蚀你的身体，甚至影响你的健康；而好的心情则可以大大提高你的生活质量，也有助于你的身心健康。所以，一个人要想健康长寿，首先要摆脱坏情绪的纠缠，去发现体味生活中的美好，保持自己的好心情。

“心情不好吗？”“不好。”

那我们不妨试试“装”出好心情。在我们感到情绪低落时，装出好心情是放松身心、从消极转向积极的最有效的方法——我们通过“装”的扮演过程获得真实的好心情。最终，原本只是装出来的好心情会变成真实的感受从而让我们在不如意的时候较为快乐，遇到困境时也较有自信和意志力。

有句谚语：“一个小丑进城，胜过一打医生。”它的意思是说，小丑带给了大家欢笑，而好心情对身心健康的重要性胜过了医生对你的帮助。比方说，当你感到自己很压抑、没有任何动力和积极性的时候，不妨装作笑出来，你可以微微一笑，对着镜子做些鬼脸，还可以开怀大笑、吹吹口哨。无论怎样，你就是要装出自己心情很好的样子。这样，你会发现，不久之后心情真的好起来了。而且，这种方法还能帮助减轻疲劳、舒缓紧张和忧虑。

李先生是一个事业有成的企业家。按理说他的人生很成

功，应该没有什么让他忧虑的事情。但事实并非如此，他经常觉得心里恐慌，然后会陷入低落的情绪中。

有一天，他又感到意志消沉。之前一旦出现这种情绪低落的状况时，他通常采取的办法是避人不见，直到这种心情消散为止。但这天他要和上司举行一个重要会议，躲着不见人肯定行不通的了，那怎么办呢？他决定装出一副快乐的表情，让大家以为他根本就没有焦虑的事情。

于是，他在会议上笑容可掬，谈笑风生，装成心情愉快而又和蔼可亲的样子。令他惊奇的是，不久他发现自己果真不再郁郁不乐了。

李先生认为这是一种很奇妙的感觉，在他无意识中，低落的情绪竟然自己就跑了。

其实，“装”出好心情的例子有很多。不知你有没有这样的发现？当小孩子哭得眼泪汪汪的时候，大人们通常都会逗小孩子说：“噢，不哭，不哭，来，笑一个，乖乖笑一个吧。”结果很多小孩子就真的笑了。当然，刚开始的时候，他们可能很不情愿，只是勉强地笑了笑，但很快他们会随着这个勉强的笑慢慢变得开心起来。这就是装出好心情最常见的例子。当然，如果一个人装出很生气的样子，他也会因为这个角色扮演而陷入这种情绪的常见反应，心跳、呼吸变得急促。然后，这个人的情绪也会被“装”的愤怒所影响，容易变得心情不好。所以，当你心情不好、意志消沉的时候，赶快装个好心情吧。你只需用自己的表情和心情这些唾手可得的装扮道具，就能瞬间走出灰暗情绪的笼罩。

心情就像天气，阴晴不定、变幻莫测。天天好心情固然是每个人都渴求的，但瞬息万变的世界往往让人们不能如愿以偿。因为，人难免会遇到不顺眼的人、不顺心的事，坏心情也就随时会光临。如果你不想做一个受控于情绪的人，那么，从现在起，学着“装”出一份好心情，之后，你会发现，坏情绪就真的不见了。

❀ 你为什么常常感到烦恼

人活在世不可能事事尽如人意，遇到烦心的事也很正常。关键是看我们如何化解突如其来的坏情绪。

吉姆没有任何睡眠的问题。事实上，他觉得要保持清醒很不容易。今天在公司停车场，他又一次呆坐在车里，感觉被一整天的压力钉牢在座位上。他浑身感到异常沉重。唯一有力气做的只是松开自己的安全带。然后他继续坐着，一动不动，没法推开车门出去工作。

如果他想想一天的工作安排也许能够站起来——以前这种想法总是能让他走出去，让生活像球一样滚动起来。但是，今天却不行。每一次谈话，每一个会议，每一通需要回复的电话都让他感觉像在生生地吞咽着一个又一个的铁球，而随着每一次的吞咽，他的思绪便从日程安排转向了那些每天早晨都会反复问的问题：

“为什么我感觉这么糟糕？我已经得到了大多数男人想要的一切——相爱的妻子，健康的孩子们，稳定的工作，漂亮的房子……我到底怎么了？为什么我的思想老是集中不起来？而且，为什么总是这个样子？温蒂和孩子们已经被我的自责感折磨得痛苦不堪。他们已经无法再忍受我了。如果我能够弄明白这一切，事情也许会变得不同。如果我能知道为什么自己感觉如此虚弱，也许就能够解决那些问题并且像其他人一样好好地生活。这一切是多么愚蠢啊。”

一位心理学家为了研究人的“烦恼”的来源，做了一个有趣的实验：

他让参加实验的志愿者们在周日的晚上把自己对未来一周的忧虑与烦恼写在一张纸上，并署上自己的名字，然后将纸条投入“烦恼箱”。

一周之后，心理学家打开了这个箱子，将所有的“烦恼”

还给其所属的主人，并让志愿者们逐一核对自己的烦恼是否真的发生了。结果发现，其中90%的“烦恼”并未真正发生。随后，心理学家让他们把过去一周真正发生过的烦恼记录下来，又投入“烦恼箱”。

三周之后，心理学家再次把箱子打开，让志愿者重新核对自己写下的烦恼，这次，绝大多数人都表示，自己已经不再为三周之前的“烦恼”而烦恼了。

在这个实验中，我们都会发现：烦恼这东西原来是预想的很多，出现的却很少；自认为沉重到无法负担，转瞬也便如骤雨急停。人生的烦恼大多是自己寻来的，而且大多数人习惯把琐碎的小事放大。

“月有阴晴圆缺，人有悲欢离合。”自然的威力，人生的得失，都没有必要太过计较，太较真了就容易受其影响。人到世上来，不是为苦恼而来的，所以不能天天板着面孔，伤心、烦恼、失意，这样的人生毫无乐趣而言。所以，我们应该为自己的人生创造一个乐观、积极、进取、欢笑、喜悦的心境，快乐地做人，远离忧愁、悲伤、苦恼，如此活在人间才有意义，才有价值。

还有这样一个心理学实验：

茶几上摆放着十几个水杯，这些杯子材质不同、造型各异、品位悬殊。心理学家对实验者说：“你们如果口渴的话，就自己拿个杯子倒杯水喝吧！”

正值暑天，大家聊了一会儿就觉得口干舌燥，便纷纷起身去选杯子倒水。等到每个人面前都有了一杯水之后，心理学家突然问："你们有没有发现你们选杯子时有个共同点？"

众人互相对视了几眼，都摇了摇头。

"你们看看茶几上被挑剩下的杯子，大多是劣质的塑料杯或纸杯。在可以选择的情况下，每个人都想拥有更好的东西，你们的心思就这样有意或无意地表露出来了。这样的心思并没有什么对错之分，但是你们当中大多数人在选择杯子去倒水的时候都忘记了，自己需要的是水，而不是水杯。水杯的优劣对水质的好坏影响并不大。"

在生活中，类似的例子不在少数。我们往往很容易被一些鸡毛蒜皮的琐事牵绊，反而忘记了自己的初衷，难免自生烦恼。这正是"野花不种年年开，烦恼无根日日生"。

作家吴淡如女士曾经在她的文章中提到过这样一组数据：

我们的烦恼中，有40%属于杞人忧天，那些事根本不会发生；30%是无论怎么烦恼也没有用的既定事实；另外12%是事实上并不存在的幻象；还有10%是日常生活中微不足道的小事。也就是说，我们的脑袋有92%的烦恼都是自寻烦恼，活该你烦恼。只有8%的烦恼勉强有些正面意义。

吴淡如问她的读者："看了这些数据，你要不要删除你92%的烦恼？"

是啊，看了这些数据，我们是否应该主动删除自己那92%的烦恼呢？

佛经上说，魔鬼不在心外，魔鬼就在自己的心中。古代的思想家王阳明也说："擒山中之贼易，捉心中之贼难。"由此，星云大师告诫我们，自己的敌人就在自己心里，贪嗔痴疑慢、消极懈怠、忧愁烦恼，无一不是阻碍我们精进的心魔，能将其降伏者，也只有我们自己。

学会克制自己的情绪

人生充满了曲折，于是人有时会快乐，有时会痛苦，有时会悲伤，有时会郁闷。不同的境况会让人产生不同的情绪反应，然而情绪却有正面和负面之分，正面情绪使人积极向上，负面情绪使人沮丧失意。不管是哪种情绪都会在时间中向自己内心深处沉淀，成为自己的潜意识。

不管自己正在做着什么工作，也不管自己处于一种什么样的人生状态，人总会向自己追问人生的意义，也总会在生活中思考人生的价值。这也就说明人很希望能掌控自己的内心世

界，因为只有自己成为自己，一切才能充满意义。如果可以掌控自己，即使“痛”也可以使自己快乐着。

一个成功的人必定是有良好控制能力的人，控制自我不是说不发泄情绪，也不是不发脾气，过度压抑会适得其反。良好地控制自我就是不要凡事都情绪化，任由情绪发展，而是要适度控制，这是一种能力的体现。

情绪是永远在动的，永远会导入另一种情绪。

你所碰到的“负面的”主观与客观事件，就是为了要使你去检查你意识里的内涵。那些充满了恨和报复性的思想，也是自然的治疗工具，因为如果你接纳它们，跟随它们，它们将自动地领着你超越它们自己，而变成其他的情绪。

当我们感觉有一种不愉快的情绪时，要花一点时间去弄清楚它们的来源。随着你的情绪去自由流动，它永远会带你回到引起你情绪的那个“有意识的信念”。所以，当我们抑制不住生气时，我们要学会问自己：一年后生气的理由是否还那么重要？这会使你对许多事情得出正确的看法。控制住自我，你的能力就会彰显出来。

詹纳斯•科尔耐说：“我把人在控制情感上的软弱无力称为奴役。因为一个人为情感所支配，行为便没有自主之权，而受命运的宰割。”哈佛公共政策学教授伊莱恩•凯玛克则说：“做自己感情的奴隶比做暴君的奴仆更为不幸。”

每个人在生活中都会遇到不合自己心意的事，有些人会为这些事情恼羞成怒，也有些人经常满脸愁容、精神不振，这些坏情绪，直接影响人的生活和工作。

人是在束缚中寻找生命的意义的，在寻找、认识及掌控自己的过程中，我们会产生各种心理问题以及人格障碍。面对自己的各种情绪，我们需要认知，需要在各种情绪体验中兴利除弊。一个不能真正认清自己的人，也不会真正认清他人。一个掌控自己内心世界的人，会活得更加坦然、快乐。

紧张情绪：人体的定时炸弹

紧张情绪会影响我们正常的思考，会导致我们发挥失常。

紧张的结果是心灵的超负荷运转，最后终将导致不幸的发生。现代人越来越容易感染负面的情绪，有时一个很小的打击也足以使我们绝望，导致一败涂地。

何雨是家里的独生子。由于历史的原因，父亲个人的理想成了泡影，便将全部的期望都寄托在何雨的身上。他在父亲的灌输下形成的强烈的“出人头地”意识与其一般的智能和责任心形成了巨大的反差。

高考前，黑板上每天变化的高考倒计时和随时变化着的同学们的考试成绩一览表，加上父亲那企盼的目光，给何雨造成了巨大的心理压力。他出现食欲下降、恶心、心慌、心悸、惶惶不可终日的连锁反应。

当高考如约而至的时候，何雨突然心中一阵慌乱，脑中一片空白。他压抑着紧张情绪，越压抑，心里越紧张，结果，他落榜了。面对这沉重的打击，他长时间不能从失望、痛苦、无助的情绪中解脱出来。

当他第二次面对高考时，他变得更加紧张恐惧。由于紧张感达到了极点，他甚至想放弃第二次高考。在第一门考试时，考场出现了异常，在一时混乱的气氛中，何雨心中那巨大的紧张感突然消失了，第一门考试发挥了较好的水平，但从第二门考试开始，那种紧张的感受又袭上心头，从而影响了以下几门考试的成绩。他勉强考取了一所高等专科学校。

但事情远远没有终结。在他几年的大学学习中和走向社会后，只要面对考试，紧张不安的情绪便会出现。

适度的紧张是有益的，但过度的紧张将会对人体产生抑制作用。过度紧张会使人动作失调，会使人行为紊乱，会降低效率。因为人们在过度的紧张情绪下，会使脑神经的兴奋和抑制过程失调，出现暂时性的不平衡。这时，人就会体验到一种难以自制的心慌、不安、激动和烦躁的情绪，从而出现一系列的行为紊乱、动作失调现象。

偶尔出现过度的紧张如能及时调整，不会对人造成大的危害，但持续的情绪紧张状态对人体特别有害。有人把持续的情绪紧张称之为体内的“定时炸弹”。

学会给坏情绪减负

生活在林中的小鸟，只要有一根可以立足的树枝，它便会觉得整个天地都属于自己；口渴的田鼠，只要饮到河中的一点点水便会知足，而不会奢求一个粮仓。所谓“知足常乐”，小人物也有小人物的境界，只要自己觉得满足就可以了，没有必要再去贪求其他多余的东西。

每个人所拥有的财物，无论是有形的，还是无形的，没有一样真正属于自己。那些东西不过是暂时寄托于你，有的让你暂时使用，有的只是让你暂时保管而已。智者会把这些财富统统视为身外之物。如果过分地索求，只能成为人生的一种负担，而它带给人的只有痛苦和对幸福快乐的无从把握。

《大学》中有句名言："止于至善。"是说人应该懂得如何努力而达到最理想的境地，懂得自己处于什么位置是最好的。这便是知足常乐之意，在知前乐后当中，也是透析自我、定位自我、放松自我的过程。人们因为知足，所以不至于迷失方向，去追求不切实际的事物而把自己弄得心力交瘁。

一个富翁到海边的小渔村度假。傍晚，他来到海边散步，看见一个渔民满载而归。富翁与渔民闲聊了起来，看着他捕的鱼，问他为什么不再多捕一些。

"这些鱼已经足够我一家人生活所需。""那么你一天剩下那么多时间都在干什么？"渔民满足地说："我呀？我每天回来后跟孩子们玩一玩，黄昏时晃到村子里喝点小酒，跟哥们儿玩玩吉他，我的日子可过得充实又忙碌呢！"

富翁不以为然，帮他出主意："我倒是可以帮你忙！你应该每天多花一些时间去捕鱼，到时候你就有钱去买条大一点的船。然后你可以捕更多的鱼，再买更多渔船，拥有一个渔船队。到时候你就不必把鱼卖给鱼贩子，而是直接卖给加工厂。接着你自己开一家罐头工厂，离开这个小渔村，搬到洛杉矶，最后到纽约，在那里经营你不断扩充的企业。"

“这要花多少时间呢？”

“15～20年。”

“然后呢？”

富翁大笑着说：“然后你就可以在家当富翁啦！时机一到，你就可以宣布股票上市，把你公司的股份卖给投资大众。到时候你就发啦！你可以几亿几亿地赚！”

“然后呢？”

富翁说：“到那个时候你就可以退休啦！你可以搬到海边的小渔村去住。每天出海随便捕几条鱼，跟孩子们玩一玩，黄昏时晃到村子里喝点小酒，跟哥们儿玩玩吉他！”

渔夫一脸淡然地说：“我现在不就是在过这样的生活吗？”

人们兜兜转转、忙于奔命，最后却往往回到了原点，发现期待的生活与曾经已经过上的生活并没有区别，不禁充满了失望。其实大多数时候不必为不顺心的事情感到沮丧，毕竟每个人都有自己的生活方式，或许如今的生活很简单，但是它既然

存在，就一定会有它的乐趣，只不过人们没有感受到而已。生命各有各的乐，就在于生命体对各自生活的一种简单的满足。

学会给坏情绪减负，做一个轻松快乐的人。快乐纯粹是内发的，它的产生不是由事物而来，而是因不受环境拘束的个人举动所产生的观念、思想与态度。这种观念和思想常来自人们的知足感。在那些用平凡色彩渲染的人生里，宁静和温馨生活对于风雨兼程的人们来说是心灵的避风港，如何获得宁静、温馨，唯“知足常乐”四字，它会使人生多一份从容和达观，帮助人们选择属于自己的乐趣所在。幸福其实很简单，只需要一点知足达观。

我的情绪我做主

你曾经有过这样的经历吗：考试前焦虑不安、坐卧不宁？受到批评后眼前一片空白，不愿上班？和同学朋友争吵后，气得上街乱逛；买一堆不合时宜的东西泄愤？像这类“犯规”的举止，偶尔一次还不要紧，如果经常这样，可就要小心了！因为不知不觉中，你已经成了情绪的奴隶，陷于情绪的泥淖而无法自拔，所以一旦心情不好，就“不得不”坐立不安、“不得不”旷工、“不得不”乱花钱、“不得不”酗酒滋事。这样做不仅扰乱了自己的生活秩序，也干扰了别人的工作、生活，丧失了别人对你的信任。

著名专栏作家哈理斯和朋友在报摊上买报纸，那朋友礼貌地对报贩说了声谢谢，但报贩却冷口冷脸，没发一言。

"这家伙态度很差，是不是？"他们继续前行时，哈理斯问道。他有些替朋友抱不平。

"他每天晚上都是这样的。"朋友笑着说道，没有一点不悦之色。

"那么你为什么还是对他那么客气？"哈理斯有些不解。

朋友笑得更厉害了，他答道："为什么我要让他的情绪决定我的行为？难道我还要浪费掉我的好心情去和他斗气吗？"

不要被他人的不良情绪所影响。但是现实生活中，我们却常常会犯这样的错误。一个成熟的人握住自己快乐的钥匙，他不期待别人使他快乐，反而能将快乐与幸福带给别人。每人心中都有把"快乐的钥匙"，但我们却常在不知不觉中把它交给别人掌管。

1939年，德国军队占领了波兰首都华沙，此时，卡亚和他的女友迪娜正在筹办婚礼，在光天化日之下卡亚被纳粹推上卡车运走，关进了集中营。卡亚陷入了极度的恐惧和悲伤之中。

一同被关押的一位犹太老人对他说："孩子，你只有活下去，才能与你的未婚妻团聚。记住，要活下去。"卡亚冷静下来，他下定决心，无论日子多么艰难，一定要保持积极的精神和情绪。所有被关在集中营的犹太人，他们每天的食物只有一块面包和一碗汤。

许多人在饥饿和严酷刑罚的双重折磨下精神失常，有的甚至被折磨致死。卡亚努力控制和调适着自己的情绪，把恐惧、愤怒、悲观、屈辱等抛之脑后。在这人间炼狱中，卡亚奇迹般地活下来。他不断地鼓舞自己，靠着坚忍的意志力，维持着衰弱的生命。

1945年，盟军攻克了集中营，解救了这些饱经苦难、劫后余生的人。卡亚活着离开了集中营。若干年后，卡亚把他在集中营的经历写成一本书。他在前言中写道：“如果没有那位老者的忠告，如果放任恐惧、悲伤、绝望的情绪在我的心间弥漫，很难想象，我还能活着出来。”

是卡亚自己救了自己，是他用积极乐观的情绪救了自己，他战胜了不良情绪，他主宰了情绪，他不是情绪的奴隶。

情绪，如果能妥善运用，是可以使人生变得更好的。只是，要实现“应用”的可能，必须先使它臣服，受你驾驭。情绪既是生命的一部分，就像我们的手与脚、过去的经验、积累的知识能力等，是为我们服务，使人生更美满的。可惜的是，今天社会上有很多人都陷入了迷茫苦恼中不能自拔，成为自己情绪的奴隶，而不是驾驭自己情绪的主人。这种情况是可以扭转的，有很多技巧可以帮助每一个人做自己情绪的主人。

PART 02

情绪释放：给负面情绪找个出口

❀ 警惕情绪污染

现代社会信息交流快捷，人际交往频繁，环境气氛对人的影响力强，情绪会相互感染，尤其是家庭成员之间情绪很容易互相感染。

当然，情绪有好有坏，感染的效果会有正有负。良好的情绪会构成一种健康、轻松、愉悦的气氛，坏情绪会造成紧张、烦恼甚至敌意的气氛。情绪污染是指在坏的情绪影响下，造成心情不畅。现代医学告诉我们，大多数人的疾病往往会从不良的情绪、失衡的心理中产生。为此，人们应该像重视环境污染一样，重视情绪污染。

要防止情绪污染，首先，要从自身做起，尽量做到不将坏情绪传播给家人、朋友、同事，传播给社会。其次，要学会和提高调整情绪的技巧，遇到烦恼、挫折要善于解脱，增强心理承受力。另外，切忌把不良情绪带回家，一旦家庭成员情绪不佳，要及时做好疏导化解工作，使氛围向正效应转化。

情绪是客观事物作用于人的感官而引起的一种心理体验。无论喜、怒、思、悲、惊，都有其原因和对象。幽静的环境，清新的空气，高尚的品德，物质的丰富，文化的繁荣，都能引起人们愉快、轻松的良好情绪，而环境脏乱、虚伪庸俗、文化枯萎等，则可能导致人们厌烦、压抑、忧伤、愤怒的消极情绪。

一个乐观开朗的人和一个整天愁眉苦脸、抑郁难解的人在一起，不到半个小时，这个乐观的人也会变得郁郁寡欢起来。道理很简单，悲观者将自己的苦闷、抑郁传递给了他，人的情绪就是这么的奇怪。情绪具有感染力，那就让我们及时调整好自己的情绪，不要让你的坏情绪到处去“惹祸”了。

其实，我们每个人都是不良情绪的始作俑者，每个人也都是不良情绪的受害者。其实，只要中间的某个人可以控制住自己的情绪，这个恶性循环就不会再传递下去。

良好的情绪会带给周围人无尽的欢乐。如果我们仔细回想一下，一定能够想得到许多良好情绪感染我们的例子。比如某小区的物业人员总是真诚、友善地和你道一句“你好”“再见”之类的话语，你可能本来因忙碌而觉得心烦，但一听到他人的问候、看到他人的笑脸，你的内心也会绽放出一枝花来。许多经常来往的人会互相影响，也是基于这样的道理。但如果是坏情绪的传染，有时会带来毁灭性的灾难。

俄亥俄州大学社会心理生理学家约翰•卡西波指出，人们之间的情绪会互相感染，看到别人表达的情感，会引发自己产生相同的情绪，尽管你并未意识到在模仿对方的表情。这种情绪的鼓动、传递与协调，无时无刻不在进行，人际关系互动的顺利与否，便取决于这种情绪的协调。

情绪的感染通常是很难察觉的。专家做过一个简单的实验，请两个实验者写出当时的心情，然后请他们相对静坐等候研究人员到来。两分钟后，研究人员来了，请他们再写出自己的心情。这两个实验者是经过特别挑选的，一个极善于表达情感，一个则是喜怒不形于色。实验结果，后者的情绪总是会受前者感染，每一次都是如此。这种神奇的传递是如何发生的？

人们会在无意识中模仿他人的情感表现，诸如表情、手势、语调及其他非语言的形式，从而在心中重塑自己的情绪。这有点像导演所倡导的表演逼真法，要演员回忆产生某种强烈情感时的表情动作，以便重新唤起同样的情感。

研究发现，人容易受到坏情绪的传染，带着满肚子闷气，绷着脸回到家，摔摔打打，看什么都不顺眼，立刻便将坏情绪传染给了全家，整个晚上甚至连续几天都不得安宁。同样，在家里怄了气，也会把坏情绪带到外面。这就像一个圆圈，以最先情绪不佳者为中心，向四周荡漾开去，这就是常被人们忽视的“情绪污染”。用心理学家的话说：情绪“病毒”就像瘟疫一样从这个人身上传播到另一个人身上，一传十、十传百，其传播速度有时要比有形的病毒和细菌的传染还要快。被传染者常常一触即发，越来越严重，有时还会在传染者身上潜伏下来，到一定的时期重新爆发。这种坏情绪污染给人造成的身心损害，绝不亚于病毒和细菌引起的疾病危害。

同样，你听同一首歌，在家听的感受与到演唱会现场去听，结果肯定是大相径庭，因为你在现场情绪受到了感染。认识到情绪这种特殊的“传染病”，我们就要重视它，并积极利用正面情绪，克制、舒缓负面情绪，这样才能拥有赢得成功的品质。

与其一天到晚怨天怨地，说自己多么不幸福，不如借由改变自己的情绪个性来改变命运。没有人是天生注定要不幸福的，除非你自己关起心门，拒绝幸福之神来访。千万不可做喜怒无常的人，让自己的心理状态完全被情绪左右，那样伤害的不只是别人，你自己也会因此失去拥有幸福的机会。任何人都会有情绪低落的时候，每当这时，一是要有点忍耐和克制精神，要学会情绪转移。

用宣泄为自己减压

随着生活节奏越来越紧快，我们所面临的压力也越来越大，内心积压的不良情绪也越来越多，如果不及时为这些情绪找一个发泄渠道，它们将会危害到我们的身心健康。

28岁的李小姐在一家大型外资企业工作，虽然刚工作3年，但是薪资已经到了每月万元以上，这在同龄人中，算是很好的了。可即使这样，她还是时常抱怨压力太大，并通过聚会等各种各样的方式为自己减压。可最近一段时间，李小姐的家人发现她不再像以前那样爱出门玩儿了，下班回到家后，她就一直坐在电脑跟前。后来她自己告诉家人，她的同事们都到网上社区发泄，将自己不能跟身边人说的秘密发到上面去，以此来释放自己的压力。她通过浏览上面的内容，发现有的人比自己还要不幸，立即就感觉自己的压力没那么大了，并且认为这确实是一个很好的减压方法。

在这些说出秘密的社区里，发布秘密的人以女性居多，发布的内容也大都是一些关于自身的一些不堪的回忆，发布者将自身的秘密说出来，引起很多人回应，有的人也说出相同的经历，并把自己的一些经验说出来，与单纯的劝慰比起来，现身说法的方式反而让更多的人获得益处。李小姐觉得一些在现实生活中不能倾诉的情绪，在网上社区很容易就能说出来，李小姐这样的想法很多人也能理解，毕竟在网络中，大家互相都不认识，等于把真实的困扰放在虚拟的空间，说出来的过程就是释放和发泄，也正

因为如此，有很多年轻人都热衷于这样的方式。

针对这种情况，心理专家认为：能够将不良情绪释放出来，就是一种解压的方式，不论采用何种方法，对自身的情绪调节都是有好处的。但年轻人只热衷于其中那种隐蔽的方式，反映出在交友或是处理同事关系方面，这些年轻人存在很多误区或是不正确的地方，宁愿告诉陌生人也不跟家人或是朋友交流，说明他们相互之间的信任度很低。

宣泄情绪，需要一种积极向上的方式，这种方式应该是阳光的，有透明度的，这样，才会有助于我们建立一种达观的人生态度。下面我们就一起来了解一下几种宣泄情绪的方法：

1.利用语言暗示的作用缓解不良情绪

当你被不良情绪所压抑的时候，可以通过语言暗示来调整和放松心理上的紧张，使不良情绪得到缓解。语言是一个人情绪体验强有力的表现工具。通过语言可以引起或抑制情绪反应，即使不出声的内心语言，也能起到调节作用。发怒时，你可以暗示自己“不要发怒”“发怒会把事情办坏的”；陷入忧愁时，你可以提醒自己“忧愁没有用，于事无益，还是面对现实，想想办法吧”，等等。在松弛平静、排除杂念、专心致志的情况下，进行这种自我暗示，对情绪的好转大有益处。

2.了解生物节律，尊重情绪规律

人是有生物钟和生物节律的，比如有的人是早起型，有的人是晚睡型，有人早晨效率高，有人下午头脑好，其实情绪也一样有它的节律。所以我们要熟悉自己的生物节律和情绪周期，合理安排时间，这样便能得到更有效率的成果，从而避免消极情绪的不良影响。

3.保证充足的睡眠，让情绪好好休息

匹兹堡大学医学中心的罗拉德·达尔教授的一项研究发现，睡眠不足对我们的情绪影响极大，他说："对睡眠不足者而言，那些令人烦心的事更能左右他们的情绪。"

当你每天睡眠不足，强打精神把自己控制在办公桌前，烦躁、抑郁、焦虑、担忧等不良情绪也会轻易找上你，不仅使你工作效率全无，而且还影响自信心。当然，多少睡眠量能满足自己的需求因人而异，但最起码要保证充足的高质量的睡眠，这也是保持良好情绪，取得好成绩的重要保证。

吵架也能化解坏情绪

人总是在不注意的时候积压了许多的不满，久而久之，人们的情感就会因这些不满而变质。生死之交，可能因为一点小误会大打出手，彼此深爱的情侣也可能因任何的问题而产生口角。

吵架的本身，并不一定就是因为感情不好或者有任何的过节，你可能因为过于关心对方，甚至是深爱着对方，而将自己的想法投射在他人的行为上，当那个人不如你意时，小小的芥蒂，却因此而生了。

吵架多数发生在夫妻身上。关于夫妻之间的争吵，普遍认为这是一件正常的事情——甚至还有人认为"打是亲骂是爱，不打不骂是祸害"。所以，身处婚姻中的男女没有必要

将生活中的吵架当作是一件多么了不得的事情，甚至因此认为你们的婚姻进入危机，应以一颗平常心对待彼此之间的分歧和争吵。

而且，从另外一个角度来说，吵架反而是夫妻之间沟通的一个很好的手段。因为当一个人对什么东西都是一味认同对方，自己内心的需求无法满足，这样自己的不满不自觉地就会产生，可是对方却还不明白你在烦恼什么，这个时候，吵架就可以帮助你们沟通彼此的见解了。

和谐的婚姻，并不在于两个人志同道合，完全没有争吵，而在于争吵发生后，彼此如何处理与面对，这是婚姻生活中很重要的一门学问。夫妻之间争吵时应遵循以下三个原则：

一是争吵时先调整心情，再处理事情。夫妻吵架往往不在于是谁对谁错，而在于双方的心情好坏。心情好，能把坏事看成好事；心情不好，能把好事看成坏事。一些夫妻往往把对方的优点、长处忽略不计，或看作理所当然，而单单斤斤计较对方的缺点、毛病，总是将这些看在眼里、烦在心里，就会挑剔、指责不断、吵架不止。夫妻间如果一方长期被挑剔、否定、指责，一定会发泄不快，导致心情沮丧，夫妻吵架就在所难免，而且会由小吵到大吵，由善意转变成恶意。

二是不要企图改变对方，而要先努力改变自己。夫妻之间在一起共同生活，但是二人的兴趣、爱好、性格以及思维模式和行为习惯很少有完全相同的，所以，各自对待生活的态度、处理事情的思想和方法会有很多不同之处。恩爱夫妻都有着共同的特点就是，都能互相包容和顺应，而不能企图抹杀或改变，更不能企图把自己的兴趣、爱好、思维模式及行为习惯强加给对方。

三是夫妻争吵时不求胜利，只求沟通。夫妻吵架不必争谁输谁赢，只要在吵架中把自己心中的不满“吵”给对方就够了。有时大家说，吵架是一种强烈的沟通形式，因为通过吵架，即使对方没有完全接受你的观点、想法或意见，也已起到了交流感受、想法、意见的作用。尽管吵架是一种被动的沟通，但是，它比夫妻间有气发不出来，而闷在心里好得多。夫妻吵架不求胜利，只求沟通的另一个方面是“不讲道理”是真道理。因为夫妻吵架，很少由原则问题引起，不必较真。如果凡事都较真，非要争出个谁对谁错的道理来，那么“较真”本身就已经错了。

我们如果能够学会用技巧来沟通，那么对自己和爱人的关系只有好处，没有坏处。

丢掉悲观情绪，做个开心的人

有些人一遇到不如意的事情便垂头丧气、怨天尤人，严重的还会对前途失去信心、心灰意冷。对于这种现象，心理学家为我们做出了解释，乐观主义者总是假设自己是成功的，也就是说，他们在行动之前，就已经有了85%的成功把握。这种自信让他们更容易靠近快乐和成功；而悲观主义者在行动之前，却已经确认自己是不可能有好的结果的。这种悲观的情绪便会将他们与快乐、成功隔离。悲观者唯一的好处就是不会有太大的失望，因为，他们也从来没有给过自己过高的期望；但同时他们也看不到生活中的希望。

学着丢掉悲观的情绪，我们就很容易做个开心的人。其实，很多事情，换个角度，换个心情去看待，结果会完全不同。决定快乐的不是环境，而是心境。如果你选择的是快乐，那么快乐就会围绕在你的身边；但是如果你的眼里只看见烦恼，那么烦恼就会越来越多，直至最后让你窒息。

李伟是一个生性乐观的人，无论在什么时候，他总是一副很开心的样子。他单身的时候，与几个朋友一起住在一间只有七八平方米的房子里，有人问他：“那么多人挤在一起，转个身都难，有什么可开心的？”李伟说：“这么多朋友在一起，不仅能说说笑笑，而且随时都可以交流思想、沟通感情，这还不是高兴的事吗？”

过了一段时间，由于各自的工作关系，朋友们一个个都搬出去了。最后，屋子里只剩下李伟一个人。每天，他依然很开心。邻居觉得这个年轻人很有意思，每天都笑呵呵的，仿佛从来没有什么忧愁的事情，出于好奇，邻居不禁问他：“之前有那么多朋友你还有开心的理由，可现在呢？”

“还是很开心啊！”

邻居不解：“现在，你孤孤单单的一个人，有什么好开心的？”

李伟说：“我还有很多书啊！一本书就是一个老师。和这么多老师在一起，时时刻刻都可以向老师请教，这是多么开心的一件事啊？”

“那你从来就没有遇到过不开心的事情吗？”邻居终于问出了自己的疑惑。

“也有，不过想想开心是一天，不开心也是一天，既然如此，为什么要让那些不开心的事情污染到我的好情绪呢？生命这么宝贵，不是吗？”

当然，这个道理大家都懂，但是懂和做完全是两种概念，只有把我们懂的加以利用，使之成为对我们有益的能量，才是我们需要学习的。其实，世上没有非走不可的路，没有非想不可的人，没有非做不可的事，让该来的来，该去的去，这样就你会有一颗快乐的心。的确，快乐无处不在，只不过是因为每个人看问题的角度不同，思考问题的出发点也不同，那么得到的结论也就不尽相同。

悲观和乐观，只是一念之间，然而，通过这一念之间看到的世界，却有着天壤之别。生活中的很多事情，都存在着相互对立统一的两面，我们应该看到它们的另一面，凡事往好处想，朝着乐观的方向走，希望、幸福和快乐将会变得无穷。

PART

03

情绪选择：让积极成为你性格的一部分

任何时候都要看到希望

人最宝贵的东西是生命，生命对于每个人只有一次，而且，每个人的生命都是父母生命的延续，因此，任何人都没有任何理由来轻视自己的生命。

在生活中，很多人都常常有一时冲动的心理现象，冲动是在理性不完整的状况下的心理状态和随之而来的一系列行为，也属于意志脆弱的一种表现。

有好多年轻人因为父母或者他人的一句话或一些不如意的事情就产生了自杀的念头。有的是在工作与事业上受到挫折而心灰意冷，便没有勇气活下去。但还有一些人往往自杀未遂，而在身心上留下了终生的遗憾。

李大钊说："求乐的人生观，才是自然的人生观、真实的人生观。"

约翰是一家公司的销售主管，他的心情总是很好。当有人问他近况如何时，他回答："我快乐无比。"

如果哪位同事心情不好，他就会告诉对方怎么去看事物好的一面。他说：“每天早上，我一醒来就对自己说，约翰，你今天有两种选择，你可以选择心情愉快，也可以选择心情不好，我选择心情愉快。每次有坏事情发生，我可以选择成为一个受害者，也可以选择从中学些东西，我选择后者。人生就是选择，你要学会选择如何去面对各种处境。归根结底，由你自己来选择如何面对人生。”

有一天，他被三个持枪的歹徒拦住了，歹徒朝他开了枪。

幸运的是发现较早，约翰被送进了急诊室，经过18个小时的抢救和几个星期的精心治疗，约翰出院了，只是仍有小部分弹片留在他体内。

6个月后，他的一位朋友见到了他。朋友问他近况如何，他说：“我快乐无比。想不想看看我的伤疤？”朋友看了伤疤，然后问当时他想了些什么。约翰答道：“当我躺在地上时，我对自己说有两个选择：一是死，一是活。我选择了活。医护人员都很好，他们告诉我，我会好的。但在他们把我推进急诊室后，我从他们的眼神中读到了‘他是个死人’。我知道我需要采取一些行动。”

“你采取了什么行动？”朋友问。

约翰说：“有个护士大声问我对什么东西过敏。我马上答‘有的’。这时，所有的医生、护士都停下来等我说下去。我深深吸了一口气，然后大声吼道：‘子弹！’在一片大笑声中，我又说道：‘请把我当活人来医，而不是死人。’”

约翰就这样活下来了。

人生在世，根本不可能事事顺心，总会碰到这样或那样的困难。只有那些在逆境中不心灰意冷，积极乐观的人，才能战胜困难，享受胜利的喜悦，否则，便会被困难压倒。因此，当我们遇到事情后，一定要运用选择的权力，摒弃消极悲观的想法，选择积极乐观的想法，学会快乐。这样，你的生活才会充满阳光，你才会活得轻松、惬意。

杂志撰稿人鲁斯最初知道自己身患重病是在五年前，当时，他去买人寿保险，做心电图发现冠状动脉有阻塞症状之后遭到保险公司的拒绝。保险公司的医生说，他只能再活一年半，而且必须辞掉杂志撰稿人的工作，也不能参加任何体育活动。那时，他才37岁。

鲁斯不愿放弃自己那种生龙活虎的生活方式，下决心找出另外的办法活下去，他想通过锻炼保持心脏的健康。同时，他又为自己定了一个大胆的治疗方案。他服用大量的维生素C，再对自己实行一种“幽默疗法”——连着看大量的喜剧片，读著名作家写的滑稽作品。他后来说：“我很高兴地发现，捧腹大笑10分钟就能起到麻醉作用，使我至少能够不觉得疼痛地睡上两个小时。”

到现在为止，五年过去了，他还活着。

鲁斯现在认为，紧张和压力之类的消极力量会使身体虚弱，而快乐、信心、欢笑、希望等积极乐观的力量会使身体强壮。“倘若说我们战胜沮丧的乐观情绪的力量不能在身体里引起生物化学上的积极变化，我是绝不相信的。”鲁斯说，“我们能够想办法让自己活下去。每当犯病到了医院的时候，院长和治心脏病的专家都在等着我。我说：‘没事，各位别紧张。我希望你们了解，我是到你们医院来过的最顽强的病人。’”

鲁斯从经验当中得出一个信念：乐观的心情比药物还有用。他说，这一点应当引起医疗专家的重视。“如果乐观情绪本身能够起到医疗作用的话，就不应该忽略，而要当成所有疗法的一个组成部分。”

情绪也是一种力量，它是一种源于人的内心的力量，我们绝不能忽视乐观情绪的力量，它不仅仅是帮助你建立一个好的心态，在坚强的意志的帮助下，它甚至可以挽救一个人的生命。

❀ 好情绪让你更健康

情绪乐观的人会看到希望，希望是相信自己具有达到目标的意志力与方法。乐观者则能激活希望，有了希望，就有人生。要始终保持自己的情绪稳定、乐观是健康的需要，也是你生活乃至生命的需要。

“笑一笑，十年少。”许多研究证实：长寿老人的最大特点之一是具有乐观情绪。美国一份长期对300名受试者所做的研究显示：笑会改善生理健康，经常笑和具有良好幽默感者，活得健康。调查表明，战争结束后，胜利者的伤口愈合得比失败者要快。因为快乐、笑不仅能克服压力，更能促进呼吸和血液循环，分泌有益于身体的激素，并会抑制压力产生的有害激素。

心情愉快、心态平和更能促进人做弹性与复杂的思考，有助开拓思路与自由联想，有助于提高智力。所以人们把乐观情绪称之为心理健康的灵丹妙药。正如马克思所说：“一种美好的心情比十副良药更能解除生理的疲惫和痛楚。”

你是否有过这样的经历：当情绪高涨，处于兴奋、愉悦状态的时候，就会感觉自己所向无敌，做起事情来也得心应手，特别顺畅；而当你感觉沮丧、灰心失望的时候，即便很简单的事情，也会变成挡住去路的高墙，让你感到无能为力？

乐观与悲观可以说是人们给自己解释成功与失败的两种不同方法。乐观者把失败看作是可以改变的事情，这样，他们就能转败为胜，获得成功；悲观者则认为失败是由其内部永恒的特性所决定的，他们对此无能为力。这两种迥然不同的看法对人们的生活质量有着直接的、深刻的影响。

法国作家雨果曾说过："思想可以使天堂变成地狱，也可以使地狱变成天堂。"

我们要认识到危机即是转机，遇到困难，产生压力，一方面可能是自己的能力不足，因此整个问题处理过程，就成为增强自己能力、发展成长重要的机会；另外也可能是环境或他人的因素，则可以理性沟通解决，如果无法解决，也可宽恕一切，尽量以正向乐观的态度去面对每一件事。如同有人研究所谓乐观系数，也就是说一个人常保持正向乐观的心，处理问题时，他就会比一般人多出20%的机会得到满意的结果。因此正向乐观的态度不仅会平息由压力而带来的紊乱情绪，也较能使问题导向正面的结果。

大家都知道，人的健康是和心理健康有密切关系的。我们的心中如果常带有负面消极的心理，是会影响身体的健康的。因此，为了健康我们要努力把内心的阴暗面排除，用积极乐观的情绪面对生活。

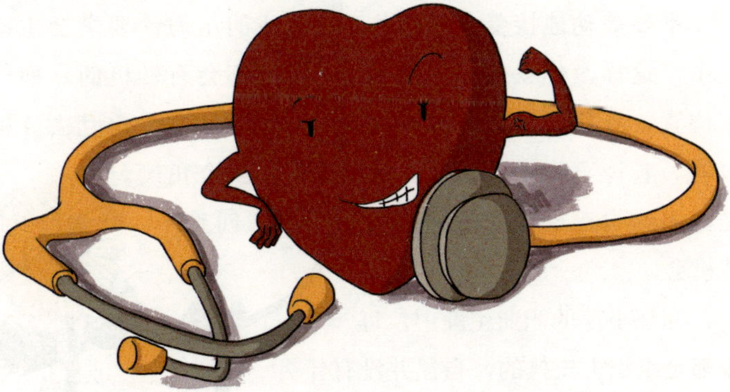

变被动为主动

学会主动，你就等于抓住了先机。

在波涛汹涌的大海中，有一艘船在波峰浪谷里颠簸。一位年轻的水手爬向高处去调整风帆的方向，他向上爬时犯了一个错误——低头向下看了一眼。

浪高风急顿时使他恐惧，腿开始发抖，身体失去了平衡。这时，一位老水手在下面喊：“向上看，孩子，向上看！”这个年轻的水手按他说的去做，重新获得了平衡，终于将风帆调

好。船驶向了预定的航线，躲过了一场灭顶的灾难。

不要被动地接受外界给你造成的压力，要学会主动反击，这样，你就会发现很多事情都会有转机的。换一下位置，寻找对自己最有利的一面，从多个角度去分析事物、看待事物。其实很多时候，换个角度，是在多给自己一份信心，多为自己创造一些机会。

在任小萍的职业生涯中，每一步都是组织上安排的，自己并没有什么

自主权。但在每一个岗位上，她都有自己的选择，那就是要比别人做得更好。

大学毕业那年，她被分到英国大使馆做接线员。在很多人眼里，接线员是一个很没出息的工作，然而任小萍在这个普通的工作岗位上做出了不平凡的业绩。她把使馆所有人的名字、电话、工作范围甚至连他们家属的名字都背得滚瓜烂熟。当有些打电话的人不知道该找谁时，她就会多问几句，尽量帮他（她）准确地找到要找的人。慢慢地，使馆人员有事外出时并不告诉他们的翻译，只是给她打电话，告诉她谁会来电话，请转告什么，等等。不久，有很多公事、私事也开始委托她通知，她成了全面负责的留言点、大秘书。

我们无法选择最开始的路，但我们可以选择轻松行走的方式。

主动是一种很重要的姿态，表明我们积极对待问题的态度；主动也是一种高度合作的模式，帮助我们成为别人喜欢的合作伙伴；主动是很好的学习模式，让我们在不断地进取中塑造新能力；主动也是对自己的一种挑战，因为主动承揽而使得自己有更明确的责任去整合资源、实现承诺。因此，主动往往是领导者或者魅力者的基本条件之一。

但是主动也不是完全没有问题，主动者有时候可能发生侵犯到别人看作是自己地盘的事情，主动者可能被一些人看作好事者，主动者也有可能给自己揽下不全是搞得定的事情。但是，主动是一种技能，它需要在操练中才能把握好火候与分寸，所以我们看到主动所带来的最核心的问题，实际上是因为我们主动不够而导致的生疏所落下的毛病，而只有我们在经常的主动中反思、总结与调整，最终我们才能变得更加优秀。

❀幽默：情绪中的“开心果”

生活中需要幽默，幽默是高情商的表现，它更是管理自我情绪应具备的心态。发现幽默，它是情绪的开心果；应用幽默，它可缓解矛盾，调节心情，促使心理处于相对平衡状态。著名的喜剧大师卓别林曾说：“通过幽默，我们在貌似正常的现象中看出了不正常的现象，在貌似重要的事物中看出了不重要的事物。”

生活中的你，是整天一副严肃的表情，还是常能于妙趣横生中化干戈为玉帛呢？幽默并不仅仅是一种单纯说笑，它还是一种智慧的迸发、善良的表达，是交往的润滑剂，更是一种胸怀和境界。幽默不仅能增加你和同学之间的友谊，更能使一些误解得到消除。幽默就像阳光一样，可以使这个世界变得温暖明媚。

幽默的人生是乐趣无穷的人生。学会和善于运用幽默，会令我们的工作、生活更为丰富和快乐。幽默的方式方法有多种，从其性质来看，有滑稽的、荒谬的，有协调的，有出人意料的，有戏谑、诙谐、反讽、挖苦等。需要强调的是，运用幽默时，要考虑场合和对象。一般情况下，在日常社交场合中，可多用幽默；在学术性或政治性交往活动中则要慎用幽默，应注意不适当的幽默会削弱听众对主题的注意；对待敌人、恶人则要用讽刺性幽默，以便在用幽默讥讽、鞭挞对方的同时，给周围的同事、朋友以快感。

一位年轻的画家拜访德国著名的画家阿道夫•门采尔，向他诉苦说：“我真不明白，为什么我画一幅画只用一会儿工夫，可卖出去却要整整一年。”“请倒过来试试吧，亲爱的。”门采尔认真地说，“要是你花一年的工夫去画它，那么只用一天，准能卖掉它。”那个画家笑了。

门采尔对画家所说的话不仅让那个画家不那么郁闷，而且幽默中蕴涵深刻哲理，让人们在笑声中增长智慧。

幽默在日常生活中是很重要的，它充当着调味剂，让我们的生活更加有滋有味。它能使那种严肃、紧张的气氛顿时变得

轻松、活泼，它能让人感受到说话人的温厚和善意，使其观点变得很容易让人接受。

然而真正的幽默是充满智慧的。在日常生活中，常有人由于不慎而使我们身处窘境，或是向我们提一些非分的请求，或是问一些我们不好回答或暂时不知道答案的问题。此时，我们如果直接表明“不满意”“不可能”或“无可奉告”“不知道”，往往会给彼此带来不快。如果我们想从窘境中脱身而出，不妨借用幽默的力量。

有一次，萧伯纳为庆贺自己的新剧本演出，特发电报邀请丘吉尔看戏：“今特为阁下预留戏票数张，敬请光临指教。并欢迎你带友人来——如果你还有朋友。”丘吉尔看到后立即复电：“本人因故不能参加首场公演，拟参加第二场公演——如果你的剧本能公演两场。”丘吉尔善用幽默的特点由此可见一斑。

不仅在生活中如此，即便是在政治上，丘吉尔也能够将这种智慧应用自如。丘吉尔有一个习惯，洗澡后裸着身体在浴室里来回踱步，以作休息。

二战期间，一次，丘吉尔来到白宫，要求美国给予军事援助。当他正在白宫的浴室里光着身子踱步时，有人敲浴室的门。“进来吧，进来吧。”他大声喊道。

门一打开，出现在门口的是罗斯福。他看到丘吉尔一丝不挂，便转身想退出去。“进来吧，总统先生。”丘吉尔伸出双臂，大声呼喊，“大不列颠的首相是没有什么东西需要对美国总统隐瞒的。”看到此景的罗斯福会心一笑，也被丘吉尔的机智幽默所折服。

就是通过这样直白坦率而又幽默的方式，丘吉尔最终赢得了美国总统的信任，让美国和英国结成了同盟，从而帮助自己的国家走出了困境。丘吉尔的幽默是一种智慧的力量。

然而，幽默并非天生就有，而是需要自己用心培养。幽默不是油腔滑调，也非嘲笑或讽刺。正如有位名人所言：浮躁难以幽默，装腔作势难以幽默，钻牛角尖难以幽默，捉襟见肘难以幽默，迟钝笨拙难以幽默，只有从容、平等待人、超脱、游刃有余、聪明透彻，才能幽默。

培养你的积极情绪

命运不会吝惜给我们苦楚，可是如果我们保持乐观的心态，那么即便是有再多的苦楚，我们也能将其掩埋在微笑之下。

钟爱东，百庙鱼塘的主人，被评为广东省“巾帼科技兴农带头人”。

从一名普通的下岗女工到身价千万的养殖大王，不惑之年的钟爱东仍然勤劳淳朴。事业几经起落，她说，“横下一条心，没有过不去的坎儿。”

1997年1月1日，钟爱东不能忘却的日子，这一天，本以为捧上“铁饭碗”的她下岗了。在这家工厂工作了近20年，还成了厂里的“一把手”，钟爱东说，她把全部的心血、最好的青春年华，都给了工厂，甚至没有时间照顾年幼的孩子，“当时觉得，心里有什么东西被人硬掰了下来。”钟爱东说，那天，她哭了。

下岗后，她接到的第一个电话，是花都区妇联打来的，她说，就是这个电话，在最艰难的时候教会她“用笑容去迎接困难”。钟爱东在当厂长的时候就经常与周围的农民接触，知道养殖水产有赚头，看准这一点，她拿出了仅有的2000元“箱底钱”，又东奔西走借了些款，一咬牙承包了200亩低洼田，资金不够，就赚一分投入一分，滚动式周转。几年下来，天天“泡”鱼塘、搞技术，200亩低洼田变成了水产养殖地。钟爱东说，那时鱼塘就是她全部的生活了。她每天早上都要花一个小时绕池塘走上一圈。

钟爱东没想到，生活中的第二次打击来得这么快。1997年5月8日，是钟爱东伤心的日子。那一天，一场大洪水湮灭了她刚刚兴旺的鱼塘。站在堤坝上，看着不断上涨的洪水一点点吞没了鱼塘，钟爱东绝望地回了家。“在哪里跌倒就从哪里爬起来。”钟爱东说，这是当时丈夫说的唯一的话，倔强的她这次没有流泪。她开始带着工人挖塘、养苗，引进新技术、新鱼种，被洪水湮灭的鱼塘一点点“回来”了。

钟爱东成了远近闻名的“鱼王”，鱼塘越做越大，还办起了企业。多年的艰难经营，“养鱼为生”的钟爱东对技术情有独钟：一个没有创新、没有新产品的企业，就像脱水的鱼。

钟爱东有个温暖的四口之家，她说，在最困难的时候，家人的支持成了她的精神支柱。“当初好多次想到放弃，是他们帮我挺过了难关。”屡经磨难，钟爱东说最重要的是要学会如何看待失败，“下岗、失败都不用怕，路是自己走出来的，认定目标走下去，一定会成功。”

生命，有起有落，有悲有喜，起伏不定，但是太阳却依然光亮，月亮仍然美丽，星星依旧闪烁……一切的一切仍旧是那么和谐，而生命，依然会有着更绚烂的色彩等待我们去开发，明天，总是美好的，只要我们有心，在艰难中咬紧牙关，就能够在痛苦中盼来新的晨曦。

苦难无可避免，反复低落的情绪是每个人都会经历的，但我们可以选择一种更健康、更快乐、更放松的生活方式，重新寻得内在的平静和快乐。

热情帮你战胜一切

美国哲学家、散文家及诗人拉尔夫•沃尔德•爱默生说过：“没有热情，任何伟大的业绩都不可能成功。”对成功不利的所有因素，如迷惑、失望、恐惧、消极、颓废、猜忌、犹豫等都是由缺少激情而引起的，这些因素的存在使我们未老先衰、止步不前；而由热情带来的希望、果断、积极、主动、兴奋等，则可以使我们获得与困难搏斗的勇气和向目标迈进的力量。

欧文•斯通把以下问题列入人生失败的主要原因之中：

习惯处于消极的精神状态；

缺乏控制激情的能力；

不能坚定地达到目的并保护它；

没有超凡脱俗的“野心”；

缺乏善始善终的决心。

热情是我们事业成功和生活幸福的源泉。

热情给我们以智慧，比尔·盖茨说：“每天早晨醒来，一想到所从事的工作和所开发的技术将会给人类生活带来巨大的影响和变化，我就会无比兴奋和激动。”

热情给我们以灵感，牛顿从司空见惯的苹果落地现象发现了万有引力定律。

热情给我们以力量，贝多芬在耳朵失聪的情况下奏响美妙的乐章。

热情能使我们更加努力，更加快乐地去工作，享受工作的乐趣！

每个人内心深处都有像火一样的热情，却很少有人能将自己的热情释放出来，大部分人都习惯于将自己的热情埋藏在内心深处。

如果不能使自己的全部身心都投入工作中去，那么你无论做什么工作，都只能沦为平庸之辈，做事马马虎虎，只有在平平淡淡中了却此生。如果是这样，你的人生结局将和千百万的平庸之辈一样。

二次世界大战期间，与法西斯主义势不两立的美国女记者多萝西·汤普森将她的报纸专栏作为打击希特勒政权的武器。她的专栏文章由报业辛迪加向150家报纸发稿，那些富有洞察力又注入了丰富感情的政治评论，使得同行们充满理性的专栏文章黯然失色。1940年，她的读者高达700万人。

满怀激情的工作成就了汤普森。在职场上，这种激情创造成功的范例还有许多许多。我们的生命，一半是给工作的，如果我们缺乏对工作的激情，工作就会变成无休无止的苦役，这是一件非常可怕的事情。正如加缪描写的古希腊神话中的西西弗斯的境遇：他不停地把一块巨石推上山顶，而石头由于自身的重量又滚下山去，再也没有比进行这种无效无望的劳动更严厉的惩罚了。然而，倘若我们真的处在这样的命运之中，尽管可以找到怨天尤人的理由，但是，有一点必须点破的是，我们自己应对困境负主要的责任。我们往往把工作当成赚钱的手段，很少把它与实现快乐的途径联系在一起，因而对待工作的态度也常常以金钱的多少为衡量标准。

露西大学毕业后到一家创办不久的文化公司从事展销业务，本来展览经济是一个新的增长点，在这一行里有许多美好前景可以开拓，但初创阶段的公司业务并不是很好，露西的工资要比一同毕业的同学少一半。收入上的差距使她心里不平衡了，她开始私下寻找跳槽的机会。结果，不仅跳槽不成，她在公司第二年的竞聘上岗中也落聘了。

这山望着那山高，露西的致命伤在于她丧失了上进的动力和兴趣，从而阻碍了自己的发展。其实工作的成就感绝不只是靠收入高得到的，把收入看淡一点，从工作中发现兴趣，远比盲目地另找一份工作要实际。

对自己的工作热情的人，不论工作有多少困难，或需要多少的努力，始终会用不急不躁的态度去进行，而且一定能够出色地完成任务。爱默生说过：“有史以来，没有任何一件伟大的事业不是因为热情而成功的。”

同样一份工作，同样由你来干，有热情和没有热情，结果是截然不同的。前者使你变得有活力，把工作干得有声有色，创造出许多不凡的业绩，使老板对你刮目相看；而后者使你变得懒散，对工作冷漠处之，当然就不会有什么成绩，你的潜在能力也自然得不到施展。

你不关心工作，老板也不会关心你；你自己垂头丧气，老板自然对你丧失信心。一旦成为企业里可有可无的人，也就等于失去了自己继续从事这份工作的资格。

而那些对工作充满热情的人，不但可以提升自己的工作业绩，而且还可以为自己带来许多意想不到的成果。

成功是热情投入的产物，有些人热爱工作几乎达到了废寝忘食的地步，因为工作给其以成就感，工作令其兴奋、令其感到生命的充实。也正是因为这样，他们才能在工作中不断扩展自我、获取新知，达到成功的新境界。

向责难你的人说谢谢

受到别人的责难，心里难免不舒服，也很容易产生不好的情绪，但是，在这之前，给自己30秒钟的时间来回顾一下，看看他人的责难是不是真的那么可气，如果不是，那就请你安静下来，好好平复一下自己的心情。

人不能总停留在原地，而是要努力向前。感谢折磨你的人，你将得到更迅捷的发展速度。

对于生活中的各种折磨，我们应时时心存感激。只有这样，我们才会常常有一种幸福的感觉，纷繁复杂的世界才会变得鲜活、温馨和动人。一朵美丽的花，如果你不能以一种美好的心情去欣赏它，它在你的心中和眼里也永远娇艳妩媚不起来，而如你的心情一般灰暗和没有生机。

二战期间，丹尼尔先生为了躲避战争逃到了瑞典，身无分文的他很需要找份工作。由于他能说并能写好几国的语言文字，所以他希望在一家进出口公司里找一份秘书工作。可是，绝大多数的公司都回信拒绝了他，甚至一家公司在写给丹尼尔的信上说："你对我生意的了解完全错误。你既错又笨，我根本不需要任何替我写信的秘书。即使我需要，也不会请你，因为你连瑞典文也写不好，信里全是错字。"

当丹尼尔看到这封信的时候，气得要发疯了，于是，他也写了一封措辞激烈的信回敬该公司。但是在把那封信寄出去之前他又仔细考虑了一番，心想："瑞典文并不是我家乡的语言，也许我确实犯了很多我并不知道的错误。如果是那样的话，我想要得到一份工作，就必须再努力地学习。此人可能帮了我一个大忙，虽然他本意并非如此。他用这种难听的话来表达他的意见，并不表示我就不亏欠他，我应该写信感谢他一番。"

于是，丹尼尔另外写了一封信说："你这样不嫌麻烦地写信给我实在是太好了，尤其是你并不需要一个替你写信的秘书。对于我把贵公司的业务弄错的事我觉得非常抱歉，我之所以写信给你，是因为我向别人打听，而别人把你介绍给我，说你是这一行的领导人物。我并不知道我的信上有很多语法上的错误，我觉得很惭愧，也很难过。我现在打算更努力地去学习瑞典文，以改正我的错误，谢谢你帮助我走上改进之路。”几天后，丹尼尔就收到了那个人的信，请丹尼尔去看他，丹尼尔因此得到了一份工作，丹尼尔由此发现“温和的回答能带来好运”。

故事中的丹尼尔正是因为控制住了自己不好的情绪，对事情做了一下分析，在明白原委之后，他为自己找到了正确的解决方式，不但化解了自己的不良情绪，也为自己争取到了一个难能可贵的机会。

真诚地向责难你的人说谢谢，不但是一个人宽大胸怀的表现，也是一个人成熟理智的体现。温和的回答能够给一个人带来好运，当我们面对一件令人生气的事情时，愤怒应对只会让事情变得更糟，如果采用温和的态度来对待，说不定坏事也可以变成好事。

第六篇

借助心态的力量，打造成功人生

PART 01

从现在开始，发掘心态的力量

勇于冒险，冲破内心的厚茧

一个卓越的人，不仅将他的工作安排得井井有条，甚至他的生活也被编排得丰富多彩。

生活中大多数时光都是平淡的，只有冒险才能让生活中少数的亮点更加精彩，令人回味。因此，卓越的人都会喜欢冒险，喜欢接触一些新鲜陌生的事物。

当然，冒险不同于鲁莽，二者是有本质区别的。如果你把一生的储蓄孤注一掷，采取一项引人注目的行动，在这种行动中你有可能失去所有的东西，这就是鲁莽轻率的举动。如果你因要踏入一个未知世界而感到恐慌，却还是接受了一项令人兴奋的新工作，这就是大胆的冒险。

没有冒险就很难取得成功，让我们敢于做第一个吃螃蟹的人吧！

古列特就是一位敢于冒险的人。他生于美国，在德国长大。他26岁时来到美国纽约，选择了钢材原料与工具的进出口贸易作为自己的奋斗目标。这种业务就属于那种以自己的资金为赌注来做生意的冒险行业。

他所从事的行业充满风险和危机。事实上，钢铁市场行情涨落确实非常极端，常使从业者坐立难安！

一个青年胆敢单枪匹马来到一个陌生的地方从事一项如此充满冒险的工作，他的勇气从何而来？

古列特说：“这种与钢铁有关的买卖发展需要很长的一段时间，且长久以来一直由厂商所垄断，像我这种‘外来人’要想分一杯羹，可以说是毫无机会可言。因此，我必须冒险一搏。”

“冒险一搏才能赢”，就是古列特勇气与毅力的来源，其公司的建立便是根植在这种坚强的心理基础之上。

在公司创立不久后，他被征召入伍了，战争结束后，他扩大营运规模，大大小小的钢铁制品皆他负责经营。一年的时间中，他至少有一半的时间在外奔波，忙于寻找新顾客与拓展新市场，并在投资与经营手段上连连使出冒险妙招，使公司的业务量直线上升。他有时甚至远渡重洋，飞往各国，与客户洽商。多年来，他一直过着一个星期工作6天，一天工作12小时的生活，辛劳远超过常人，但他仍然干劲十足。

到20世纪50年代末，古列特的公司

已成长到每年有1000万美元的业务，收益在100万美元以上，他个人一年的平均所得达40万美元之多。

可以说，其公司业绩已相当可观。

如果古列特当初没有冒险之心，也许就不会取得今天这种成果。

古列特由于本身十分乐于迎接挑战，所以他敢于冒险去创造机会，从而得以与幸运之神相遇。

要想获取成功，就要有冒险的精神，用阳光心态，全神贯注地做好准备，随时出击，牢牢地抓住机会。

世界的改变、生意的成功，常常属于那些敢于抓住时机、适度冒险的人。有些人很聪明，把不测因素和风险看得太透了，不敢冒一点险，结果聪明反被聪明误，永远只能“糊口”而已。实际上，如果能在准备阶段就对风险有判断，规划转化风险的方法，则风险并不可怕，相反，适度的冒险也许能为你带来财富和幸运。

欢迎压力，压力可以变动力

我们每个人都听说过或玩过一种叫“陀螺”的玩具，它是一种只有在外力抽打的情况下，才会旋转的玩具，而且外力越强大，它旋转得越快。身在职场，我们要学习陀螺的精神，在压力面前让自己永葆旺盛的斗志和持久的耐力。

人在职场，不可能没有竞争压力，但许多人视竞争对手为心腹大患，视异己为眼中钉、肉中刺，恨不得欲除之而后快。

其实，能有一个强劲的对手，反而是一种福分、一种造化，因为一个强劲的对手会让你时刻都有危机感，会激发你更加旺盛的精神和斗志。

加拿大有一位享有盛名的长跑教练，由于在很短的时间内培养出好几名长跑冠军，所以很多人都向他探询训练秘诀。谁也没有想到，他成功的秘诀仅在于一个神奇的陪练，这个陪练不是一个人，而是几只凶猛的狼。

因为这位教练给队员训练的是长跑，所以他一直要求队员从家里出发时一定不要借助任何交通工具，必须自己一路跑来，作为每天训练的第一课。有一个队员每天都是最后一个到，而他的家并不是最远的，教练甚至想告诉他改行去干别的，不要在这里浪费时间了。

但是突然有一天，这个队员竟然比其他人早到了20分钟，教练惊奇地发现，这个队员这天的速度几乎可以打破世界纪录。

原来，在离家不久经过一段5公里的野地，他遇到了一只野狼。那野狼在后面拼命地追他，他在前面拼命跑，最后，那只野狼竟被他给甩下了。

教练明白了，这个队员超常发挥是因为一只野狼，他有了一个可怕的敌人，这个敌人使他把自己所有的潜能都发挥了出来。

从此，这个教练聘请了一个驯兽师，并找来几只狼，每当训练的时候，便把狼放开，没过多长时间，队员的成绩都有了大幅度的提高。

日本的游泳运动一直处于世界领先地位，有人说，他们的训练方法也很神奇：日本人在游泳馆里养着很多鳄鱼。

队员每次跳下水之后，教练都会把几只鳄鱼放到游泳池里。几天没有吃东西的鳄鱼见到活人，立即兽性大发，拼命追赶运动员。而运动员尽管知道鳄鱼的大嘴已经被紧紧地缠住了，但看到鳄鱼的凶相时，还是条件反射似的拼命往前游。

无论是加拿大人还是日本人，他们无疑都明白了这样一个道理，敌人的强大会让一个人发挥出巨大的潜能，创造出惊人的成绩，尤其是当敌人强大到足以威胁你的生命时。敌人就在你的身后，只要你一刻不努力，生命就会有万分的惊险和危难。

在我们的现实生活中，大多数人天生是懒惰的，都尽可

能逃避工作。他们大部分没有雄心壮志和负责的精神，宁可期望别人来领导和指挥。就算有一部分人有着宏伟的目标，也缺乏执行的勇气。他们对组织的要求与目标漠不关心，只关心个人；他们缺乏理性，不能自律，容易受他人影响；他们工作的目的在于满足基本的生理需要与安全需要。

只有少数人勤奋，有抱负，富有献身精神，他们能自我激励、自我约束。

人们之所以天生懒惰或者变得越来越懒惰，一方面是所处环境给他们带来安逸的感觉；另一方面，人的懒惰也有着一种自我强化机制。由于每个人都追求安逸舒适的生活，贪图享受便在所难免。

此时，如果引入外来竞争者，打破安逸的生活，人们立刻就会警觉起来，懒惰的天性也会随着环境的改变而受到节制。

所以，欢迎你所面对的压力！千万别把它当成你前进的“绊脚石”，而应该把它当作你的一剂强心针，一台推进器，一个加力挡，一条警策鞭。欢迎生活、工作中的一切压力吧，因为它们的存在，才让你成为一只旋转得越来越快的陀螺。

打败懈怠，培养进取心

舒适的诱惑和对困难的恐惧征服了许多人。进取心如果不能持之以恒，并不总是能战胜懈怠这个大敌，不能把人们一如既往地引向更美好的事物。而懒惰则是安于平庸的先兆，所以，进取心的第一个敌人是懈怠。

数十年前，高中毕业下乡插队的张女士顶替父职到某企业工作，先后当过工人、车间调度、总公司办公室收发兼档案管理，饱经风霜的她任劳任怨。近年来，企业经营不景气，单位进行机构改革与调整，此时此刻，她猛然意识到自己年龄大、学历低，又无专长，下岗的忧患时刻威胁着自己。她思虑再三，决心在短期内掌握一技之长。

平常在工作中她帮打字员校对文稿，发现那位打字员不仅打字速度慢，而且错漏百出，校对后还要耗时修改，工作效率很低，公司里的几位老总都对其不满。看来，换人是迟早的事。

于是，张女士利用空闲时间苦练电脑打字技术，这对40多岁的她来说确实不容易。经过大半年时间的刻苦学习，她的录入速度提高到每分钟50字，而且准确率相当高，几乎可以免除校对了。文稿排版美观大方，文字摆放疏密有致，令人赞不绝口。

不久，一位学档案管理专业的大学生接替了她的工作，她则被聘为办公室打字员。而那位比她年轻十多岁的前任则无可奈何地下了岗。

可见，想在这个社会上赢得一席之地，就必须养成居安思危的习惯。如果做一份什么人都可以做的工作而又不思进取，那么说不定什么时候就被人淘汰了。

人皆有惰性，一旦条件优越，就难免不思进取。然而，一个人要想在异常激烈的社会竞争中不被淘汰，还是有一点危机意识的好，这样就可以未雨绸缪，主动出击，多一点生存的技能与智慧，对未来就多几分机会与把握。

在社会需要的压力下，在人类渴望美好事物的进取心的指引下，人类文明获得了长足的进步。只要我们尽力做好本职工作，不断付出努力，尚未实现的理想终究会变为现实。

推动生命向上的力量，也使别人对我们充满了信心。人们不沉溺于过去，不满足于现实的所有，而是努力地走向更高、更舒适的位置，努力学习新的知识，努力把自己塑造得更加优雅和高尚，努力获得更多财富和追求更高的社会地位。

生活中，一些极富潜力的人满怀希望地出发，却在半路停了下来，满足于现有的温饱和生存状态，选择放弃、逃避、退却。他们忽视、掩盖并且放弃前进，这样他们就失去了这一力量的引导，他们同时也失去了生命向他们提供的许多东西。他们都是易于满足的人。满足于现状者的典型特征就是放弃攀登，他们无视山峰为他们提供的机会，永远欣赏不到山顶的景色，然后庸庸碌碌地度过余生。对于一个满足于现状的人来说，他没有任何更好的想法、更美的愿望，他不知道是不满足造就了人类伟大的精英。

只有当我们不满足于现状时，我们才会分享到进取心带来的无穷力量。

能量，在体验中爆发

一个人能取得多大的成功，不是取决于一个人才能的高低，而是取决于他有多高层次的需要。在同样的一个社会，一些人成就大业，一些人取得小成功，一些人一蹶不振。不少人为了一个远大的目标，能经受长年累月的奋斗考验，进行长期的努力，也有不少人虽向往成功，却经受不起几次挫折便向困难投降。

你的需要是什么？产生的内在动力是强还是弱？一个小马达也许可以带动一辆小拖车，但绝对带动不了一列火车。

你想成就大业，很好。但你必须了解带动火车飞速前进的动力机车与一般小马达的区别。确切地说，你必须了解你内心世界能推动你前进的动力是什么，有多大。

一般情况下，人们必须先生存后发展，所以人的低层次生理需要、安全需要比高层次的爱的需要、尊重的需要更加强烈。自我实现的需要，一般要在前面四个层次的需要得到基本满足之后才会产生。

有些人由于长期没有得到低层次需要的满足，可能会永久地失去对高层次需要的追求。然而，从成功的大小来说，高层次的需要推动大成功，低层次的需要推动小成功。

有一位名叫麦克法兰的世界级运动员，两岁半便双目失明，但他在母亲的鼓励和父亲的帮助下，以自己身体各个部分的“肌肉记忆”感知世界，不仅具有顽强的生存本领，而且在摔跤、游泳、掷铁饼、掷标枪等体育项目中获得了全国和国际比赛的103枚金牌，改变了盲人只能靠拐杖或导盲犬生活的命运，创造了许多健全者也难以创造的奇迹。

另一位著名人物的经历也很感人。

1921年8月，一位39岁的美国人突然患了急性脊髓前角灰质炎，双腿僵直，肌肉萎缩，臀部以下全麻痹了。而这个沉重的打击发生在他作为民主党的副总统候选人参加竞选而败北以后，他的亲属、挚友都陷入极度失望之中，医生也预言他能保住性命就是万幸。但他不屈服于命运的坚强意志使他无论如何也“不相信这种娃娃病能整倒一个堂堂男子汉”。

为了活动四肢，他经常练习爬行；为了激励意志，他把家里的人都叫来看他与刚学会走路的儿子进行比赛，一次次都爬得气喘吁吁，汗如雨下……目睹那催人泪下的场面时谁也没想到，十余年以后，他竟奇迹般当选为美国第37届总统，坐着轮椅进入白宫。他，就是美国历史上唯一一位连任四届的总统罗斯福。

欲望的力量是惊人的，只要你用强大的欲望之力去推动你成功的车轮，你就可以平步青云，攀上成功之岭，改变生活中的一切。

像罗斯福这样的例子还有很多。如果把世界上类似的奇迹都倒推回它们刚刚开始出现的那种状态，就会惊奇地发现：一切都是从“不可能”开始的。穿过开始和结局之间那个充满了拼搏奋斗、挫折失败和一个个小成功的漫长过程，我们发现这句凡人格言总是会得到证明：欲望可以改变一切。

在你的头脑中也有自我实现的钥匙，在你的身边埋藏着无数愿望，把它们发掘出来加以培养，转化成强烈的欲望，你就可以成为一个真正卓越的人。

❀平凡心态成就非凡人生

平凡是一种生活态度，一种对生命的坚持！生命总有许多的过往，未来还有无尽历程！值得努力的事情，就该用不平凡的态度去完成，无论是否成功，我们只注重过程，哪怕事与愿违，最起码我们不再甘于被动。

平凡并不是平庸，平凡只是在这个色彩缤纷的世界为自己涂上了一层保护色；平凡也并不是呆板，只是在这个物欲横流的世界保持真我的本色。

平庸也是一种态度，而且是一种既被动又功利的人生态度。有着平庸态度的人诸事平平，没有一事精通，这是平庸者的一种规律。平庸不仅分散人的精力，而且永远不会把人们引向成功。所以说，人可以平凡，但绝不能平庸。

这里有一个小故事，相信对每一名职场中人都会有所启示：

曾经有一个重点医科大学毕业的应届生，他对将来充满了困惑，他每时每刻都在苦恼，因为他觉得：像自己这样学医学专业的人，全国有成千上万，而且现在的竞争如此残酷，究竟自己的立足之地在哪里呢？

的确，要想争取到一个好的医院，就像千军万马过独木桥，难上加难。这个年轻人没有如愿地被当地有名的医院录用，他到了一家效益不怎么好的医院。可是从那时起，他就下定决心一定要作出成绩，医院可以不出色，自己的工作也可以平凡，但他一定要全力以赴去争取成功。就是他这种绝不平庸的态度，让他终于成为一位著名的医生，还创立了世界驰名的约翰•霍普金斯医学院。

当然，他就是威廉•奥斯拉。他在被牛津大学聘为医学教授时说：“其实我很平凡，但我总是脚踏实地在干。从一个小医生开始我就把医学当成了我毕生的事业。”

从这里我们更加深刻地体会到，影响一个人成功的最重要因素是一个人的态度。任何一家有前途的公司，都会有一种竞争机制，不会让那些碌碌无为的庸人有滥竽充数的机会。人的能力有大有小，但只要你努力工作，每个公司都会为那些平凡而努力的人提供机会。

无论你现在正从事什么工作，都要将它视为你毕生的事业来对待。不要以为“事业”都是伟大的、让人津津乐道的壮举。正确地认识自己平凡的工作就是成就辉煌的开始，也是你成为出色雇员最基本的要求。

无论多么平凡的工作，只要从头至尾彻底做成功，便是了不起的事业。

假如踏踏实实地做好每一件事，那么你绝不会浑浑噩噩地度过一生。

我们都是平凡人，只要我们抱着一颗平常心，踏实肯干，有滴水穿石的耐力，我们获得成功的机会，肯定不少于那些天资优异的人。

美国总统罗斯福曾说过：“成功的平凡人并非天才，他资质平平，却能把平平的资质，发展成为超乎寻常的事业。”罗斯福的话在许多老教授的经历中得到了很好的诠释。

有一位老教授说起过他的经历：

在我多年来的教学实践中，发觉有许多在校时资质平平的学生，他们的成绩大多在中等或中等偏下，没有特殊的天分，有的只是安分守己的诚实性格。这些孩子走上社会参加工作，不爱出风头，默默地奉献。他们平凡无奇，毕业后，老师同学都不大记得他们的名字和长相。但毕业后几年或十几年中，他们却带着成功回来看老师，而那些原本看来有美好前程的孩子，却一事无成。这是怎么回事？

我常与同事一起琢磨，认为成功与在校成绩并没有什么必然的联系，但和踏实的性格密切相关。平凡的人比较务实，比较能自律，所以许多机会落在这种人身上。平凡的人加上勤能

补拙的特质，成功之门必定会向他大方地敞开。

一个人如果有了脚踏实地的习惯，具有不断努力学习的性格，并积极为一技之长下功夫，那么成功就会变得容易起来。一个肯不断提高自己能力的人，总有一颗热忱的心，他们甘做凡人小事，肯干肯学，多方面向人求教。他们出头较晚，却在各种不同职位上增长了见识，扩充了能力，学到许多不同的知识。

有这样一位年轻人，他总是被公司当作替补队员，哪儿缺人手就被调到哪儿，自己的能力无法正常发挥。这位年轻人沮丧地向现在已是一家公司的人力资源部经理的同学诉苦道："这样值得继续干下去吗？我觉得自己的专长无法发挥出来。"昔日同学很认真地告诉他，你经常被调到不同岗位磨炼，是辛苦的，但只要你努力肯学，应该也能胜任，否则你的公司不会做这样的调度。如果你在工作中的表现第一是努力，第二是努力，第三还是努力，那么过不了多久，公司员工之中磨炼最多的是你，能为公司贡献才智的也是你，你应该有这种认识。最后，同学又口授他一条成功秘诀：肯干就是成功，患得患失，拈轻怕重，就会失去成长的机会。受苦是成功与快乐的必经历程。这位年轻人干下去了，他干得很起劲，一年后，他终于成为公司最耀眼的新星。

平凡但肯干肯学的人，必然博学多闻。肯干，还要能干；能吃苦，还要会吃苦；要热爱工作，还要享受工作。肯干、能吃苦和热爱工作已是20世纪五六十年代的观念，而能干、会吃苦和享受工作则是新经济赋予我们的理念。

人才是磨炼出来的，人的生命具有无限的韧性和耐力，只要你始终如一、脚踏实地做下去，无论身在怎样的平凡处境，无论大事或小事，都不放松自我，不自暴自弃，你便可以创造出令自己和他人都震惊的成就。

“不积跬步无以至千里，不积小流无以成江海。”凡成就一份功业，都需要付出坚强的心力和耐性，你想坐收渔利，那只能是白日做梦；你想凭侥幸靠运气获取丰硕的果实，运气永远不会光顾你。

只有全情投入工作，视平凡的工作为终生的事业，充分焕发热情，你才能告别平庸的生活，最终享受不平凡的成功。

积极心态开启能量之门

无论做什么样的工作，工作程序烦琐复杂也好，简单易行也好，都需要我们保持正确的工作态度，认真、敬业、勤奋，这些品质在任何时候、任何场合都不会过时。

员工的态度决定他的工作表现，而优秀与卓越的态度会直接影响到整个团队的凝聚力、向心力，并能推动企业的良性发展。

企业如同一棵参天大树，如何生长需要我们的共同努力、供给养料。但是那些态度不良的员工就是企业里的蛀虫，如果不及时“除害”，恐怕真的会发生“蚍蜉撼大树”的事情。

张明是通信部新来的主管，良好的教育背景和多年的从业经历，以及在工作上所显露出来的过人才华，使他很快就成为公司的明星人物。然而过了不久，大家发现：

他的手机总是叮叮作响，仿佛有接不完的私人电话，与下属的谈话也老是被这样的电话打断。时间长了，同事们都颇有微词。

部门例会，他迟到了，不是像其他人那样谨慎地点头致歉，而是旁若无人地走进会议室，依然嚼着口香糖；当其他同事发言时，他不是懒洋洋地靠在椅背上，就是拿着笔在纸上涂鸦。

张明在项目决策上很难听取其他人的意见。同事们也承认大多数时候他提出的方案是相当有创意的，但他对于其他方案所流露出来的不屑一顾的态度，却怎么都让人难以接受。

几个月后，通信部经理调到其他部门，通信部经理一职虚位以待。张明认为自己自然是首选。但结果，他落选了。在讨论这一职位的人选时，总经理认为张明“恃才自傲，难与他人合作，难以胜任经理一职”。

是的，张明确实已经具备了过人的才能，但他在工作态度上却出了问题。张明式的人物很难给公司带来活力与动力，他自己在公司也很难获得更大的发展。

企业需要的是那种既有才能，又有良好的态度，并且能够适应企业需求的人。江勤就是这样一位很受企业欢迎的员工。他不但用卓越的态度塑造了良好的职业形象，而且还带动了部门甚至整个企业的发展。

江勤是贸易部的经理，公司的大忙人，不论是出货进货的细节，还是与国内外客户的接触，他都认真对待，毫不含糊。对于本部门的内部事务也都处理得井井有条。如果发现同事工作上遇到了什么难题，或是因情绪波动而影响工作，他都会耐心地询问，并积极地帮他们解决问题。在他的带领下，贸易部每年的业绩都是全公司最好的。

江勤要求自己用积极的态度投入到每一份工作中，他希望通过自己的努力，贸易部甚至公司都能有更好的发展空间。事实上，这一切都在悄然进行着，在扩大公司发展空间的同时，他也为自己开创了更广阔的平台。

在企业这棵大树上，我们就像树上的枝丫。只有企业繁荣了，才有我们的枝叶繁茂。我们与企业的关系不是此消彼长，而是同荣辱、共存亡。所以，我们应时时刻刻对自己严格要求，用最卓越的态度面对工作、面对企业，用自己的责任与努力推动企业的发展。

PART

02

获取心态力量，开启人生无限可能

正视困境不逃避

面对绝境，如果你想活下去，你就必须要坚强，要放弃对绝境的恐惧。面对死神，你如果没有钢铁一般的意志，就很难再看到明天的曙光。

生活告诉我们，怯懦者往往被困难打垮、吓退，坚强者则大步向前。当你碰到困难时，不要把它想象成不可克服的障碍。因为，在这个世界上没有走不出的绝境，只要你敢于扼住命运的咽喉，绝境，就会在不屈的你面前变成一种礼物，这份珍贵的礼物会成为真正滋润你生命的甘泉，让你在人生的任何时刻，都不会轻易被击倒！

两个旅行家迷失在茫茫的撒哈拉大沙漠中，寸草不生的沙漠里，烈日如火。因为长期缺水，他们的嘴唇裂开了一道道血口，他们已经走得筋疲力尽了，如果继续这样下去，两个人只能活活渴死。

一个经验较为丰富的旅行家从同伴手中拿过空水壶，郑重

地说：“我去找水，你在这里等着我吧！”接着，他又从行囊中拿出一只手枪递给同伴说：“这里有六颗子弹，每隔一个时辰你就放一枪，这样当我找到水后就不会迷失方向，可以循着枪声找到你。千万要记住，一定要等我回来！”

同伴知道现在也没有别的办法了，只好点头答应。

时间在悄悄地流逝，原地等待的旅行家越来越焦急，他四下张望着，看不到同伴的半点影子，他告诉自己，再坚持一会儿，可能就有水喝了。又过了一些时间，枪膛里只剩下最后一颗子弹了，找水的同伴还没有回来。

“他一定被风沙湮没了或者找到水后撇下我一个人走了。”被留下的旅行家一边想着，一边数着秒、数着分，焦灼地等待着。饥渴和恐惧伴随着绝望如潮水般地充斥在他的脑海，他仿佛嗅到了死亡的味道，感到死神正面目狰狞地向他紧逼过来……

终于，他再也承受不住内心的恐惧，他绝望地举起手枪，扣动扳机，将最后一颗子弹射进了自己的脑袋。

就在他的身体轰然倒下的时候，同伴带着满满的两大壶水赶到了他的身边……

等待的旅行家是不幸的，因为他败给了内心的恐惧，放弃了坚持，同时也就放弃了自己宝贵的生命。很多时候，在我们人生的道路上，面对困难和挫折，我们能够咬着牙坚持着熬过最漫长最艰难的时刻；可当成功将要与我们伸手相握的时候，却因为我们最终的放弃，便与之擦肩而过了。

要相信“天无绝人之路”，相信自己有战胜绝境的能力，你就有机会抓住最后一根救命稻草，从死亡线上坦然走过。

斯坦利•库尼茨是一位瑞典医生，同时他又是一位非常狂热的沙漠探险者。年轻的时候，他曾试图穿越非洲撒哈拉大沙漠。凭着年轻人天不怕地不怕的魄力，他踏上了沙漠之旅。

就是这个举动，让他与死神“亲密接触”，差一点就葬身沙漠：一场铺天盖地的风暴，使他变得一无所有，向导不见了，满载着水和食物的驼群消失了，为了庆祝自己十六岁生日而开启的那瓶香槟也洒得一干二净，死亡的恐惧从四面八方涌向他。

然而死神还是对他“留情”了，在绝望的瞬间，斯坦利把手伸向自己的口袋，竟意外地摸到了一个苹果，就是这一个苹果使斯坦利从绝望中清醒，他庆幸自己还有一个苹果。

拥有一个苹果的斯坦利•库尼茨就像是看到了生机一般，重新获得了继续前进的力量。他在沙漠中又坚强地走过了一段又一段的路程。

几天后，已经昏迷奄奄一息的斯坦利被当地的土著人救起，令人迷惑不解的是，昏迷不醒的斯坦利紧紧地攥着一个完整却干瘪的苹果，而且攥得非常紧，以至于谁也无法从他手中将苹果拿走。

20世纪初，这位一生都充满传奇色彩的老人去世了，弥留之际，他为自己写了这样一句墓志铭：我还有一个苹果。

同样是穿越沙漠，却有不同的结果，恐惧就像是一个魔鬼，它可以让一个人甘愿跌入死亡的黑洞。

战胜恐惧，给自己保留希望。只要有希望，人生就不会贫乏。

沧海桑田世事难料。我们不能控制机遇，却可以期待机遇的降临；我们无法预知未来，却可以梦想未来的美好；我们不能预知生命，却可以用希望填充生命的每一分每一秒；我们左右不了变化无常的天气，却可以规划我们的梦之旅途。人生其实就是一片巨大的沙漠，只有带着希望，放下对绝境的恐惧，才能穿越绝望的包围，走向希望的绿洲。

希望是绝处逢生的武器

罗曼·罗兰曾说："只要你抱着希望，死去的意志就会在你的内心复活。"

是的，没有什么比希望更能改变我们的处境。当我们处于厄运的时候，当我们败下阵来的时候，当我们面临一场巨大灾难的时候，我们都应该将人生寄托于希望。希望会使我们忘记眼下的失败和痛苦，给自己的人生重新插上飞翔的翅膀。

1976年，唐山大地震让全国人民陷入沉重的悲痛之中，也正是这场天灾，让我们看到了一线希望所蕴含的巨大力量。

震中，许多遇难者并非死于饥渴、垮塌，而是死于绝望。据医生观察，许多遇难者的身上并没有任何伤痕——除了满身自己手抓的伤痕以外，根据这些人遇难时的表情，心理医生推断他们是在极度绝望中自己结束生命的。

在被困人员获救过程中，有这样一对夫妇，他们被压在地下三天，仍然活了下来。在被困的三天中，伤痛和饥渴差点就夺走了他们的生命。为了能够活下去，丈夫找了一把菜刀努力想挖出一条路，但四周都是水泥地板，菜刀除了砍下一点灰尘之外，并无作用。但是菜刀砍在水泥地板上的声音却让妻子振奋起来，这个声音就好像是一针强心剂一般，让妻子看到了活下去的希望。

她不停地问丈夫："快了吗？快挖开了吗？"

丈夫也满怀希望地说："快了，快了，就要看到光亮了。"

就在这一次一次的敲击中，两人挺过了难关，并获得了生机。

是什么力量把这对夫妇从死亡的边缘拉了回来？是希望，是希望给了他们挑战死神的力量。

心理学家从大量的事例中发现：在危险的情境中，经常是那些坚强勇敢的人存活下来，因为他们总是没有泯灭自己的希望。

对于希望效应，心理学家进行了一次广泛的调查，他们要求许多人回答题为“你有哪些希望？”的问卷。问卷分析的结果表明，抱有希望的种类越多的人，往往充满了自信并注意生活的乐趣，精神焕发，精力旺盛。而那些没有明显的或者较少希望的人则往往表现出漠然、悲观、消沉。

希望是人类能够生存的根本欲望。一个对生活有希望的人，即使环境再艰难，他都会发挥同环境抗衡的能力，在改造环境中改善自己的生存条件和地位。

在这个世界上，难以预料的事情有很多。生老病死、突如其来的灾难，我们无法去掌控，这是自然或偶然所给予我们的一种必然。但我们可以掌握自我，用希望填充生命。

一位叫林德曼的精神病学专家，为了进行一项历史上从未有过的心理学实验，在1900年7月，独自一人驾着一叶小舟驶进了波涛汹涌的大西洋。

当时，德国举国上下都在注视着独舟横渡大西洋的悲壮冒险。其中不乏劝他打消这个荒唐的念头的人，可林德曼博士认为，一个人只要对自己抱有信心，就能保持精神和肌体的健康，他坚信自己可以成功。

在林德曼博士之前，已经先后有100多位勇士相继驾舟横渡大西洋，结果均遭失败，无人生还。林德曼博士认为，这些死难者首先不是从肉体上败下阵来的，主要是死于精神上的崩溃，死于恐惧和绝望。为了验证自己的观点，他不顾亲友们的反对，亲自进行了实验。

大海的变化无常，让林德曼博士遇到了难以想象的困难，多次濒临死亡，他的眼前甚至出现了幻觉，运动感觉也处于麻木状态，有时真有绝望之感。但只要这个念头一升起，他马上就大声自责："懦夫，你想重蹈覆辙、葬身此地吗？不，我一定能够成功！"

生的希望支持着林德曼，最后他终于成功了。

"我从内心深处相信一定会成功，这个信念在艰难中与我自身融为一体，它充满了每一个细胞。"他在回顾这一过程时平静地说。

林德曼博士用他的亲身经历，向世人表明，人只要对自己不失望，充满信心，精神就不会崩溃，就可能战胜困难而存活下来，并取得成功。

活着就有希望，用希望当作人生路上的指路灯，用希望点燃你的人生信念。每天给自己一个希望，我们将活在一片繁茂的绿洲中，驱散生命沙漠里的干涸与荒芜。

生命是有限的，但希望是无限的，只要我们不忘每天给自己一个希望。

成功，从自力更生开始

人要勇敢地相信，真正能主宰自己命运的人，不是别人而是我们自己。当你相信自己能够改变命运时，便会慢慢地移动步伐，一步步地实现心中的愿望，实现每一项"不可能的任务"。求人不如求己。只有你是自己命运的掌舵者，只有你才是你自己的上帝。

“我”是一切的根源，是一种不依赖、不等待的人生哲学，是自力更生的能力与勇气。

有一个美国小男孩，父母在生活上对他要求很严，平时很少给他零花钱。

8岁那年，有一天他想去看电影，身上却分文全无。是向爸妈要钱还是自己挣钱？他第一次开始思考这样的问题。最后，他选择了后者。他自己调制了一种汽水，把它放在街边，向过路的行人出售。可那时正是冬天，没有人购买，最后只等到两个顾客——他的爸爸和妈妈。他依旧不停地寻找机会。

一天吃早饭时，父亲让他去取报纸——送报员总是把报纸从花园篱笆中一个特制的管子里塞进来。想看报纸时必须到房子的入口处去取，需要走二三十步路，非常麻烦。当他为父亲取回报纸的时候，一个主意诞生了。

如果我可以用自己的劳动获取应当的报酬，以后就可以不用向父母要钱了。

当天他就挨个按响邻居的门铃，对他们说，每个月只需付给他1美元，他就每天早晨把报纸塞到他们的房门下面。大多数人都同意了，这个小男孩很快就有了70多个顾客。

一个月后，他第一次赚到了一大笔钱，那时候，他觉得简直是飞上了天。但他并没有满足于现状。经过一段时间的思考，他决定让他的顾客每天把垃圾袋放在门前，然后由他早晨送报时顺便运到垃圾桶里——每个月另加1美元。他的客户们很赞赏这个点子，于是他的月收入增加了一倍。后来他还为别人喂宠物、看房子、给植物浇水，他的月收入随之直线上升。

一年后，他开始学习使用父亲的电脑。他学着写广告，而且开始把小孩子能够挣钱的方法全部写下来。因为他不断有新的主意，有了新主意就马上实施，所以很快他就有了丰厚的积蓄。他母亲帮他记账，好让他知道什么时候该向谁收钱。后来，他雇用别的孩子帮忙，然后把收入的一半付给他们。

一个出版商注意到了他，并说服他写了一本书，书名叫《儿童挣钱的250个主意》。因此，他在12岁时，就成了一名畅销书作家。后来电视台邀请他参加许多儿童谈话节目，他在电视里表现得非常自然，受到许多观众的喜爱。到15岁的时候，他有了自己的谈话节目。

17岁时，他已经成了百万富翁。

脱离对别人的依赖，独立发展和锻炼自己，扔掉拐杖，不是一件非常困难的事情。自力更生和战胜自己能够教会一个人从自身力量中汲取动力。在这种动力的激发下，不仅不会不幸和痛苦，相反，通过吃苦耐劳、坚忍不拔的自主实干，能够唤起人们奋发向上的激情，并为之勇敢地战斗。

在现实生活中，重要的不在于我们做什么，而是能否成为一个最好的“我”。我们人生的快乐与人生的期望是紧密相连在一起的。一个对自己失去期望的人，永远不会快乐；而一个快乐达观的人，总少不了自信。

一个人懂得成全自我的生命，学着自力更生，才能用自己的双手创造自己的梦想。

❀肯定自己的价值

罗斯福总统的夫人曾向她的姨妈请教对待别人不公正的批评有什么秘诀，姨妈说："不要管别人怎么说，只要你自己心里知道你是对的就行了。"避免所有批评的唯一方法就是只管做你心里认为对的事——因为你反正是会受到批评的。

不要因他人的论断束缚了自己前进的步伐。追随你的热情，追随你的心灵，不被别人设定的强者心态将带你到你不想要去的地方。

强者的成功方式是不为别人而活，避免去追逐别人的肯定，不要求每个人去赞同自己的行动。你的思想行动要和你自己紧紧相连，把你积极的自我形象当作你的顾问，或许你能得到更多的认可。

让每个人都同意或认可你所做的每一件事，这是绝对不可能的，是一种妄想。如果，一旦你认为自己有价值，值得被重视，那么，即使你没有得到他人的认可，你也绝不会感到沮丧。你的坚强会为你挡住外界的攻势。如果你把不赞成视作是生活在这个星球上的人不可避免地会遇到的非常自然的结果，不被别人所左右，那你便是生活的强者。在我们生活的这个星球上，强者的认知是：人人都是独立的，人人都应该为自己而活。

人的生命是短暂的，让短暂的生命释放宝贵的光彩，这是生命的需要，也是社会的需要，更是自我价值得到体现的需要。

人是不断进化的，社会是不断发展的，整个人类文化遗产和物质财富可以代代相传，但生命却无法永恒。任何一个新生命的诞生，也是一个新生命零的开始。一个人不仅要积累科学知识、工作技能和财富，经验、朋友、友谊的积累也很重要。

因此，每个人都要努力塑造自我，使自己的思维、智慧、知识、技能结构日益丰满，综合素质日益完善，思想更趋成熟，行为更趋理性，不断否定自我并超越自我。人生活在社会大环境中，既要获得维持生命延续的物质资源，又要获得对个人价值认可的精神鼓励。

“生命的脚本可由演出者的主观意志加以改变”，杜柏林认为，每个人天生的性格固然会影响他的行为模式，但即使你的失败者形象是与生俱来的，你也可以决定不再依赖这种脚本过日子。问题是，你愿不愿意正视你的缺陷。不要让别人设定你的生命，不要为自己找借口，不要再继续自讨苦吃，要做生命的强者。

你是自己的设计师，成龙或成虫全在你自己。

如果将自己的发展依赖别人的定位，而没有自己的人生目标，没有自我实现的欲求，就不可能做出一番事业。你的生命，要靠自己去雕琢，你要选择自己的生活道路，确定人生的目标，也就是为自己“人生道路怎么走”“朝着什么方向走”“最终要达到什么目的”进行设计。

不要把自己的价值建立在对他人的认知上。一个被别人设定的人，通常都不会有大成就。而强者对自己的生命充满激情和幻想，他们会不断地超越自己，用实际行动来体现自己的价值，这样的人生才是绚丽多彩、富足而丰盈的。

创造机会，找到自己的舞台

为自己创造机会，你才能有舞台展现自己的精彩。

听从别人的意见，跟在别人身后亦步亦趋，只会使你失去自信，不敢轻易尝试。每个人都有自己的长处和优势，别人做事的方法在他那里管用，但未必就适合你。要想成功，就要学会自立，找到自己的天空。德国作家歌德说：“我让旁人去嘀咕，自己却干自己认为有益的事。我巡视了自己领域中的事，认清了我的目标。”做自己的主人，用自己的头脑去思考，不要让自己的命运被别人的想法所设定，你才能找到成功的出路。

伯格从美国西北工学院毕业后，决定利用他所学的商业技巧，推销他的专长和服务。他先想好适合自己的职务以及希望的待遇，然后在广告费符合预算的日报上刊登了以下内容的广告：

工程界务实的主管先生：

你是否愿意让一个电机系毕业生，以不支薪的方式工作一个月，用以表现他的能力？我是电机系毕业的高才生，对公司非常忠诚，做事可靠、有耐心、平易近人，能与同事和睦相处。我充满热诚，并且不断地充实自己。

广告刊登之后，他收到了数百封回函。美国钢铁公司的一位主管写信给他：“你下星期三到纽约总公司来见我，如果你真的那么优秀，可以一块儿把行李带来，准备和我一起到工厂上班。”

伯格见到钢铁公司的主管之后，立刻递上一份装在牛皮纸袋中的已经打印好的资料，非常详细地介绍自己，包括教育背景、籍贯、嗜好、经历等个人资料，还附有一张近照及一份咨询人的名单。

在一个月的试用期里，伯格积极地投入公司的工作中，经常主动地为这位主管提出一些自己的建议，而且主动地要求一些任务。一个月后，他不仅得到了这份工作，而且由于他的出色表现，公司还给他补发了第一个月的工资。从第二个月起，他拿到了一份比那些和他同时进公司的同事高1/4的薪水。

你应时刻提醒自己，自做主宰，掌握自己生命的领导权。何谓领导权呢？简单地说：生命的领导权就是那股促使你选择你的目标与梦想的力量，也是驱策你迈向成功的力量。千万不要把自己生命的领导权拱手让予外在的力量，不要对这些力量竖白旗投降。

生活中，人们总是习惯等待，等待机遇降临到自己头上，等待别人来选择自己，却很少有人能够像伯格一样，敢于为自己创造机会，敢于为自己寻找最佳舞台。

人生最难办的事也许就是衡量自身的需要，决定是否要冒险才是对你最好的事。除了你自己之外，没有人能够评量你的冒险值得与否。你需要的是突破既有的束缚，看清自己的方

向，决定自己的去路。

一个成功者，在很多时候都是敢于争取的，没有人一出生就握着大把的机会，想要成功，就要靠自己去创造。不要轻易地自我否定，你要相信，你一定能找到属于自己的那一份精彩。

勇于为自己抉择

没有任何人能阻碍你的成功，也没有任何事能击垮你的意志，生活是善变的，有好就有坏，关键在于我们选择怎样去面对。

托尼从小就梦想着成为一位艺术家。他听过许多关于艺术家的故事，他觉得艺术家的工作很神奇，充满了幻想和情趣。

12岁时，托尼和妹妹杰基一起在一个艺术班学习。在学习结束时，毕业于剑桥大学的老师把他妈妈拉到一边，半喜半忧地说："杰基很有天赋，而托尼就没什么希望了，他差得太远了。"

刚刚听到老师的评论时，托尼感到有些绝望，他想："连老师都这样认为，那自己一定是没什么希望了。"但是托尼不甘心就这么放弃，既然自己这么喜欢，没有理由不坚持下去。想开了的托尼把失望变成决心，把老师的批评变成动力，他更专注于自己的爱好了。

他拿起笔和墨水开始作画，别人画一个小时，他画一天，他相信只要自己肯努力，就一定能得到回报。

凭着不放弃的意志，多年后，托尼的作品开始在展览会上展出。

在展览会上，很多人对他的作品赞不绝口，但真正引起他注意的只有一个人——这个人就是他当年的老师。老师热情地握着他的手告诉他："这是我见到的最具想象力的画！"托尼会心地接受了老师这些赞美的话。

托尼没有依从别人的判断，而是坚持自己的理想重新塑造了自己的生命形象。其实，每个人的内心都存在着一种智慧，明白自己是谁，要去哪里，要做什么。不要自我怀疑，要相信没有人比你更了解你自己，并且，你是唯一能主宰这一切的人。

造物主可以将内心外化于万物，相信心的声音，知道生命需要什么。做生活的创意大师，就要像造物主那样，将源于自身的所有想法运转成自己的生命，相信自己的出生便是万中选一，与众不同，相信自己一定有创造生活的力量与智慧。

我们是自己人生的设计师。我们的生活不需要被别人保证，做自己生命的主宰才能活出绚丽多彩的人生。

一个女孩小时候因为医疗事故导致胸部以下失去知觉，瘫痪了。以一般人的眼光来看，她的一生就算终结了，一个整天躺在床上的人对家庭、对社会都不会有什么用了。最初，她也这么想，于是就整天坐在床上用发呆来打发时光。

一天，来为她做针灸的大夫在离开时对她说："你既然有时间在这里发呆，那为什么不去自学落下的功课呢？难道别人认为你的人生是可悲的，你自己就真的要认命吗？这个世界上没有没用的人，只有不敢面对自己，任由命运摆布的木偶人。"

女孩猛然醒悟过来，她感到非常后悔，白白浪费那么多宝贵的时光。从那天起，她开始了病床上的求学之路。每门课程结束，她都会让爸爸给自己考试，当成绩合格的时候，她才觉得松了口气，感到自己并没有离开校园。她用5年的时间完成了初中、高中的全部课程，完全具备参加高考的实力了，却发现一个残酷的现实：她当时的身体状况根本不允许她参加这么长时间的考试。命运对一个重度残疾的人是如此的苛刻。

但她没有放弃，又参加了英语自考辅导班。用了4年时间，她在没有初中和高中毕业证的情况下，获得了一个全国的英语专科自考毕业证。

再后来，她又先后获得了自考的本科学历证和在职硕士进修班的毕业证。令所有人都感到惊讶的是，她竟然还拿到了第四个学位证——博士证。现在，她凭借自己丰富的专业知识和惊人的毅力，已经在工作岗位上取得了非凡的成绩，她终于实现了自己的梦想，成为一个有用的人，甚至是一个成功的人。

这个女孩先前在别人的眼光下失了生活的勇气，后来她在了解自己的生活使命后，勇于向命运挑战，最大限度地发挥了身体中的潜在能量，最终成了自己命运的决定者。

如果天才按照别人为他们设计的道路走，一辈子也不可能成才。只有走专属于自己的道路，不为他人的议论所左右，才能创造出人生的辉煌。“在我的生活中，我就是主角。”这是作家三毛的自信之言。你是你命运的主人，你是你灵魂的舵手。生命当自主，把自己活成造物主，不要总是羡慕别人的好，而忽视了自己的优点。我们最大的局限在于我们的短视，而我们的短视在于无法发现自己的优点。威廉·詹姆斯认为：“跟我们应该做到的相比较，我们等于只做了一半。”

因此，无论是在工作中还是在生活中，你不要总把目光投向外界，外界的风光虽好，也只能使你徒生羡慕而已。不断省察自己的心灵，你就能发掘具有自我特色的潜能。

人的发现和创造，需要一种坦然的、平静的、自由自在的心理状态。自主是创新的激素、催化剂。人生的悲哀，莫过于别人替自己选择，这样，自己便成为被别人操纵的机器，失去了自我。我们要做生活的主角，而不是配角。

求助不如自助

人生总是会遇到不顺的情况，很多人处于不利的困境时总期待借助别人的力量改变现状，殊不知，在这个世界上，最可靠的不是别人，而是你自己。为何总想着依赖别人，而不是依赖自己呢？在这个世界上，靠别人也许会降低我们奋斗的艰难，可一旦我们的依靠走开，最终崩塌的却是我们自己的生活；靠自己我们多了许多风雨的磨砺，有一天我们会老去，但我们必须明白，自己最可靠。

当你相信自己的力量之后，你的脚步就会变得轻快，你就会离成功的目标越来越近。只有做自己的上帝，你才能充分发挥你自身的潜能。如果你还在等待别人的帮助，那就在这一刻改变吧。

丰田汽车创立于1937年，由第一代领导人丰田喜一郎带领，为丰田制造汽车的梦奠定了良好的基础。1950年日本战败之后，丰田汽车由于大量借款陷入资金周转的危机，几乎濒临破产，在爆发大型劳工抗争运动的同时，丰田喜一郎决定与被裁撤的员工同进退而辞职。

新任社长由石田退三继任，在经历过高额举债所造成的大灾难后，他发布了丰田汽车未来发展最重要的策略思考主轴：绝对不轻易借钱。“自己的城堡，自己架设；自己的城堡，自己守护。”这也是石田退三留给丰田汽车最珍贵的遗产，因缺乏资金而体验到无比痛苦的经验，才有了绝对不依赖他人，要靠自力前进的决心。

从此丰田汽车将绝不让金钱追着跑，把发展可以自由调度的资本视为经营第一大事，充分落实了“无负债经营”的哲学。

1977年，丰田汽车甚至被封了一个丰田银行的雅号，并且有能力为顾客提供资金买车。他们没有太多的幻想，完全排除

利用低利率从事高杠杆财务操作或企业经营，他们认为由别人来架设城堡无法赢得战争，所以在他们身上没有这样的内容，因此任何的突变都不会遮住他们的眼睛，这是他们在日本长达十五年的经济低迷中，仍然在个人财富累积及企业产品销售中立足全球顶端的最重要内容。

后来，石田先生说："业内的人都嘲笑丰田'想在沙漠里种树'，但丰田人还是把树种出来了。不仅如此，在布满荆棘的道路上前进的丰田人还学会了独立自主。"

自立的精神是个人发展与进步的动力和根源，它体现在众多的生活领域，成为国家兴旺强大的真正源泉。从效果上看，外在帮助只会使受助者走向衰弱，而自强自立则使自救者兴旺发达。

一个在心灵上处于被动奴化状态的人是不可能仅仅靠别人

的帮助就能改变自己的命运的。自力更生和战胜自己将教会一个人从自身力量的源泉中吸取动力，从中品尝到甜蜜的味道，学会正确地劳动以供养自己的生活，并认真地扩展属于自己的美好事物的职责。

无论别人的救助显得多么明智和美好，从事物本身的性质来讲，人们应当是自己最好的救星。

自助是一种智慧和能力，但这种智慧和能力总是潜藏在我们生命之中，只有当我们自信地去奋斗，学会自救，它们才会聚集起来，发挥作用。

突破逆境，获取成功

乐观是心灵最大的财富，乐观是心灵快乐的源泉，乐观是突破逆境的精神力量，乐观是从容适应生活的大智慧……乐观，既是一种心态、一种情绪，更是一种素质、一种智慧。乐观，是一种最为积极的性格因素之一，让人无论在什么情况下，都能保持良好的心态，看到事情积极的一面，深信坏事情总会过去，相信阳光总会再来。

“乐观的心态给你创造一切”，这句话的意思是，即使你受到了身体的创伤，但乐观的心态会把你带到更高的境界。

在一个按摩院，就有这样的一对老夫妇：他们年过70，又是盲人，但他们从不因为看不见东西而感到烦躁。而且，他们每天还听收音机、学电脑呢！乐观的心态使他们更温和，对生活有着美好的憧憬。

多年前，美国人就做过一次试验，把40多位性格差异很大的人分成三类，一类是平和知足型，一类是开朗活泼型，一类是急躁易怒型。过了30年后再跟踪了解这些人，发现最后一类人患癌症、心脏病的占了近八成，而前两类患这些病的很少。

用乐观的眼光看世界，世界是无限美好的，充满希望的，我们生活也就充满了阳光。乐观的心态能把坏的事情变好，悲观的心态却把好的事情变坏。

课堂上，教授从讲义夹中取出一张白纸，问大家："这张纸有几种命运？"学生们一时愣住了，没想到教授居然会问这么奇怪的问题，一时没有人回答。教授把纸扔到地上，又当着大家的面在纸上踩了几脚，纸上立刻就沾满了灰垢，教授又问："这张纸有几种命运？""这张纸现在变成废纸了。"有学生皱着眉头说。教授不置可否，弯腰捡起那张纸，把它撕成两半后又扔在地上，再问一遍同样的问题。学生们都被教授的举动弄糊涂了，不知道他到底要说什么。先前那个学生答道："它还是一张废纸。"教授不动声色地捡起撕成两半的纸，很快在上面画了一幅人物素描，还配了一首诗，而刚才踩下的脚印恰到好处地变成了少女裙摆上美丽的褶皱。

这时教授举起画问："现在请回答，这张纸的命运是什么？"学生们一下子明白了教授的意思，干脆利落地回答说："您赋予这张废纸以希望，使它有了价值。"教授脸上露出笑容："大家都看见了吧，一张不起眼的纸片，以消极的态度对待它，它就一文不值；以积极的态度对待它，给它一些希望和力量，纸片就会起死回生。一张纸片是这样，一个人也是这样啊。”一张纸片可以被当作废纸扔在地上，被踩来踩去，也可以作画写字，更可以折成纸飞机，飞得很高很高，使人仰望。

一张纸片尚且有多种命运，更何况人呢？命运如纸，只要保持一种乐观的心态，无论它怎样变化，遭受怎样的挫折与磨难，它依然是有价值的。

在人生中，我们要用积极的心态不断地努力，因为我们都是冠军。对于坚强者来说，一次逆境，就会造就一粒等量大的、能克服任何困难的种子。

一位哲人说：“要么你去驾驭生命，要么生命驾驭你。”保持良好的心态，以乐观的心态处世，才能在困难面前建立信心，最终走向成功。

人生处处有转机

心态决定了我们所言，决定了我们做出的行为，决定了我们对别人的态度，决定了我们所做的决定，也决定了我们所呈现的情绪。换句话说，心态决定一切。

一个人生活得是否快乐，完全是由心态决定的。人生不如意之事十有八九。怎样使自己人生过得快乐？需要心态来调整。以苦为乐，苦也是乐！同样一种现象，不同心态的人，感觉是快乐与否，完全取决于心态。

在一个村子里，有两个农民，一个人开春就计划今年一定要赚到三万元，他心中定下这个奋斗目标，于是开始努力，然而因为天气原因，结果收成一般，一年下来只是赚到两万元。

他心里很失意，从天气不好时就开始担心害怕，一直到秋天总是在发愁，愁的是天不遂人愿，于是总是闷闷不乐。

另一个农民心态是随遇而安的，他想我该努力就努力，只要一年下来靠种养能养活老婆孩子就行。结果到秋天他赚了两万元，他很高兴。

为什么同样是赚两万元，一个忧愁一个快乐呢？主要是缘于二者心态不同。

常见有的人抱怨自己出身家庭不好，抱怨父母无能，他在抱怨中不断产生不平衡心态。而有同样贫寒之人，他却用积极方法来改变这一切，努力读书，或努力拼搏于事业，结果凭自己创造了财富，走出了光彩的人生。一味地对生活抱怨，终将一无所成，如果你肯换种方式，采取积极的心态面对生活，不但可以改变你不如意的现状，还能够给你带来意想不到的成功。

琼斯最开始的时候是一个农民。他在美国威斯康星州福特•亚特金逊附近经营一个小农场，但农场所生产的产品也只能够供给一家人的温饱，尽管这样，他的日子还是能维持下去。

琼斯的这种生活一直持续到晚年，不幸的是，琼斯在这个时候得了全身麻痹症，这种病让他几乎丧失了基本的生活能力。无论是他的亲戚还是邻居们，都认为他以后的日子再也不会有什么作为了，他能做的就是等待死亡。

但是令人想不到的是，琼斯并没有就此一蹶不振，相反，他创造了生命的奇迹，并拥有了成功的事业和幸福的人生。

琼斯是怎样改变自己命运的呢？是心态，是积极的心态。琼斯认为自己的身体虽然麻痹了，但他还能思考，他的智慧还在。正是这种乐观的想法，让他启用了积极心态的巨大能量。

于是，琼斯抓住了积极心态这棵救命稻草，他要满怀希望，他要抱着乐观的精神培养积极愉快的情绪，他要把梦想变成现实，他要成为有用的人，他要他的家人幸福，而自己不是成为他们的负担。

经过一段时间的思考，琼斯有了一套切实可行的计划，他把家人都召集在一起，然后把他的计划讲给他们听。

琼斯说："我现在已经没有行动的能力了，但是我还有灵活的思维，还有创造生活的智慧。如果你们愿意，你们每一个人都能够代替我的手足，我的身体。所以，我想把我们的农场全都开垦成耕地，种上玉米；然后我们再养一些猪，用我们收获的玉米喂猪。当我们的猪还幼小肉嫩时，就把它宰掉，做成香肠；最后，我们给这种香肠设计一种特殊的包装，用我们特有的牌子出售。这样，我们就可以在全国各地的零售店出售这种香肠。请相信我，我们的香肠一定可以像热糕点一样出售的！"

后来，琼斯的梦想变成了现实，香肠真的像热糕点一样出售了。几年后，"琼斯仔猪香肠"成了广大消费者喜欢的一种食品。

琼斯就这样看着自己的事业一步步壮大，看着自己从一个废人渐渐变成成功人士，最终成为自己命运的主宰者。

我们需要保持内心积极的力量，从始至终、永不放弃。特别是在人生中不如意、不顺心、不快乐的阶段，更是需要拥有充足的心灵资源来支撑度过。

PART

03

以最佳心态，活出全新的自己

定位：找到你的专属航向标

在纽约华尔街附近一间餐馆打工的一位中国MBA留学生，一晚对着餐馆大厨再次老生常谈地发誓说：“看着吧，总有一朝我会打入华尔街去。”大厨侧过脸来好奇地询问他：“你毕业后有什么设想？”留学生利落地应声道：“当然最好是马上进跨国公司，前途和钱途就都有保障了。”大厨又说：“我没问你的前途和钱途，我问的是你将来的工作志趣和人生志趣。”留学生一时语塞。大厨叹口气嘟囔道：“要是经济继续低迷，餐馆歇业，我就只好去当银行家了。”留学生差点惊了个跟头，他觉得不是大厨精神失常，就是自己的耳朵幻听，眼前这位自己一向视为低人一等的大老粗，跟银行家岂能扯得上。大厨盯着惊呆了的留学生解释说：“我以前就在华尔街的银行里上班，日出而作，日落却无法息，每天都午夜后才回家，我终于厌烦了这种劳苦生活。我年轻的时候就喜爱烹饪，看着亲友们津津有味地吃我做的饭菜，赞叹我的厨艺，我便乐得心花怒放。一次午夜两点多钟，我结束了一天的工作，在办公室里嚼着令人厌恶的汉堡包时，我开始下决心辞职去当一名专业美食家，这样不仅可以满足自己挑剔的肠胃，还有机会为众人献艺。”

大厨因为明白自己想要的是什么，他有自己人生规划，有自己的清晰定位，而不是盲目的空想，因此，他敢于舍弃银行家的优厚待遇，过自己想要的生活。几乎所有的人都渴望鲜花和掌声，因为它们代表功成名就，能给人带来荣誉与成就感，且更多的是来自内心对自我的肯定，这种满足感是其他事物所不能给予的。

没有人会否认事业带给我们的自豪感和喜悦，如同上述那位大厨一样，他的内心幸福是他人所不能了解的。

我们对自身的定位决定了我们的事业发展，因为清晰的定位就是我们所憧憬的职业蓝图。

有这样一个大家熟知的故事：

一位心理学家为了了解人们对于同一件事情在心理上所反

映出来的个体差异，他来到一所正在建筑中的大教堂，对现场忙碌的敲石工人进行访问。

心理学家问他遇到的第一位工人：“请问你在做什么？”

工人没好气地回答：“在做什么？你没看到吗？我正在用这个重得要命的铁锤，来敲碎这些该死的石头。而这些石头又特别地硬，震得我的手又酸又麻，这真不是人干的工作。”

心理学家又找到第二位工人：“请问你在做什么？”

第二位工人无奈地答道：“为了每天500美元的工资，我才会做这份工作，若不是为了一家人的温饱，谁愿意干这份敲石头的粗活？”

心理学家问第三位工人：“请问你在做什么？”

第三位工人眼光中闪烁着喜悦的神采：“我正参与兴建这座雄伟华丽的大教堂。落成之后，这里可以容纳许多人来做礼拜。虽然敲石头的工作并不轻松，但当我想到，将来会有无数的人来到这儿，在此接受上帝的爱，我便常为这份工作献上感恩之心。”

同样的工作，同样的环境，却有如此截然不同的态度。为什么有人抱怨、有人快乐呢？原因就在于，前者没有为自己定位：你在做什么？你为什么要这么做？如果没有别的选择，那为什么不安于自己的位置，快乐工作呢？

第一种工人，是完全无可救药的人。可以设想，在不久的将来，他们将不会得到任何工作的眷顾，甚至可能成为生活的弃儿。

第二种工人，是没有责任和荣誉感的人。对他们抱有任何希望都是徒劳的，他们抱着为薪水而工作的态度，为了生存而工作。他们肯定不是企业可依靠和老板可依赖的员工。

该用什么语言赞美第三种工人呢？在他们身上，看不到丝毫抱怨和不耐烦，相反，他们是具有高度责任感和创造力的人，他们充分享受着工作的乐趣和荣誉。在这样的人眼里，绝对没有什么困难是不能够解决的，他们时时洋溢着旺盛的激情。同时，因为他们努力工作，工作也带给了他们足够的荣誉。他们不仅是在工作，更是在描绘辉煌的职业蓝图。

真诚：托举梦想的力量

常言道："精诚所至，金石为开。"

可见真诚的力量之大。做一个真诚的人，你已经成功了一半。真诚是一个人事业上的强大助手，拥有了真诚，就拥有了强大的社会人脉关系。

诚心诚意地对待他人，你将获得别人的信任与好感，获得不少真正的朋友，而你的友谊将更长久，事业将更顺利。

曾经打败过拿破仑的库图佐夫，曾在给俄国的叶卡捷琳娜公主的信中说："你问我靠什么魅力凝聚社交界如此多的朋友？我的回答是：'真实、真诚和真情。'"

在日常生活中，我们与人交往，也必须像库图佐夫一样，做到真实、真诚再加上真情，这样才会取得意想不到的效果。

关于诚实，日本大企业家小池曾说过："做人就像做生意一样，第一要诀就是诚实。诚实就像树木的根，如果没有根，树木就别想有生命了。”

我们可以从小池的人生经历来印证他这句话。

小池出身贫寒，20岁时就在一家机器公司当推销员。有一段时期，他推销机器非常顺利，半个月内就跟33位顾客做成了生意。之后，他发现他卖的机器比别的公司生产的同样性能的机器昂贵。他想，同他订约的客户如果知道了，一定会对他的信用产生怀疑。于是深感不安的小池立即带着订约书和订金，整整花了三天时间，逐家逐户地去找客户，然后老老实实地向客户说明，他所卖的机器比别家的机器昂贵，为此，他请他们废弃契约。

这种诚实的做法，使每一个客户都深受感动。结果33人之中，没有一个跟小池废约的。相反，都加深了对小池的信赖和敬佩之心。

诚实具有惊人的魔力，它像强力磁石一样吸引别人的注意和好感。后来，人们就像小铁片被磁石吸引似的，纷纷前来小池的店购买东西或是向他订购机器。这样不多久，他就成为有钱人，并很快创立了山一证券公司。

他常对员工说：“你们应该记住，做生意前最重要的就是要有为顾客着想的正确观念，这要比玩弄花招重要得多。”

心理学家曾对500余人进行过测试，居前几位的优良品质是正直、坦率、忠诚、真实；而不受人们喜欢甚至讨厌的不良品质主要是不守信用、欺骗、奸诈等几种。

诚实的人让人有充分的信任感。在人品上获得信任比在能力上获得信任更有效、更持久。诚实的品质之所以被朋友作为起码的规范约定下来，被人们所重视，是因为诚实是一种高尚的人格，是对自己、他人和社会负责任的表现。人缘的好坏，很大程度上是人格高尚或是人格卑劣的对应物。对待他人真心诚意、实实在在，办事说话有根有据，不捕风捉影，把问题摆在明处，不在背后搞小动作，不耍滑藏奸，光明磊落、踏踏实实，若拥有此等胸怀与人相交办事，必然能够赢得他人好感。人人都有这样的体会，与诚实人办事，不必遮掩防范，彼此能够开诚布公，同甘共苦。

真诚的人一般都有好人缘，因为真诚的人值得信赖，值得依托。人们喜欢与真诚的人交往，只有真诚的人才能办成大事，与人相交长久。

做一个真诚的人，时刻牢记对他人的承诺，并及时兑现，我们的梦想就会越来越近。

明确目标，永不放弃

很多人终其一生都碌碌无为，原因不是他们没有能力，而在于他们没有坚持。

一位安葬于伦敦西敏寺的英国国教主教的墓志铭上写着："我年少时，意气风发、踌躇满志，当时曾梦想要改变世界，但当我年事渐长，阅历增多，我发觉自己无力改变世界，于是我缩小了范围，决定先改变我的国家，但这个目标还是太大了。接着我步入了中年，无奈之余，我将试图改变的对象锁定在最亲密的家人身上，但天不从人愿，他们个个还是维持原样。当我垂垂老矣，我终于顿悟了一些事：我应该先改变自己，用以身作则的方式影响家人。若我能先当家人的榜样，也许下一步就能改善我的国家，再后来我甚至可能改造整个世界，谁知道呢？”

这段话可以为我们定位人生带来一点启示，我们要实现自己的人生定位，也可以通过“先改变自己，然后再改变周围的人，进而推进整个社会的改进”这样的思路，千万不要随意放弃自己的目标。

正己而立，前提就是要有一个明确目标。这样才能够去除浮躁的心气，不至于蹉跎岁月。

马援是汉代一位著名的将领。他幼年父母双亡，由其兄马况抚养成人。他从小胸怀大志，眼光高远，深为其兄器重。王莽时期，马援在军队里当个小军官。一次上司派他率队押送一个犯人，在途中，马援看到犯人哭得挺伤心，不由得动了恻隐之心，便把犯人都放了。私放犯人是大罪，马援只得逃亡到北方的边境，以躲避朝廷的追捕。

这种逃亡的日子没过多久，碰巧赶上朝廷大赦，马援也得以免罪。之后，他就在北方经营畜牧业和农业。他心胸宽广，乐于助人，为人忠厚而有远见，没几年时间，来归附他的人竟有好几百。他常对身边的人说：“做人不能因为贫穷潦倒而丧失志气，不能因为年纪老迈而颓唐，丈夫为志，穷当益坚，老当益壮。”

几年后，马援有了几千头牛、羊和马匹，几万斛粮食，家产多得花不完用不尽，但他不为物累，仍旧和从前一样，过着简朴的生活。他曾感慨地对人说：“财产之所以可贵，在于能够帮助人；要不然，做个守财奴有什么意思呢？”

虽然远离军队，但是马援从小树立的雄心壮志却从来没有改变过。他一直在寻找施展自己能力的机会。

后来，怀着高远志向的马援把财产分给了他的本家和亲友，自己空身外出投军谋事，后归附了汉光武帝刘秀，为国家立下了汗马功劳。

马援之所以能够建立功勋，就在于其内心有明确的目标，时刻不忘自己报国济民的志向。宋代理学家张载有句话，叫作“为天地立心，为生民立命，为往圣继绝学，为万世开太平”，激励了无数文人志士为理想矢志不渝。志向不明，人的一生很快就会在庸碌中度过。明代边贡《赠尚子》一诗中这样写道：“少年学书复学剑，老大蹉跎双鬓白。”说的是有些年轻人正要坐下学习书本上的知识，忽而又要去学舞剑，这般浮躁，任时光匆匆流逝，最终只落得个白发苍苍。

索尔•德拉克鲁斯是17世纪墨西哥著名的女诗人。她之所以能够在文学创作上取得杰出的成就，是她对自己的人生有明确的规划，并且为自己的目标不懈努力、勤学苦练的结果。

据说，索尔•德拉克鲁斯十几岁的时候，就已经成为当地有名的美女了，她不但有轻盈灵巧的身段、美丽动人的容貌，而且还长着一头人人艳羡的秀发。当时，索尔的家人和朋友都希望她能成为一名出色的演员，因为以她的条件，做演员是再合适不过了。但是，她的志向并不是做一名演员，而是想成为一名诗人，能够经常用自己所写的美丽诗篇讴歌自己伟大的祖国和勤劳的人民。

虽然她一心想写好诗歌，但是她一开始所写的诗歌并不好，而且经常受到老师的批评。有一天，一群伙伴又跑到她家来找她一起出去玩。虽然她也很想出去，可最后还是婉言拒绝了：“我这几天刚刚写了几首诗，正在请老师帮忙审阅呢！如果老师说我有进步，那我就和你们一起出去玩。如果说没有，那我就……”

因为大家都非常喜欢她，所以不想失去她这样一个好伙伴，于是大家就一起坐下来，耐心地等着。过了一会儿，老师拿着诗稿来了。索尔•德拉克鲁斯接过来一看，当时就脸红了，因为老师不但在上面修改了许多，而且还专门加了批语，说她进步很小，自己感到很失望，等等。

索尔•德拉克鲁斯很认真地看着诗稿，一言不发，其他人也都默默地注视着她，忽然，她放下诗稿，随手抓起一把剪刀，

“咔嚓”一下，就把自己那一头人人羡慕的长发剪了下来。顿时，大伙惊得目瞪口呆。

索尔•德拉克鲁斯为什么要剪掉自己美丽的头发呢？原来，为了写好诗，她给自己立下了一条规矩：如果自己在规定的时间里没有学好自己规定的课程，或者在学业上没有什么大的进步，就要把那一头漂亮的头发剪掉，以示惩罚。她对那些还处在目瞪口呆之中的伙伴说：“如果一个人没有任何的知识和才能，而只有一个空洞的脑袋，那他就不应该有漂亮的头发做装饰！”于是，她又一次谢绝了伙伴们的邀请。

正因为索尔•德拉克鲁斯的内心对自己有着明确的目标，而且坚定不移地向着目标进发，所以，她才能够在伙伴们都来邀她出去玩的时候定下心来，才能最终成为墨西哥著名的女诗人。

让你的目标像一枚钉子一样，镶进坚实的木桩里，再也拔不出，你就会有更强烈的征服欲，坚定地向它迈进。只有有了明确的目标，我们的人生才能够不彷徨、不浮躁，就像根深扎于泥土中的大树一样，早晚可以枝繁叶茂。

挑战极限人生，创造你的心态张力

心态的能量是无法估量的。它能把一个人送进成功的圣殿，也可以把一个人推向失败的深渊。

如果把一个人的工作事业比喻成一座大厦，那么能力、才华就是一砖一瓦，没有它们，大厦是不可能建立的，因为这是构建大厦的材料。一个人的心态好比建筑设计师的大脑，它能决定把大厦设计成什么样式，也能决定用哪些砖哪块瓦，以及怎么用。如果心态出了问题，整座大厦的建筑也将出现错位，只有正确的心态才能让你的能力与才华得以施展。

张艺谋的成功在很大程度上缘于他对电影艺术的执着、热爱和忘我投入。正如传记作家王斌所说的那样："超常的智慧和敏捷固然是张艺谋成功的主要因素，但惊人的勤奋和刻苦也是他成功的重要条件。"

拍《红高粱》的时候，为了表现剧情的氛围，他带人亲自去种出一块100多亩的高粱地；为了"颠轿"一场戏中轿夫们颠着轿子踏得山道尘土飞扬的镜头，张艺谋硬是让大卡车拉来十几车黄土，用筛子筛细了，撒在路上；在拍《菊豆》中杨金山溺死在大染池一场戏时，为了给摄影机找一个最好的角度，更是为了照顾演员的身体，张艺谋自告奋勇地跳进染池充当"替身"，一次不行再来一次，直到摄影师满意为止。

1986年，摄影师出身的张艺谋被吴天明点将出任《老井》一片的男主角。没有任何表演经验的张艺谋接到任务，二话没说，去农村了。

他剃光了头，穿上大腰裤，露出了光脊背，就吃住在太行山一个偏僻、贫穷的山村里。每天他与老乡一起上山干活，一起下沟担水。为了使皮肤粗糙、黝黑，他每天中午光着膀子在烈日下暴晒。为了使双手变得粗糙，每次摄制组开会，他不坐板凳，而是学着农民的样子蹲在地上，用沙土搓揉手背。为了电影中的两个短镜头，他打猪食槽子连打了两个月。为了影片中那不足一分钟的背石镜头，张艺谋实实在在地背了两个月的石板，一天3块，每块150斤。

在拍摄过程中，张艺谋为了达到逼真的视觉效果，真跌真打，主动受罪。在拍“舍身护井”时，他真跳，摔得浑身酸疼；在拍“村落械斗”时，他真打，打得鼻青脸肿。更有甚者，在拍旺泉和巧英在井下那场戏时，为了找到垂死前那种奄奄一息的感觉，他硬是三天半滴水未沾、粒米未进，连滚带爬拍完了全部镜头。

张艺谋因此而荣获第二届东京国际电影节最佳男主角奖，中国第十一届百花奖最佳男主角奖，第八届金鸡奖最佳男主角奖。

张艺谋是一个享誉国内外的著名导演，但这之前，张艺谋还做过别的职业，而且都取得了不凡的成就。首先他是

一个成功的摄影师，拿过很多摄影大奖，然后他还是一个演员，也获得过最佳男演员奖项，他还执导过歌剧和芭蕾剧，并且在国际上有很大反响。业界有人说张艺谋是个天才。但是一个天才如果不付出努力，最终也只能变成一个普通人。张艺谋有这样的成就，跟他自身的努力是分不开的。不管在什么样的环境下，他都能保持一种积极向上的心态，乐观地对待生活，正如他自己所言：人的潜力是无限的，一个人就像橡皮筋一样，需要不断地拉，在这个过程中挑战自己的极限，不断扩展自己的能力。

心态也是如此，它所蕴含的能量很大，关键在于你敢不敢去挑战。

扩大人脉资源，要主动出击

占据主动位置，就意味着你已经迈出了成功的第一步。

社会是一个以人为主的环境，人的一切活动、交易、成就，都要从人与人的接触中产生。在社会生活中，别人供给你所需，也肯定你的贡献。你存在的价值就建立在他人的回应上。

所以，你认识的人愈多、公共关系愈好，就愈容易成功！

同时，现实也就注定了你必须主动去营造你的人脉网，主动出击也就意味着你成功了一半，而选择放弃，本来应该属于你的东西你也就不再拥有。

人生有些事情，是无法选择的。比如，你无法选择自己的父母，无法选择自己的亲戚，也无法选择自己出生的时间和空间等。但是，一个人在长大成人，尤其是经济独立之后，你可以自由选择营造你的人脉网，结交什么样的朋友，构成什么样的人际关系网络。这是我们最大的自由。

我们经常会遇到这样一种场面：

在生日宴会上，几个好朋友聚在一起欢天喜地地玩玩闹闹，而旁边会有人只是一声不吭地吃着东西，没有加入到那些人的行列中。这样的人实际上是白白放弃了扩大自己交际圈的好机会。如果能主动争取和别人交流，那就会为自己开拓一个崭新世界，也会促进自己的成功。

那么，怎样才能和对方良好地交流呢？有这样一句话："对方的态度是自己的镜子。"在日常的人际交往中，有时自己感觉"他好像很讨厌我"，其实这时正是自己讨厌对方的征兆。因此，对方也会察觉到你好像不喜欢他，当然两个人就越来越讨厌彼此了。在出现这种情况的时候，自己要主动与对方交流，主动敞开心扉。

"对方愿意接近我，我也愿意和他交谈""对方如果喜欢我，我也喜欢他"。如果用这种被动的姿态与人交往，那你永远也不会建立起和谐友好的人际关系。要想使自己拥有和谐友好的人际关系，使自己每天的心情都轻松愉快，毋庸置疑，那就应该采取积极主动的态度与人交流。

要想营造好的人脉网必须强调主动。一切自卑的、畏首畏尾和犹豫不决的行为，都只能导致人格的萎缩和为人处世的失败。所以，拿破仑说进攻是"使你成为名将和了解战争艺术秘密的唯一方法”。

有一位张先生，在平常的生活中，他十分重视创造与人结识的机缘。比如，他刚刚搬到世纪花园的时候，一天傍晚，他看见邻居家的女主人走了出来，便隔着十几英尺的树丛望向向对方，然后非常自然地找到恰当的时机，抬起头，露出笑容，喊一声“你好！”随后，张先生便弯身穿过树丛，到她的后院，开始与她聊起天来。他们就这样认识了，彼此留下电话，约好互相帮助，大家有个照应。

那第一声“你好”是怎么产生的呢？张先生认为他们几乎是同时隔着树丛向对方打招呼；张先生也相信，他们是一起有意识地走向树丛，为的是与对方结识。

在交际中也是如此，主动进攻，可以使人了解到社会、人生中所具有的意义，也可以说，寻常人生交际，也是一场不流血的、平静温和的战争。因此，主动进攻不仅是一种行为风格，从心态上讲，也是一种积极向上的心态，从思想上讲，更是一种主动的谋略。

不管你所从事的是什么工作，习惯于守株待兔的人都会被淘汰出局。任何一种事都不能靠等待去完成，抱有这种态度的人最终只会一事无成。只有躬身自省、主动做事，才有成功的可能。

虽然道理是这样，但也避免不了人们心里对主动交往存在的误解。比如，有的人会认为“先同别人打招呼，显得自己没有身份”“我这样麻烦别人，人家肯定反感我”“我又没有和他打过交道，他怎么会帮我的忙呢”，等等。其实，这些都是害人不浅的误解，没有任何可靠的事实能证明其正确性。但是，这些观念却实实在在地阻碍着人们，阻碍了人们在交往中采取主动的方式，从而失去了很多结识别人、发展友谊的机会。

当你因为某种担心而不敢主动同别人交往时，最好去实践一下，用事实去证明你的担心是多余的。不断地尝试，会积累你成功的经验，增强你的自信心，使你在工作场合的人际关系状况愈来愈好。

拥有丰富多彩的人际关系是每一个现代人的需要。可是，现实生活中，很多人的这种需要都没有得到实现。他们总是感叹世界上缺少真情，缺少帮助，缺少爱，那种强烈的孤独感困扰着他们，使他们痛苦不已。其实，很多人之所以缺少朋友，仅仅是因为他们在人际交往中总是采取消极的、被动的退缩方式，总是期待友谊从天而降。这样，虽然他们生活在一个人来人往的工作场所，却仍然无法摆脱心灵上的寂寞。这些人，只做交往的响应者，不做交往的发起者。

你要明白，别人是没有理由无缘无故对我们感兴趣的。因此，如果想赢得别人的友情，与别人建立良好的人际关系，你就要构建自己的良性心态，就得采取主动，勇敢而大方地与别人交往。相信，只要主动你就赢得了成功人脉的一半。

第七篇

发挥情绪的作用，改变命运

PART 01 提升情商，在沟通中彰显情绪作用

情商体现的是一种沟通能力

有高情商的人，往往都是一些影响力很强的人。那么，情商是什么？影响力的本质又是怎么回事？它们之间又呈现着怎么样的关系呢？

情商是什么？关于这个问题，不同的人有不同的看法。

美国的两位心理学家比德·拉勒维和约翰·麦耶提出了情商这一概念：情商又称为情绪智慧、情绪智力，是一种心理素质，这是一个人感受理解、控制、运用表达自己以及他人情绪的一种能力。

对于情商，不同的人说法不完全相同，但从很多人的说法中，我们基本可以给情商下一个简单的定义，那就是人们控制自己情绪和影响别人情绪的能力。

凯文·米勒小时候学习成绩不好，高中毕业时靠着体育方面的才能，才勉强进入芝加哥大学学习。许多年后，在他公开的日记中有这样的记述："老师和父亲都认为我是一个笨拙的儿

童，我自己也认为其他孩子在智力方面比我强。”可是，凯文•米勒经过多年的努力，却成为美国著名的洛兹集团的总裁。

那么，是什么让他从平凡走向卓越的呢？是情商。

达尔文在他的日记中说：“教师、家长都认为我是平庸无奇的儿童，智力也比一般人低下。”但他成了伟大的科学家。

爱因斯坦在1955年的一封信中写道：“我的弱点是智力不好，特别苦于记单词和课文。”但他成了世界级的科学大师。

洪堡上学时的成绩也不好，一次演讲中他说道：“我曾经相信，我的家庭教师再怎样让我努力学习，我也达不到一般人的智力水平。”可是，二十多年后他却成为杰出的植物学家、地理学家和政治家。

你见过熟练的锁匠干活吗？简直就跟玩魔术一样。

他摆弄一把锁，能听到一些你听不到的声音，看到一些你看不到的东西，感觉到一些你感觉不到的情况，不一会儿，他就了解了锁的整个结构，并且把它修好。

一个情商很高的交流者也是这样工作的。他可以了解任何人的内心组合——可以像锁匠那样考虑、思索，从而构建出别人的内心结构。

你必须看到你以前没有看见过的东西，听到你以前没有听见过的东西，感觉到你以前没有感觉到的东西，提一些你以前没有提过的问题。如果你恰到好处地做到这些，你就能了解任何人在任何状态下的策略，就会知道如何准确地向别人提供他们需要的东西。

了解别人策略的关键就是要注意他们的言行举止。要知道，人们将把你想知道的有关他们策略的一切信号都传达给你，有时是通过语言，有时是通过行动，有时甚至是通过眼神。

你可以学会巧妙地阅读一个人，就像你能学会读一本书、一本地图一样。记住，策略只不过是产生特殊结果的一种特殊组合。你需要做的，就是去感受他的策略，同时仔细观察他的特殊反应。

只有通过情绪感染了对方，才能对对方施以影响。

情绪的感染力无处不在，在每一次与人交往的过程中，我们都会有意识或无意识地透露我们的情绪，彼此间接受了对方的情感信息，很容易就会受到感染。能够通过情绪感染他人的人，一定是具备高情商的人。美国作家爱默生说过，智慧的可靠标志就是能够在平凡中发现奇迹。所以，我们应该善于让每一片智慧之叶都折射出灵悟的光芒，这样我们离成功就会越来越近了。

因此，寻求智慧的源泉，探求智慧的培养方式，提高智商的指数，就成为我们立志拥有完美人生的重要组成部分。

前面我们谈过情绪具有投射作用。当一个人满怀热情与人交往时，会把更多的注意力投注在交往对象以及双方的情感互动与交流上，使两人之间的情绪同步协调，而热情者往往是主动者、控制者。

在情绪互动的过程中，高情商者往往是情绪的主导者，即由他把情绪传导给周围的人。

一位领导者成功胜任的一个重要标志，是他能鼓舞员工的士气，使他们处于一种比较积极、兴奋的情绪状态中，从而产生更好的工作绩效。

表达情绪信息，使他人顺应你的情绪步调，一般有两种形式：语言和非语言。语言本身就含有丰富的情感信息，如何组织安排语言、运用什么样的词汇与人交谈，既是一项智商，也是一项情商。

善于了解他人，知道他人的所思、所想、所感，是一个人拥有高情商的表现。高情商者在社交生活中不盲目、不糊涂，他们能够根据对方的心灵活动采取相应的对策，因而能获得良好的人际关系，取得较大的成功。

❀ “逆境情商”帮你克服挫折情绪

真正的高情商的强者不是永远不会遭遇困难，而是身处挫折时坚强不屈。他们热爱自己的事业，不怕长途跋涉，不怕肩负重担，好似飞蛾扑火，绝不会轻言放弃。

为自己设置启动好情绪的程序，当我们身处逆境时，及时启动，我们就不会陷入被动的境地。

山里住着一位以砍柴为生的樵夫，在他不断地辛苦建造下，终于完成了一间可以遮风挡雨的房子。有一天，他挑着砍好的木柴到城里交货，当他黄昏回家时，却发现他的房子起火了。左邻右舍都前来帮忙救火，但是因为傍晚的风势过大，没有办法将火扑灭，一群人只能静待一旁，眼睁睁地看着炽烈的火焰吞噬了整栋小屋。

当大火终于灭了的时候，只见这位樵夫手里拿了一根棍子，跑进倒塌的屋里不断地翻找着。围观的邻人以为他在翻找藏在屋里的珍贵宝物，所以都好奇地在一旁注视着他的举动。过了半晌，樵夫终于兴奋地叫着：“我找到了！我找到了！”邻人纷纷向前一探究竟，才发现樵夫手里捧着的是一片斧头，根本不是什么值钱的宝物。

只见樵夫兴奋地将木棍嵌进斧头里，充满自信地说：“只要有这柄斧头，我就可以再建造一个更坚固耐用的家。”

事情对我们发生什么作用，将因我们在内心发现什么来定。生命并非由一手好牌来决定，往往由善于处理一手坏牌来决定。

人们往往把外界的挫折看作人生中纯粹消极的、应该完全否定的东西。当然，外界的折磨与挫折不同于主动冒险，冒险有一种挑战的快感，而我们忍受折磨总是迫不得已的。然而，对于高情商的人来说，那些挫折和横逆的折磨对人生不但不是消极的，还是一种促进他们成长的积极因素。

如果你现在还在遭受这样那样的折磨，你就该庆幸，因为命运给了你战胜自我、升华自我的机会。换一种眼光来看待这些折磨吧，感谢那些在工作和生活上折磨你的人，你就会获得幸福。唯有以这种态度面对人生，才能获得真正的成功。

挫折是一笔宝贵的财富，它可以让人生增值。

英国有一句谚语："一个人如果有自己系鞋带的能力，那么他就有上天摘星星的机会。"所以无论我们遇到什么样的困难，都应当把它当成一笔精神财富，为自己的人生增值。坚持到底，面对困难永不气馁，这样才能为自己赢得机会。

苦难不会长久，强者却可长存。卢梭曾说过："人要是惧怕痛苦，惧怕折磨，惧怕不测的事情，那么他的人生就只剩下'逃避'二字。"生活中不如意的事情有很多，俗话说："不如意事十有八九。"我们一生很少有几次真正感到自己的生活一帆风顺，海阔天空。人生际遇不是个人力量所能左右的，而在诡谲多变、不如意事常十有八九的环境中，唯一能使我们迎接挫折而不被其击倒的办法，就是调动我们的好情绪，去正视它、接受它。

史铁生说："对困境先要对它说'是'，接纳它，然后试着跟它周旋，输了也是赢。”情绪也是如此，勇于向自己的坏情绪宣战，你就已经迈出了成功的第一步。

理解他人的情绪

人的一生中，有许许多多无可奈何、身不由己的事情，就好比一碗满满的水，稍不留神就会溢出来，所以，有些事情难免会影响自己的情绪。当然，人的忍耐力是有一定限度的，在一时的气愤之下很难控制自己的情绪。

我们都知道，当我们的情绪不受控时，会引发许多不好的反应，而且还会弄僵原本和气的氛围，让无辜的人也受到波及。一位哲学家曾说过这样一句话：“体谅好比是一种心理解

脱，体谅别人的同时，也使自己得到解脱。”其实人人都是一样的，人同此心，心同此理。当他人发脾气、抱怨、质疑、愤怒的时候，我们也要尊重他的情绪，并对此加以体谅。体谅是一剂最有效的心理良药，能使人摆脱不良心境的困扰。所以，当工作中遇到不顺心的事，在还没有了解事情原委之前，不要随便指责他人。

下面，我们先来看看，对待他人的消极情绪人们通常采取的方式，我们分成两组，A组是消极的抚慰方式，B组是积极的抚慰方式，看一下，你是哪一种，是不是做到了理解他人情绪。

A组：

交换型：一个小朋友因为丢了心爱的铅笔刀而伤心，这时他妈妈说：“宝贝，妈妈再给你买一个玩具，但你要保证不哭了，我才给你买。”在我们身边，经常可看到这样的情况，当一个人因为某些事情而悲伤难过时，他身边的朋友总会说：“你不要再难过了，我们去散散步、兜兜风吧。”面对别人的悲伤，我们总会让他去做别的一些事来转移他自己正在发生的情绪。

惩罚型：很多人在面对别人的悲伤、害怕、生气和愤怒等情绪时，在劝说无效的情况下，往往就会采用批评、指责或训斥的方式对待他，尤其是家长对孩子、领导对下属最容易采取这种方法。

冷漠型：面对一个人出现一些自己承受不了的情绪时，他的亲人或朋友往往会采取逃走或忽略的态度。很多家长当自己的孩子有情绪时，他们要么走开，要么置之不理，任孩子承受情绪的煎熬。

说教型：孩子闹情绪，家长会给他讲一大堆道理，员工有情绪，老板会给他讲一堆大道理。诸如怎么一点小事就哭，你应该做负责任的人等。很多人习惯用“应该”和“不应该”的道理去试图阻止别人的情绪发生，身边的长者、家人或好朋友就经常会用这种方式来“安慰”和“关怀”我们。

使用这四种情绪处理方式对人对己都没好处，尤其是对他人会造成诸多影响。首先，会让人产生悲伤、难过、愤怒、恐惧等一切的所谓负面情绪，只要表现出来，就有害无益的观念。其次，会让自己变得越来越没有能力面对和处理情绪，不利于从情绪的体验当中学习提升并获取正面的价值。情绪长期得不到正确对待和处理的人，内心世界将会更加封闭，他们往往压抑自己的真实情绪，导致逐渐失去流动的生命力。

要改进或提升其他人的生活品质，比如自己的员工、同事、朋友等，需要做到先处理情绪，再处理事情。有效方法是积极聆听，通过有效地聆听、发问、区分和回应，设身处地了解和接纳他人的情绪，解读其未觉察的内在情感，协助对方处理情绪。

B组：

接纳型：这一点在处理单位人际关系时特别需要，看到同事不开心，不要躲开他，而是走到他身边，用关切的语气问：“我看到你愁眉不展的样子，好像不开心，发生了什么事？需要我的帮助吗？”当你用这种关心的口吻和对方说话时，对方一定能感受到你的关怀及诚意。对情感比较“麻木”的都市人来说，你的这种接纳帮他恢复了情绪知觉，他没有理由不被你感动。

分享型：成功接纳了对方的情绪，他才愿意进一步和你谈内心的感受。分享的第一步就是诉说内心感受，一般来说，女性情感表达的平均能力要远远高于男性，心理开放的人比心理压抑的人在表达上更清晰、更敏锐。在对方对自身情感未能觉察的情况下，你可以有意识地引导他表达感受，和他一起分享这种感觉，协助他学习区分情绪的界限。等对方情绪稳定下来，肯定就会说出事情的经过。

区分型：帮助对方区分哪些责任是他应该负却没有做好的，而哪些责任又是外在的客观属性。如一个同事在办公室讲“荤笑话”被上司处罚，心情很沮丧，这时可以问他：“你觉得哪些行为在办公室不能做？”他会很清晰地回答：“这次被罚就知道了，办公室里禁谈色情内容。”通过这个问题很容易就让对方了解了该不该做的事的界限，使他在把控自己的行为上更准确、稳重。

回应型：最后还是应该回归到现实中，让对方制订一个有效的行动计划，以达成预定的目标。

大家可以问自己这样几个问题：这件事的发生对我有什么好处？现在的状况还有什么不完善？我现在要做哪些事情才能达成我要的结果？过程中哪些错误我不能再犯？我要如何达成目标并且享受过程？通过这几个问题来加强自己规划方案的有效性和行动的准确性。

日常生活中时有这样或那样的事情发生，比如说：脾气暴躁的人在遇到不合自己意或不顺心的事，很容易生闷气、发脾气、做事沉不住气、不分青红皂白地指责人家，把自己的痛苦建立在别人的快乐之上，来排遣自己心中的不满。

我们应该抱着与人为善的态度，对别人的错误，在不伤害别人自尊心的原则下，诚恳而婉转地加以解释与劝导，安慰他人，鼓励他们改正，这样做，对于改善你的人际关系更有效。不要随便指责别人的坏情绪。

怎么样，找出属于你的正确方式了吗？仔细分析一下每种方式的利弊，掌握最好的方式，这样，不但能帮助他人缓解情绪，还会让你多个知心朋友呢。

管理自己的情绪

管理你的情绪，要像驯兽师驯服不羁的野马一样，只有这样，你才能不受坏情绪的影响，否则，你很可能会做出一些不理智的事情来。

情绪就像心中的一把火，火光过于强烈旺盛，会焚毁身心的殿堂，将平静安然的生活化为乌有。但倘若火光完全熄灭或者过于微弱，我们则会失去体验快乐喜悦和七情六欲的感受，生活变得如白开水般乏味。人们通常会对此感到困惑：我们要如何处理情绪？是任由情绪如脱缰野马般来去自由，还是把情绪压抑下去，不让它在心灵的草原上放纵驰骋？

我们在谈这些之前，首先要明白一个问题：情绪本身是没有好坏之分的，它是源自内在的一种心理活动。困扰我们的，往往是我们自身对于情绪的不当处理。不懂得自我调节，不能很好地控制我们的内心也是导致压力产生的重要原因。

生活中，我们会经常听到这样的话：领导对员工说，不要把情绪带到工作中；太太对先生说，不要把情绪带回家；老师对学生说，你怎么能带着情绪和我说话……这些话语都无形地表达出我们对“情绪”的恐惧和无助。正因为这样，很多人在面对情绪到来时，往往会处理不当，轻的影响日常工作，重的甚至会让自己的人际关系都受到损害，让自己身心疲惫。

一个能很好管理自己情绪的人，通常都能获得成功的人生。国外某机构曾做过这样一项实验：

实验人员把一组4岁儿童分别领入空荡荡的大房间，只在一张桌子上放着非常显眼的东西：软糖。这些孩子进来前，实验人员告诉他们，你可以在走出大厅前吃掉这颗糖，但如果你能坚持在走出大厅前不吃这颗糖的话，就可以获得奖励：能再得到一块糖。

最后的结果是两种情况都有。专家们把坚持下来得到第二块糖的孩子归为一组，没有坚持下来只吃到一块糖的孩子归为另一组。之后，专家对这两组孩子进行了为期14年的追踪研究，最终结果显示：那些向往未来但能克制眼前诱惑的孩子，在学业、品质、行为、操守方面，与另一组相比优秀很多。这项实验说明，决定人生成功的因素并非只有传统智商理论所认定的那些东西，非智力因素特别是情绪智力对个人成功有极为重要的影响。

事实上，导致这种现象存在的并不是情绪本身，而是我们能否对情绪进行适度地调控。心理学家经过长期研究认为：人与人之间智商没有明显的差别，有人成功有人未能成功，与各自情商密切相关，情商要素之一就是自控能力。从某种意义上讲，情商表现的是人们通过控制自己的情绪来提高生活品质的能力，即如何激活潜能，克制情绪冲动，使自己始终对未来充满希望。

请记住，这点很重要：不要抵抗，试着平静下来，用理智和智慧命令情绪的野马听从你的指令。试着想象它们变得听话，逐渐安静下来，并开始慢慢地吃草。

最后，情绪的野马被驯服了，你找回了平静的自己。

如果你能控制情绪的表达，在负面情绪出现时巧妙地把它过滤或者转化，同时让正面情绪自由地流露，使之成为潜意识的一种能量，那么，你就会发现情绪是一种惊人的力量：如果熟谙控制情绪的智慧，我们就能使内在的自己与当下的自己保持步调一致，并由此获得安全感，让生命的空间变得更加开阔。

克服社交恐惧情绪

社交恐惧情绪，是恐惧情绪中最常见的一种，也是诱发社交恐惧症的主要因素。

社交恐惧症是一种对任何社交或公开场合感到强烈恐惧或忧虑的精神疾病。有些患者对参加聚会、打电话、到商店购物或询问权威人士都感到困难。在心理学上被诊断为社交焦虑失协症，是焦虑症的一种。

社交恐惧症是非常痛苦、严重影响患者生活工作的一种心理障碍。一般人能够轻而易举办到的事，社交恐惧症患者却望而生畏。患者可能会认为自己是个乏味的人，并认为别人也会那样想。于是患者就会变得过于敏感，更不愿意打搅别人。而这样做，会使得患者感到更加焦虑和抑郁，从而使得社交恐惧的症状进一步恶化。许多患者改变他们的生活，来适应自己的症状。他们不得不错过许多有意义的活动。他们不能去逛商场买东西，不能建立正常的两性关系，不能带孩子去公园玩，甚至为了避免和人打交道，他们不得不放弃很好的工作机会。

形成社交恐惧症的因素有四个方面：

1.心理原因

社交恐惧症患者一般自尊心较强，害怕被别人拒绝，或者对自己的外貌没有信心。

2.家庭原因

从小性格受到压抑，或者是父母没有教会他们社交的技能，或者是家庭搬迁过于频繁。

3.社会原因

本身所处的社会环境较为恶劣，与人交往时受到的挫折较多。

4.思维方式

性格其实就是人自身思维方式的一种外在体现，不正确的思维方式造就了社交恐惧症。

人是社会动物，需要开放、诚实且有支持力的关系网，这样才能活得健康而快乐。在社会这个大家庭中，我们需要体验的不只是联系，更需要进一步地与他人互相沟通感情。要想在社会中占有一席之地，我们就需要一个能让我们自由完整地表达和确认感觉的关系网。

然而，不稳定的情绪会妨碍这种生活网络的建造，它让我们在与其他人联系时，就是创造不出深交所需的亲密感。因此，我们要把影响我们正常社交的坏情绪揪出来，静下心来做一番深刻的分析，找出问题的症结，然后再给予及时的抚慰或者疏导不良情绪，不要让它不合时宜地出现在公共场合，影响我们的社交心境。

克服社交恐惧情绪的方法有很多，在这里，教给大家一个简单又易操作的小妙招：微笑。

是的，微笑，先从微笑开始，真诚的微笑。它向对方表白自己没有敌意，并可进一步表示欢迎和友善。因此微笑如春风，使人感到温暖、亲切和愉快，它能给谈话带来融洽平和的气氛。

好情绪助你走出困境

微笑，是最能俘获人心的武器。岁月像一把刻刀，刀柄就在自己手中，想要雕琢出怎样的生活，刻画出怎样的人生之路，要看一个人如何在生命之中行走。与漫漫的人生长路相比，每个人都是彼此生命中的过客，每个人都可能成为自己心灵的导师、相交的挚友、灵魂的依靠。

所以，在和他人的交往中，须谨言慎行，与人为善，哪怕一个笑容，有时候也可以改变人的命运。给人一个微笑，对方很欢喜，就会有好缘分。

微笑，是一朵绽放在脸上的鲜花，它植根于人的美好心灵中，闪烁着善良与智慧的光芒。微笑，是一个人最好的通行证，它引导我们告别冬日的寒夜，迎来春天的暖阳。微笑像一杯清水，滋润我们干涸的心灵，像一缕阳光，驱散我们心头的冷漠；像一杯冰茶，赶走燥热，带来清新。

20世纪30年代，当战争从欧洲蔓延至全世界时，曾经有一位犹太传教士，因为一个微笑，改变了自己和家人的命运。

这位传教士居住在一个僻静的乡村里，每天清晨，他都会到乡间的小路上散散步。他是一个非常开朗的人，虽然当地的居民对传教士和犹太人很冷漠，但是无论见到任何人，他都会热情地打个招呼，“嗨，早安！”同时报以真诚的微笑。

在他常常碰到的人中，有一个年轻的农民，名叫米勒。他为人孤僻，很少与别人说话，但无论他表现得多么冷漠，甚至有几分不耐烦的情绪，传教士依然保持着自己的热情，每次见到他都会热情地问好。终于有一天，当两个人再次在乡间的小路上遇到时，米勒脱下自己的帽子，微微弯下腰，也向传教士道了一声“早安”。

几年以后，纳粹党上台执政了。纳粹分子集中了村中所有的人，要将其中的“危险分子”送往集中营。全村人依次从纳粹军官的前面走过，然后被分到左右两侧，被分到左侧的人只有死路一条，而被分往右侧的人还有生还的微小希望。

很快，传教士被两名士兵带到了指挥官前面。他绝望地抬起头，与指挥官的目光刹那间相遇了，他习惯性地露出微笑，说道：“早安，米勒先生。”

此时的米勒已经成为纳粹军队的高级指挥官，他表情发生了一些微妙的变化，低声地回应道：“早安。”

最后，传教士以及他全家人都被分到了右侧的队伍。

某些时候，一个微笑，真的可以改变人的命运。热情的问候，温馨的笑容，不知不觉间，就已经将善意的种子种在了他人的心田。不要低估了一句话、一个微笑的作用，它很可能成为开启幸福之门的一把钥匙，成为走上柳暗花明之境的一盏明灯。

英国有句谚语：“一副好的面孔就是一封好的介绍信。”面对他人，自然而然流露出的微笑既能展现自己的友好、热情，更能显示一个人的自信、教养，以及积极的人生态度，从而在对方的心灵中投射出一束温暖的阳光。

当我们微笑时，微笑的面庞总是真挚动人、温情洋溢，宛如和煦的阳光洒在心间。当我们一路朝着它所在的方向走去的时候，其他的忧愁和烦恼都会被渐渐地抛在身后的阴影里。微笑能够使烦恼的人得到解脱，使疲劳的人得到安适，使颓唐的人得到鼓励，使悲伤的人得到安慰。

与人相处时，善意的开始必然带来快乐融洽的结果。面带微笑，心存真诚，两人相对的第一个瞬间，必定能传达出最友好的信号。当我们面带微笑，看在对方的眼中，那个微笑是发光的；当我们口出赞美，听在对方的心底，那句赞美是发光

的；当我们伸手扶持，手在对方的身上，那温暖的一握是发光的；当我们静心倾听，在对方的感觉里，那对耳朵是发光的。

这是一种神奇的精神力量，能够化腐朽为神奇，帮助我们化解一切困难。

生活中，许多人认为，微笑着面对每一个人是件很困难的事。实际并非如此。只要你平时多对自己说："我想做一个快乐的人，我喜欢微笑。"你肯定能做到这一点。

情绪掌控：为自己拓宽道路

不要把他人不好的情绪放在心上，学着去谅解他人的情绪，其实也是为了让自己收获一份轻松。试想一下，假如你把别人不友好的情绪放在心上，并让其影响到自己原本快乐的心情，其实，损失的还是自己。

年轻的洛克菲勒空闲的时间很少，所以他总是将一个可以收缩的运动器——就是一种手拉的弹簧，可以闲时挂在墙上用手拉扯的——放在随身的袋子里。有一天，他到一个分公司里去，这里的人都不认识他，他说要见经理。

有一个傲慢的职员见了这个衣着随便的年轻人，便回答说：“经理很忙。”

洛克菲勒便说，等一等不要紧。当时待客厅里没有别人，他看见墙上有一个适当的钩子，洛克菲勒便把那运动器拿出来，很起劲地拉着。弹簧的声音打搅了那个职员，于是他急忙跳起来，气愤地瞪着他，冲着洛克菲勒大声吼道：“喂，你以为这里是什么地方啊，健身房吗？这里不是健身房。赶快把东西收起来，否则就出去。懂了吗？”

“好，那我就收起来。”洛克菲勒和颜悦色地回答着，把他的东西收了起来。5分钟后，经理来了，很客气地请他进去坐。

那个职员马上蔫了，他觉得他在这里的前程肯定是断送了。洛克菲勒临走的时候，还客气地和他点了点头，而他则是一副不知所措的惶恐样子。他觉得洛克菲勒肯定会惩罚自己，于是便忐忑不安地等待着处罚。

但是过了几天，什么也没有发生。又过了一星期，也没有事。过了三个月之后，他忐忑不安的心才慢慢平静下来。

不管洛克菲勒是否把这件事放在心上，至少他的行为说明，他对小职员的冒犯采取了克制的态度。

所以，面对别人的伤害和冒犯，我们要保持宽容和冷静，不要轻易出手反击，这既是对别人的一种容忍，也是对自己的一种尊重。

服装界有名的商人史瓦兹是一个善于容人的经营者，他的成功就和自己善于包容不同个性人才的品格有很大关系。

史瓦兹刚入服装行业的时候，有一次他拿着样衣经过一家小店，却无缘无故地被店主讥讽嘲笑了一通，说他的衣服只能堆在仓库里，再过10年也卖不出去。史瓦兹并未反唇相讥，而是诚恳地请教，这小店主说得头头是道。史瓦兹大惊之下，愿意高薪聘用这位怪人。没想到这人不仅不接受，还讽刺了史瓦兹一顿。史瓦兹没有放弃，运用各种方法打听，才知道这小店主居然是一位极其有名的服装设计师，只是因为他自诩天才、性情怪僻而与多位上司闹翻，一气之下发誓不再设计服装，改行做了小商人。

史瓦兹弄清原委后，三番五次登门拜访，并且诚心请教。这位设计师仍然是火冒三丈，劈头盖脸地骂他，坚决不肯答应。史瓦兹毫不气馁，常去看望他，经常和他聊天并给予热情的帮助。这位怪人到最后，也很不好意思了，终于答应史瓦兹，但是条件非常苛刻，其中包括他一旦不满意可以随意更改设计图案，并能自由自在地上班。果然，这位设计师虽然常顶撞史瓦兹，让他下不了台，但其创造的效益巨大，帮助史瓦兹建立了一个庞大的服装帝国。

善于容人就要掌控好自己的情绪，这样才可能去容忍他人个性上的缺点。这位设计师的脾气不可谓不怪异，甚至有点恃才傲物，但是史瓦兹慧眼识金，懂得他的价值所在，对他的缺点和不足一一宽容，使他帮助自己走上了事业的成功之路。

不要被他人所影响，保持快乐的心情，去面对生活，是我们需要学习的生活技巧。

PART

02

掌握情绪转换的技巧

情绪调适：给不良情绪杀杀菌

情绪也会感染病菌，只是及时给坏情绪杀杀菌，它也可以变成好情绪。

那么，如何杀菌呢？送你一剂灵丹妙药，这就是三字箴言：看得开。人生在世，情绪可能会时时处处地左右一个人的言谈举止。调适好了，就会生活幸福，学习进步，工作愉快，否则就可能招致不少的麻烦。

一个人的情绪不是一成不变的。不好的情绪，也可称为消极情绪，在某种条件下，可以调适为好的情绪，即人们常说的积极情绪。从而，会使人生的某个环节的难受，转变为一种享受。

人生在世，不过百年，如果你选择了让自己幽怨地过这一生，真是辜负了大好年华。人活一辈子并不容易，忧伤也是活，高兴也是活，既然同样是活着，为什么还有人选择生气、选择郁闷甚至是抑郁而终呢？为什么不能开开心心地生活呢？

人的一生很短暂，不要事事斤斤计较，关键时刻要看得开。人的一生也并不是一帆风顺的，会遇到许多挫折、磨难，在逆境中学会看得开、看得远，人一生才走得远、走得平稳。

看得开与看不开是人生的两种态度，两种不同的人生境界。或者说它本来就是两种人生的截然不同的反映。一个人看得开，他的情绪是积极的，任何事情在他眼里都会变得很自然，没有应该和不应该，只有一颗随喜心。

一个人不小心伤害了你，你并没有去和他计较，依然保持一颗平和的心态做自己的事，你们之间再没有发生矛盾。一个人不小心伤害了你，你去和他计较，要他向你赔礼道歉，要他向你赔偿损失，言语之中大家生了气，动了手，伤害进一步扩大，结果他打伤了你进了派出所，你受了伤进了医院，看不开让你和他双方都受到了损害。看得开，一笑了之，则避免了事态的恶化。

一个人在工作中看得开，积极肯干，认为多做点没什么关系，“力气用不尽，井水挑不干”，从不与人计较，同事喜欢他，领导看重他，他从一名普通的工人做到了公司的副总。而一位看不开的人，对任何事都斤斤计较，多做一点都不愿意，没

有人愿意与他一同工作，结果他被公司炒了鱿鱼。

林肯说：“人快乐的程度多半是自己决定的。”人生际遇对快乐程度的影响，其实远不及我们对事件的反应来得重要。

托尼和弟弟比尔同时失业了。比尔想，这下完了，没有工作，以后该怎么生活呢？而托尼却不这样认为，他认为这是一个尝试新工作、发掘新可能、独立自主的好机会。于是，他每天都积极地出去找工作，虽然常常被拒之门外，但他依然很乐观，哼着歌，满脸微笑。托尼觉得，丢掉什么，也不能丢掉好情绪，如果自己每天都闷闷不乐，很难想象生活该如何继续。

比尔却不同，他觉得自己接受不了失业的事实，他开始变得情绪紧张，脾气暴躁，甚至会为了一丁点儿的事情而大动肝火。就这样，他在坏情绪中越陷越深，他总觉得自己一无是处，生活也没有了意义。终于，在极度的抑郁中，他跳下了20层高楼。

一样的处境，一个人兴高采烈，另一个人却自杀了！一个人眼中的灾祸却是另一个人心目中的契机。

快乐不是那么容易得到的东西。有时它是人生最大的挑战，需要投入全部的决心、毅力、自制力。成熟代表为自己的快乐负责，把注意力集中于已经拥有的一切，而不是放在没有得到的东西上。

一个人心里想些什么是别人无法控制的，因此，快乐与否的感觉操纵在你自己手中。别人不能把思想硬灌进你的脑子，要寻求快乐，必须专心思考快乐的事，但我们是否经常反其道而行之？我们是否经常不把别人的赞美放在心上，却为一两句不中听的话生好几天的气？如果你容许不愉快的经历或恶言占据你的心灵，后果只能自己承担。记住，你是自己思想的主宰。

大多数的人，对好话只记得几分钟，坏话却能数年不忘。他们就像收集垃圾的人，把20年前人家丢给他们的垃圾背着到处跑。

有时快乐需要努力去达成。就像维持家的整洁美观——你得把好东西陈列出来，把垃圾丢掉。快乐就是搜寻生命中的好东西，有人看见美丽的风景，有人却只见玻璃窗脏了。看见什么，靠你自己用思想作抉择。

一个人在生活中看得开，他不会被生活中的琐事所累，即使生了病，痛并快乐着，哼着歌曲接受医生的治疗，依然热爱生活，他的人生是积极健康的，乐观向上的，富有感染力的。一个人为了一点小事，看不开，自寻烦恼，自打死结，把自己的心灵封闭起来，心中没有一丝阳光，自甘堕落，自我毁灭，成为生活的淘汰者。

学会在平淡的日子里捡拾幸福的人，就是最能控制自己情绪的人。只有做了自己情绪的主人，才能及时摒弃掉那些糟糕的情绪，学会用另一种心情来看待事物，结果可能收获的就是满满的幸福而不是伤心的眼泪。

调换一下位置，效果大不一样

任何事物都有它的多面性，比如鸡蛋，你横着看，它是扁圆的，立起来看，它就会被拉长；看一个人的背影，纤细高挑，我们就会想，这人一定是个美女，但当你真正看到她样子的时候，你或许就失望了。

位置变了，效果自然也有了改变。人常说：“万事万物都是多面的，好坏都是双刃剑，有利就有弊。”

有这样一个故事，一个诗人听说一个年轻人想跳桥自杀，而他手里拿着的是诗人的诗集《命运扼住了我的喉咙》。诗人听说后，拿了另一本诗集，赶紧冲到桥上。诗人来到桥上，走到年轻人面前。年轻人见有人上前，便做出欲跳的姿态说道：“你不要过来！你不用劝我，我是不会下来的，命运对我太不公平了。”诗人冷冷地说：“我不是来劝你的，我是来取回我那本诗集的。”年轻人听了很疑惑，竟然不知道该说什么了。

“我要将这本诗集撕碎，不再让它毒害别人的思想，我可以用我手中的这本诗集和你手中的那本交换。”年轻人犹豫了一会儿，答应了诗人的请求。年轻人接过诗人手上的那本诗集，有点吃惊，因为诗人手上的那本诗集的名字和原来那本如此相似，但又是如此不同——《我扼住了命运的喉咙》。

诗人接过年轻人手中的那本诗集，对着它凝望了一会儿，便将它撕得粉碎，撕完后，诗人又说道：“当我四肢健全时，我曾多次站在你那里，但当我经历了那场车祸变成残疾后，我便再也没站在那儿过。”诗人说完，用深切的目光望着年轻人。年轻人迎着诗人的目光沉思了一会儿，终于从桥上下来了。

很多时候，我们和上面这个年轻人一样，总是被身边的人和事牵绊着、主宰着，把自己的人生交给命运去处理，而忘了自己其实才是自己人生的主人，我们的命运和心灵应该由自己做主。

如果说生命是一艘航船，那么我们对舵的把握程度，就决定了我们拥有怎样的人生。一个人的命运好不好，首先是自己决定的。敢于主宰和规划人生，奇迹便会不断产生。

世界上的人基本上分为两大类：一种人拥有积极乐观的人生态度，而另外一种人拥有消极悲观的人生态度。不同的人生态度，决定不同的人生结果。那些积极乐观的人，总是自己掌握自己的命运之舵，从而顺利到达幸福的彼岸；而那些消极悲观的人，总是把自己的命运之舵交给别人，或者依靠所谓的命运之神，结果永远在苦海里挣扎。如果有了积极的心态，又能不断地努力奋斗，那么世上一切事情都有成功的可能。如果既没有积极的心态，又不肯好好去努力，那么将永远和幸福失之交臂。

诗人亨利曾经说过："我是命运的主人，我主宰我的心灵。"做人应该做自己的主人，应该主宰自己的命运，而不能把自己交付给别人。然而，生活中许多人却不能主宰自己，有的人把自己交付给了金钱，成为金钱的奴隶；有的人为了权力，成了权力的俘虏；有的人经不住生活中各种挫折与困难的考验，把自己交给了上帝；有的人经历一次失败后便迷失了自己，向命运低头，从此一蹶不振。

一个不想改变自己命运的人，是可悲的；一个不能靠自己的能力改变命运的人，是不幸的。一个人想获得成功，必定要经过无数的考验，而一个经受不住考验的人是绝对不能干出一番大事的。很多人之所以不能成就大事，关键就在于无法激发挑战命运的勇气和决心，不善于在现实中寻找答案。古今中外的成功者，无一不是凭借自己的努力奋斗，掌控命运之舟，在波峰浪谷间破浪扬帆。

每个人都要努力做命运的主人，不能任由命运摆布自己。像莫扎特、凡•高这些历史上的名人都是我们的榜样，他们生前都遭遇过许多挫折，但他们没有屈服于命运，没有向命运低头，而是向命运发起了挑战，最终战胜了命运，成为自己命运的主人，成了命运的主宰。

情绪分两面，一面积极向上，为我们披荆斩棘地开创美好明天；一面消极沮丧，使我们丧失了创造美好生活的勇气，沦落为悲惨的人。如何选择，相信每个人都有了答案。不要把精力浪费在令人低落的事情上，换个位置，也许你就会发现让你重获勇气的一面。生活之所以美好，是因为它的不确定性，幸福就像是被压在石头下面的小草，只要我们用力躲开石头，就会看到生命的绿色。

心境对情绪的巨大影响

澳大利亚的一份《育儿教育》上给我们讲述了这样一个小故事：

在澳大利亚，有一家人全家出动，爸爸、妈妈和八岁的儿子汤姆、四岁的女儿萨拉去假日森林度假。森林中是那么美好、那么有趣，孩子们在森林里欢快地嬉戏打闹，大自然的一切对他们来说都是那么新奇。

林中旷地附近长着一丛丛野菊花，粉红粉红的，芬芳扑鼻。全家人都坐在灌木附近。突然，天空黑了下来，大雨倾盆而下。

汤姆很懂事地把自己的雨衣给了妈妈，似乎他并不怕淋雨；而妈妈又把雨衣给了萨拉，似乎她也不怕淋雨。

萨拉问道："妈妈，汤姆把自己的雨衣给了你，你又把雨衣给我穿上，你们干吗这样做呢？"

"我们当然要这么做了，因为每个人都应该保护更弱小的人嘛！"妈妈回答。

"那么，你的意思就是说我是最弱小的人了？"萨拉问道。

"要是你任何事物都保护不了，那你就是最弱小的人啦！"妈妈笑着回答。

萨拉朝菊花丛走去，她掀起雨衣的下部，盖在粉红的花上。滂沱大雨已冲掉了几片花瓣，花儿低垂着头。它们看起来那么娇嫩纤弱，一点儿防卫能力都没有。

"妈妈，你看，我并不是最弱小的！"萨拉自豪地说。

"嗯，对呀，现在你帮助了别人，你就是强者，是勇敢的人啦！"妈妈这样回答。

这位妈妈的爱心很让我们感动，小萨拉的聪明善良也非常让人动容。尽管只是一朵小小的花儿，但是萨拉却从保护小花中证明了自己是强者。这么小的孩子，她懂得如何让她的脑袋拐个弯，知道退后一步去考虑问题：我是弱小的，但还有比我更弱小的东西呢。正因为她会这么想，她才会更自信、更快乐。

多数家长把孩子看得过于弱小，认为他们这不能做，那也不能干，恨不得把孩子用玻璃罩子罩起来，结果使多数孩子对自己的能力缺乏信心，更加认为自己什么都做不了，长大之后也会变得畏首畏尾。但是，如果能让他们找到证明自己有用的地方，他们就会更加自信。

通过看上面这个故事，我们可以领会到心境对情绪的影响。其实，在生活中，我们有很多的麻烦事，都是因为我们自己太过固执而不肯退后造成的。退后是一种心境，是一种可以宽宏大度看待事物的心境，而且，往往当我们退一步的时候，就会看到更开阔的天空。

所以，当我们被一些事情蒙蔽，感到生气、焦躁或是不安的时候，不要急着往前冲，先退后两步，也许效果会不同。退后几步，并不表示我们甘于懦弱，而是能让我们的视野更开阔，让我们把前面的路看得更清楚，更让我们有时间审时度势，把周围的情况分析得更透彻，从而做出正确的判断。而且，因为退后了两步，许多的矛盾，便会一下子化解得无影无踪，从而让你拥有海阔天空的心境。

人的一生难免会有被枷锁困住的时候。生活就像是波涛汹涌的大海，我们就是海中的小舟，在未知的海面上，我们会遭遇各种各样的事情，我们的情绪也自然会受到影响。

想要摆脱这些不良情绪，我们就要学会转换心境。用我们的眼睛去看大自然，多发现生活中的美好，心境自然也会变得平和喜悦。如果明知道有很多东西能够改善你的心境，你也做不到，那就是我们的悲哀了。我们一直以来最信奉的方法是整理思路并寻找解决的途径——找到自身的缺点，把烦恼对生活的破坏降到最低。

心境，也许就是一张张等待显影的底片，在心灵快门按动的刹那，显影生命的片段与生活的诸多真实细节。

不要一味压抑你的情绪

情绪就像一个执拗的孩子，你越是想控制他，他越是有逆反心理。所以，情绪不能一味地压抑，想要控制它，必须找到可行的策略。

当我们的情绪遭受不良影响，而感到很不适时，不必采用一味忍耐的方式来掩饰自己的真实感受，而应采取积极的方式，让这种不良情绪得到释放。

有位年轻的商人和妻子到外地出差，夫妻俩下榻在一家海滨酒店。丈夫公务繁忙，一到目的地就开始忙于工作，忽略了对妻子的照顾。妻子呢？习惯了家里的一切优越环境，对陌生的事物有一些恐惧和厌恶。

白天妻子一个人来到海边，看到人群的欢笑嬉戏，感到自己孤身一人，开始郁郁寡欢。想去热闹的地方购物，可又不敢出门。毕竟不比在家，觉得自己在一个陌生的城市人生地不熟，又没有亲戚朋友。无论她走到哪里都是一个人，吃饭时看见别人都是出双入对，她心里有说不出的别扭，她开始给家里人打电话。由于距离遥远找不到寄托，只能在酒店里看电视，可电视里讲的全是当地的方言，她一句都听不懂，只看见人在电视里晃来晃去。

当丈夫兴高采烈地回来时，这时的她已经很不高兴了。丈夫很累了，但仍热心地问她："今天玩得开心吗？"本已经很烦恼的妻子一言不发，半天才委屈地说了句："我们什么时候回去？"丈夫当然觉得很奇怪了。当妻子洗完头发出来就将酒店提供的梳子丢在丈夫面前，烦恼地说："这是什么梳子？齿太密了，会梳坏我的头发的！"

丈夫已经感觉到妻子绝不会为了一把梳子而不高兴。他一把拉过妻子，轻轻将手伸到她的头发里问她："那你要我怎么办？是把这梳子上的齿给掰掉一半，还是用我这把只有五个齿的梳子呢？”妻子笑了，她开始向丈夫诉说她一天的遭遇。

故事中的妻子刚开始只会忍耐，不会表达自己的不满情绪，然后莫名其妙地生闷气。这样只会伤害自己的身体，而不能解决任何问题。幸好她的丈夫觉察到了她情绪的变化。在丈夫的幽默和温柔下，妻子终于说出了心中的委屈，为此心中的不良情绪就随之释放出来了。

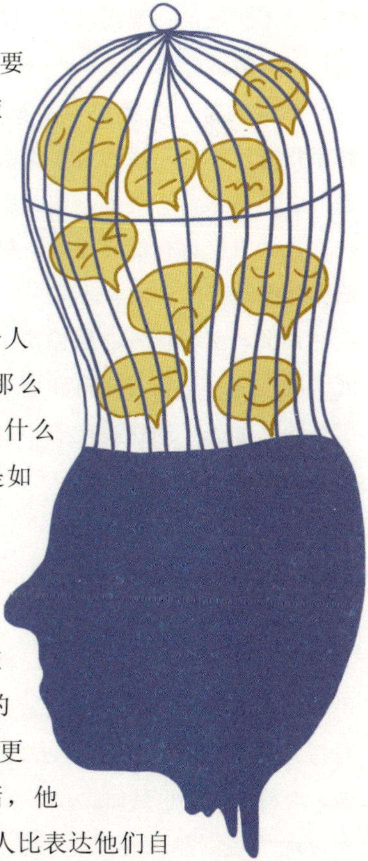

情绪应该适当控制，但不要过分压抑，当承受不住时，应选择合适的对象诉说自己的想法，或者选择适当的方式排遣，也可找一些感兴趣的事情做，分散一下注意力。

心理专家认为，如果一个人常常过分压抑自己的情感，那么就有可能出现焦虑症。这是为什么呢？下面就来看看心理专家是如何解释的。

心理学家认为，有焦虑倾向的人天生就带有更情绪化和反复无常的脾性。然而，在他们成长的家庭中，获得父母的赞赏比表达自己的需要和感受更为优先。因此，当他们长大后，他们仍然觉得实现完美和取悦他人比表达他们自己的感受更重要。这种否定内心感受的倾向会导致其长期处于紧张和焦虑的状态。

其实，你是否已经注意到，当你发泄出自己的怒火或是痛痛快快地哭一场之后，你会感到平静，感到更加轻松。表达感情会产生明显的生理效果，使焦虑水平下降。因此，过分压抑情感是不可取的，要想预防和治疗焦虑症，就要正确认识和表达自己的情感。

幸运的是，学会更容易和更频繁地认识和表达自己的情感是很有可能的。虽然过多地自由表达自己的情感，尤其是愤怒，并不是常常有效的，但是重要的是至少要知道你的感受是什么，并且允许你的感受以一些形式表达出来。这样做会大大降低焦虑的程度，减少恐慌的倾向。

由此可见，保持心情愉快、个性开朗的生活方式对人很重要。我们要尽量妥善安排和调节生活，减轻压力，尽量脱离愁眉苦脸、愤怒、悲伤过度等不良情绪的负面影响，以轻松开朗的心情愉快地生活。

对你的坏情绪要宽容一点

坏情绪就像是行为古怪又喜欢玩恶作剧的孩子一样，我们不能因为孩子淘气就一味地惩罚他，这样只会助长他的叛逆。对待这样的孩子最好的方法就是宽容他，用细腻的情感抚慰他。对待坏情绪也是如此。

现代生活越来越禁锢着我们的思维，生存的危机感和责任感使得我们每一个人都不得不按照相同的模式去生活，久而久之，一成不变的生活开始让我们觉得乏味、无奈，于是，情绪的危机也逐渐开始蔓延。其实，我们完全可以找出一个突破口，释放自己，放纵自己一回。

情绪的力量是可以蓄积的，是急于打开，还是慢慢引导，全取决于我们自己。陷入情绪束缚的我们，通常都会觉得心情降到冰点，莫名其妙地悲伤、莫名其妙地愤怒、莫名其妙地恐惧。在这个时候，如果一味地压抑，只会产生和可乐爆发一样的效果；而如果一点点地释放情绪，适当地放纵自己，会得到意想不到的收获。在职场，情绪化的人往往被贴上“不够成熟”的标签，但克制也不总是美德，有相当比例的人都觉得偶尔放纵一下情绪有利于身心健康。

很多时候，忙碌的现实生活，仿佛让我们变成了一把始终强劲拉开的弓箭，我们要是始终绷紧神经，老是处于紧张状态，就会导致身心疲惫，在需要冲刺的关键时刻，往往有心无力，难免败下阵来。如果适当地放纵一下，就可以缓解紧张的情绪，找到一个新的突破口。不过，怎样放纵倒成了一个难办的问题。

放纵本来是“无拘无束”的意思，但是经过报纸、杂志的宣传，它给人的印象渐渐变成一个贬义词，与“纵情、滥情、不负责任”等词紧密地联系起来，而在日常生活中，也出现了不少因为放纵而追悔莫及的事情。但是，在这里，请你丢掉脑中关于放纵的一切成见，其实，健康的放纵方式有很多。

小雅是一家外企的部门经理，每天都要处理大堆的文件和琐事，再加上烦扰的人际关系，让小雅对工作充满了厌倦情绪，在公司不能发脾气，她只能强忍着，回到家之后，她就失控了，动不动就大发脾气。

一天下班后，小雅感到很烦躁，也不想回家，就在街上溜达，路过一家酒吧。这个酒吧看上去不是那么闹腾，走进走出的都是跟她年纪差不多的年轻人。

“就进去看看吧。”小雅这么想着就走了进去。

小雅一直生活在一个很传统的家庭，这还是她第一次来这种场所。一直以来，小雅觉得酒吧是个很乱的场合。可是，这次她看到的完全不是那么一回事，几个年轻人围在一起喝酒谈事情，台上面的歌手轻轻地唱着她最喜欢的英文经典老歌。

小雅一下子就爱上了这个地方，于是，她每天下班后都来这里坐上半个小时。甚至有一次，一时兴起的她走上台去唱了自己最拿手的歌，博得了满堂喝彩。酒吧的老板还邀请她成为那里的驻唱歌手。

一段时间下来，小雅发现自己近来情绪好了很多，每天都开开心心的，对工作的厌烦感也渐渐减弱。

小雅的情绪之所以得到缓解，就是那半个小时的放纵起到的作用。给自己的坏情绪找一个发泄口，不要一味地去打压它，它自然就会安静下来。

渴望生存的愉悦，追求快乐，是人的天性和权利。但是，在现实生活中，由于人们的经济状况、观念意识的不同，以及面临着生存的问题，使不少人遇到种种忧虑和烦恼。英国大思想家伯特兰•罗素认为，人类的不快乐，一部分根源于外部社会环境，另一部分根源于内在的个人心理。由于内在的个人因素造成的不快乐，在相当程度上源于错误的世界观、伦理观和生活习惯，正是这些东西使无数人失去了生活中许多应有的快乐。

诺贝尔文学奖得主赫曼赫塞说："痛苦让你觉得苦恼，只是因为你惧怕它、责怪它；痛苦会紧追你不舍，是因为你想逃离它。所以，你不可逃避，不可责怪，不可惧怕。你自己知道，在心的深处完全知道——世界上只有一个魔术、一种力量和一个幸福，它就叫爱。因此，去爱痛苦吧。不要违逆痛苦，不要逃避痛苦，去品尝痛苦深处的甜美吧。"

在许多情境下，应该泰然接受自己的情绪，把它视为

正常。如我们不必为想家感到羞耻，不必因害怕感到不安，对触怒你的人生气也没什么不对。这些感觉与情绪都是自然的，应该允许它们适时适地存在，并释放出来。这远比压抑、否认有益得多，接纳自己内心感受的存在，才能谈及有效管理情绪。

当坏情绪来临时，尽量提醒自己，别让坏情绪影响自己，因为它于事无补，新鲜的环境对人总是有吸引力的。因此，在情绪不佳的情况下，可以尝试通过布置环境来达到创设良好心境的目的。有的人改变居室的布置，有的人放音乐，有的人养花种草，这些都是改变环境的有效措施，能够对情绪的调节有一定的帮助。可以找事情做让自己忙碌起来，忙碌的生活可以让你忘记烦恼，还可以找自己喜欢干的事情，读读书，打打牌，来转移自己的想法，来平息心中的怒火。

什么事情都有一个度，放纵也是这样。你可以随心所欲地玩乐，发泄你的情绪，但是一定要知道如何停下来。因为，只有知道该如何停止的人，才知道该如何高速前进。

怎么样，找到属于你自己的方式了吗？对坏情绪宽容一点，让它也可以出来放松放松，它自然就不会再给你惹麻烦。